普通高等教育"十一五"规划教材

简明植物学教程

李景原　主编

科学出版社

北京

内 容 简 介

　　本教材在保证系统的阐述植物学基础理论、基本知识和基本技能的前提下，力争做到简明扼要，尽可能避免与后续课程内容的重复。并配以较多的实物插图和图解，以利于学生对有关内容的理解，引导其抓住重点、掌握教材的主要内容。全书共分两篇。第一篇为种子植物形态解剖学；第二篇包括植物系统与分类学。本书在简要描述被子植物科的特征基础上，配以花程式、花图式和大量实物插图，以利于学生掌握植物常见科的特征和培养学习植物学的兴趣。

　　本书可供师范院校、综合性大学、高等农林院校等相关院校植物学专业和中医药类院校中药学专业师生作为教材或参考书。

图书在版编目(CIP)数据

简明植物学教程/李景原主编. —北京：科学出版社，2008
普通高等教育"十一五"规划教材
ISBN 978-7-03-021977-0

Ⅰ. 简… Ⅱ. 李… Ⅲ. 植物学-教材 Ⅳ. Q94

中国版本图书馆 CIP 数据核字 （2008）第 068958 号

责任编辑：席　慧/责任校对：陈玉凤
责任印制：赵　博 /封面设计：耕者设计工作室

科 学 出 版 社 出版
北京东黄城根北街 16 号
邮政编码：100717
http://www.sciencep.com

中煤（北京）印务有限公司印刷
科学出版社发行　各地新华书店经销

*

2008 年 8 月第 一 版　　开本：787×1092　1/16
2025 年 7 月第十一次印刷　　印张：17 1/2
字数：450 000

定价：59. 80元
（如有印装质量问题，我社负责调换）

《简明植物学教程》编委名单

主编 李景原

编委（以姓氏汉语拼音为序）

李景原　李延红　牛洪斌　任江萍

史留功　师学珍　王鸿升　杨慧玲

周修任

前　　言

　　植物学是高等学校生命科学、生物技术、农学、林学和中药学等专业重要基础课之一，是学习后续课程——植物生理学、生态学、遗传学、生物进化论、作物栽培学和中药学等课程的基础。随着科学发展，尤其是分子生物学和生物技术的发展，学生需要学习的新知识、新技术越来越多；导致基础课的教学时间越来越少，多数学校的植物学教学课时已由原来的一学年（72 学时）改革为一学期（32～48 学时），原有教材的内容往往讲授不完。因此，有必要编著一部能在 32～48 学时讲授完的简明、实用的教材。

　　本教材根据当前教学改革的精神，在保证系统的阐述植物学基础理论、基本知识和基本技能的前提下，力争做到简明扼要，尽可能避免与后续课程内容的冲突。书中配以较多的实物插图和图解，以利于学生对相关内容的理解，抓住重点和难点、掌握教材的主要内容。全书共分两篇。第一篇为种子植物形态解剖学。介绍种子植物的形态解剖结构，包括植物细胞、组织结构；种子植物营养器官（根、茎、叶）的形态结构和繁殖器官（花、果实和种子）的形态结构和发育过程。第二篇包括植物系统分类学。介绍原核藻类、真核藻类、黏菌、真菌、地衣、苔藓植物、蕨类植物、裸子植物和被子植物的特征和被子植物分类。自然界中的植物绚丽多彩，引人入胜；但根据有些植物学教材讲授植物分类部分时，由于过多单调的科属特征描述和植物形态描述，使教师讲之枯燥、学生学之乏味的情况，本书在简要描述被子植物科的特征基础上，配以花程式、花图式和大量实物插图，以利于学生掌握植物常见科的主要特征和培养学习植物分类的兴趣。本书可供师范院校、综合性大学、高等农林院校和中药学等有关专业师生作为教材或参考书。

　　本书在编写过程中曾得到河南师范大学、郑州大学、河南科技学院、周口师范学院、开封教育学院有关老师的热情支持，并提出许多宝贵意见。参考了大量参考文献和植物摄影照片，在此一并表示感谢。

　　由于编者的理论水平和教学经验的限制，书中难免会出现错误和不足之处，我们诚恳地欢迎有关专家指正，并希望读者在使用本书的过程中，提出批评和修改意见。

编　者

2008 年 4 月

目　　录

第一篇　种子植物形态解剖学

第二篇　植物系统与分类学

绪　论

一、植物学

简单地说植物学就是研究植物生命活动规律的科学。植物学的发展是和生产实践分不开的。早期的人类，在采收野生植物中，逐步积累了有关植物的知识。早在 2000 多年前，我国的《诗经》、《尔雅》等书中，已对植物作了描述和归类。希腊人泰奥弗拉斯托斯（Theophrastus）在《植物的历史》一书中描述了 480 种植物。随着农业、牧业、医药知识的发展，积累的植物知识也越来越丰富，并写出了和植物有关的著作，如汉代的《神农本草经》、北魏的《齐民要术》、元代的《农书》、明代的《农致全书》和《本草纲目》、清代的《植物名实图考》等。18 世纪，瑞典植物分类学家林奈（Corol Linnaeus，1707~1778），完成了他的《植物种志》一书，首次建立了双名命名法和植物的人为分类系统。随着人们积累的植物知识越来越多，逐渐发展起专门研究植物的科学——植物学。现在，植物学已形成许多分支学科。

1. 植物形态学（plant morphology）

研究个体发育和系统发育过程中植物体形态和结构变化规律的科学。其中，研究植物细胞结构和功能的科学，称为植物细胞学；研究植物组织和器官结构的科学，称为植物解剖学；研究植物胚胎结构、发生、发展、分化的科学，称为植物胚胎学。

2. 植物分类学（plant taxonomy）

研究植物类群的分类；鉴定植物、为植物命名、研究植物间的亲缘关系，从而建立植物进化系统的科学。

3. 植物生理学（plant physiology）

研究植物生长发育过程中生理活动规律的科学。基本内容包括植物的水分代谢、植物的矿质营养、植物的光合作用、植物的呼吸作用、植物体内有机物质的运输与分配、植物的生长物质、植物的成花生理、植物的成熟与衰老生理、植物的逆境生理等。

4. 植物生态学（plant ecology）

研究植物与环境间相互关系的科学。即研究环境对植物的影响和植物对环境的影响。

5. 分子植物学（molecular botany）

研究植物生长发育和生理代谢过程的分子基础，即蛋白质、基因的结构和功能及其在植物生长发育和生理代谢过程中的作用。

随着现代生物科学和生物技术的发展，又出现了互相渗透的综合研究，产生了新的植物学分支学科：代谢植物学、细胞及结构植物学、发育植物学、环境植物学、遗传植物学、系统及进化植物学、资源植物学等。学科间的互相交叉渗透是现代植物学发展的特点之一，围绕一个中心问题，采用多种技术，从多方面进行研究。如为了研究某种植物的分类地位，常常采用植物分类学、形态学、胚胎学、细胞生物学、植物化学、植物生态学、分子植物学等多种研究技术。

二、植物在自然界中的作用及与人类生活的关系

在今天的地球上生存着约 40 万种植物，它们的结构不同、形态各异，适应着各种不同的生活条件。有高达 100 m 的巨大桉树，也有小到几微米的单细胞藻类。有的生活于陆地，有的生活在水中，还有些植物生活在生存条件极其恶劣的南极、北极和沙漠地区。植物是地球上生物圈中最主要的组成部分，在自然界中起着重要作用。

1. 植物的光合作用

绿色植物利用光能，把简单的无机物（二氧化碳和水）合成为糖类，并放出氧气，这一过程称为光合作用（photosynthesis）。光合作用是目前世界上最有效、规模最大的将日光能转化为化学能，并储藏能量的太阳能利用过程。光合作用的产物不仅解决了植物本身的营养和能量需要，同时，也维持了动物和人类营养和能量的需要。从某种意义上讲，没有光合作用也就没有生物界的形成和发展。所以，绿色植物是进行能量流动和物质循环的先行者，对维持整个生物界的生存起着重要作用。除去原子能、地热、水力、日光能以外，人类所用的能量绝大多数直接或间接来源于植物。首先，动物直接或间接食用植物而获得能量的。生活用木材取热，直接来自植物。其次，人类所用的化石能源（煤和石油）也直接或间接来源于古代植物。煤炭是古植物在高温高压下形成的；石油是古动物的尸体在高温高压下形成的，而古动物的大量繁殖和生长则需以植物作为食物。

光合作用进行过程中放出氧气，不断地补充大气中的氧，对改善生活环境有很大作用。因为氧是动、植物和人类呼吸，以及燃烧时所必需的气体。大气中的氧约占 20%，它之所以能保持平衡，这就是绿色植物光合作用所起的作用。

2. 矿化作用

从另一方面看，只有光合作用的积累还完不成物质循环，如果没有从有机物分解成无机物的作用，无机物逐渐减少，有机体就不能重新建成。有机物的分解，主要有两个途径。其一是通过动、植物呼吸作用来进行，其二是通过非绿色植物的参加，如细菌、真菌等对死亡有机体或排泄的有机物进行分解作用，也就是矿化作用。通过这种分解作用，可使复杂的有机物分解为简单的无机物，可以再为绿色植物利用。

光合作用和矿化作用推动自然界的物质循环。在光合作用的过程中，绿色植物以二氧化碳为原料，合成有机物。空气中二氧化碳以容量计，仅为 0.03%。据估计碳按重量计，大气中总含量约 6×10^{10} t。绿色植物每年要用 1.9×10^9 t 碳酸态的碳，如果只使用不补充，大约 30 年，大气中的二氧化碳就将被使用干净。但自从地球出现绿色植物后，二氧化碳逐步有所增加，短期内处于平衡状态。二氧化碳一直不断得到补充，除去地球上物质燃烧，火山爆发，动、植物的呼吸外，主要是依靠非绿色植物，如真菌、细菌等对动、植物尸体的分解所释放出的二氧化碳来补充，完成碳循环。

3. 植物在自然界水土保护中起重要作用

我国是世界上水土流失最严重的国家之一，每年土壤流失量约为 50 亿 t，造成河流淤塞 21 亿 m（图 A）。多年来，我国将植树造林和退耕还林还草作为水土保持的重要生物措施，植物能截留降水、减少地表径流及土壤渗透性，增强土壤抗冲性及抗蚀性，从而有效控制水土流失（图 B）。

A. 植被破坏水土流失　　　　　　　　　B. 植被较好水土得到保持

4. 植物为动物生存提供了食物和栖息地

植物在地球表面形成森林、草原等植被，不仅为动物生存提供了食物，而且为动物生存提供了藏身之处，从而为动物生存提供了条件。

5. 植物与人类生关系密切

植物已成为人类生活上主要的必需品，如粮食、蔬菜、水果等是由植物直接提供的；肉类、乳类等是植物间接提供的。人类从这些食物中取得了蛋白质、脂肪、淀粉、维生素等营养物质，同时也获得了能量。人类在长期发展过程中不断认识、利用和改造植物资源。包括大米、小麦等粮食作物；苹果、葡萄、柑橘、西瓜等鲜果品；白菜、番茄、黄瓜等蔬菜；此外还有经济作物、中药材等。所以植物与人类生活密切相关。

三、学习植物学的目的和方法

植物学作为基础学科，生命科学类各专业多在大学一年级或二年级开设。其目的在于，一方面通过学习植物学，使学生认识植物的结构和发育过程，认识植物的多样性和各类群植物的主要特征，掌握毕业后从事教学、科学研究和生产所需的植物学基础知识。另一方面，使学生掌握植物学基础知识，为学习后续课程，如植物生理学、遗传学、生态学、进化论、作物栽培学、中草药学、林学等奠定基础。

学习植物学一定要理论联系实际。首先，要联系生活实际，扩大感性认识，初步解决身边的实际问题。其次，要理论课与实验课结合，这样才能丰富、验证感性认识；再次，要联系生产实际，因为植物学自古便来自生产实际，反过来又指导生产实际；开始从简单问题钻研起，培养动手、思考和解决问题的能力。通过学习、阅读，结合实验逐步理解植物学的精髓，多分析、多发现问题，把植物学学活，再结合野外实习、野外调查、动手实验，逐步对所学知识有完整和透彻的理解。

第一篇　种子植物形态解剖学

第一章　植物细胞和组织

第一节　植物细胞的形态结构

一、细胞的发现及细胞学说的建立

1665 年英国人胡克（Robert Hooke）（图 1-2）用自制的简易显微镜（图 1-1）观察了软木的薄片，发现其中有许多形状类似蜂窝的小室（图 1-3）。他把所观察到的类似蜂窝的小室叫做 cell，中文翻译成"细胞"。这是人类首次发现细胞。

图 1-1　早期使用的显微镜

图 1-2　胡克

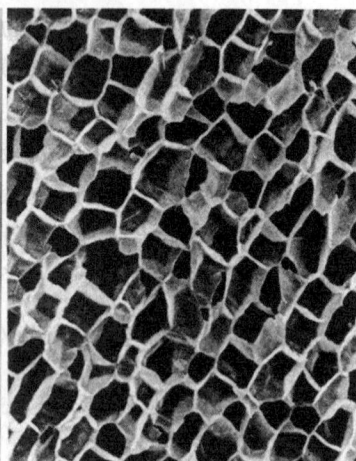

图 1-3　Robert Hooke 观察到的细胞

图 1-4　施来登（M. J. Shleiden）（1804～1881）——细胞学说的建立者之一

其实胡克当年看到的只是栎树皮死细胞的细胞壁。后来荷兰学者列文虎克（A. V. Leeuwen Hoek），意大利学者马尔比基（Malpighi）等人先后用显微镜观察了不同的动物、植物材料，逐渐了解到细胞内还有细胞核、细胞质等内容物，丰富了人们对细胞结构的认识。

1838 年德国植物学家施来登（M. J. Shleiden）（图 1-4）指出细胞是构成植物体的基本单位。1839 年德国的动物学家施万（M. J. Schwann）指出动物也是由细胞组成的。施万和施莱登共同建立了细胞学说，即一切动物、植物都是由细胞组成的，细胞是一切动植物的基本单位。

　　细胞学说的建立，说明了动物和植物的统一性，对现代生物学的发展有重要意义。恩格斯把细胞学说、能量转化和守恒定律、达尔文进化论并列为 19 世纪自然科学上的三大发现。此后，随着显微镜的改进，人们积累了许多细胞学方面的知识。到 20 世纪 50 年代以后，由于电子显微镜的发明和使用，人们发现了细胞内许多更微细的结构，从而细胞生物学的研究取得了一次飞跃性进步（图 1-5）。

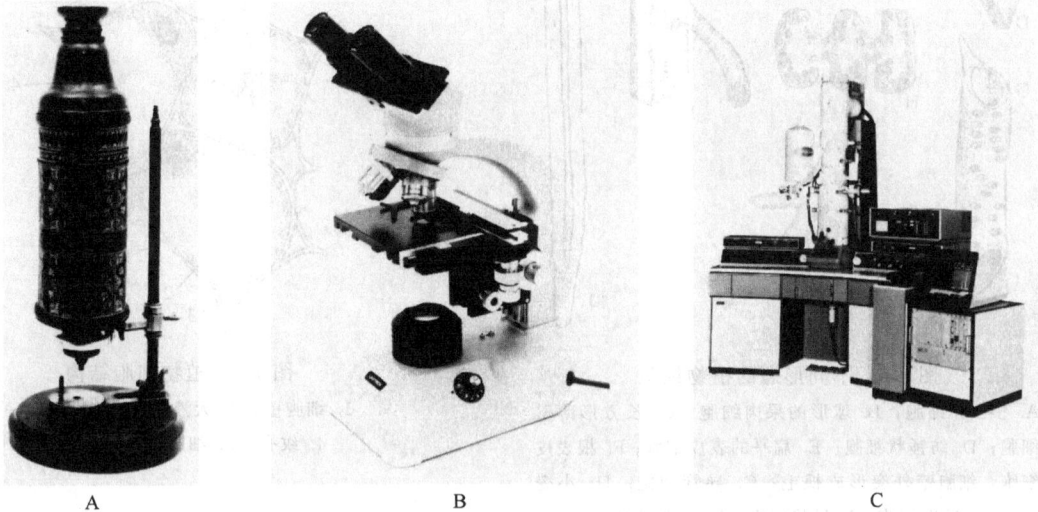

图 1-5 不同类型的显微镜

A. 早期使用的显微镜；B. 现在多数实验室使用的光学显微镜；C. 电子显微镜

二、植物细胞的形状和大小

　　细胞的形态结构总是与执行的生理机能和生活环境相适应的。在多细胞植物体内，由于细胞在植物体内所执行的生理机能不同，细胞的形状也多种多样。多数细胞为等直径多面体形；而与物质运输有关的细胞呈管状；起支持作用的细胞多呈长梭形，并聚集成束，加强支持作用；位于体表起保护作用的细胞多为形状不规则扁平状（图 1-6）。

　　一般来说，细胞体积很小，需借助显微镜才能观察到其形态结构。高等植物的细胞直径常在 0.01～0.2 mm，但也常因植物细胞所在植物体中位置不同、执行的生理机能不同，在细胞大小方面差异很大。比较大的细胞，如成熟西瓜的果肉细胞，直径可达 1 mm。苎麻茎的纤维细胞，可长达 200 mm 以上。

三、植物细胞的基本结构

　　植物细胞由细胞壁（cell wall）和原生质体（protoplast）两部分组成。细胞壁是包被在原生质体外的一层结实的壁层，绝大多数植物细胞都有细胞壁。原生质体由质膜、细胞器和细胞质基质组成，被细胞壁包裹着（图 1-7）。植物细胞中还常有一些储藏物质，称后含物。

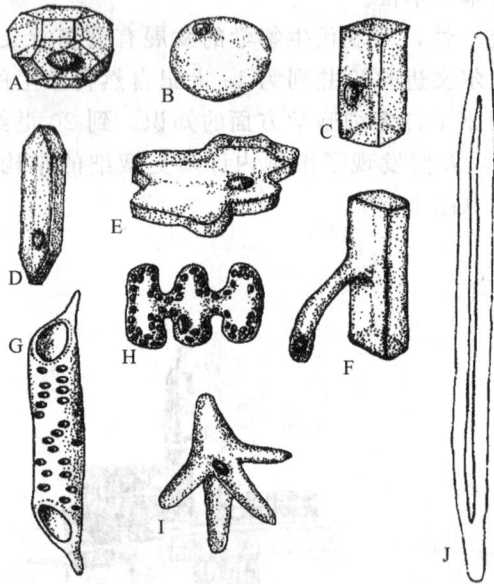

图 1-6　不同形态的植物细胞

A. 多面体细胞；B. 球形的果肉细胞；C. 长方形薄壁
细胞；D. 纺锤状细胞；E. 扁平的表皮细胞；F. 根表皮
细胞，细胞壁外突形成根毛；G. 导管细胞；H. 小麦
叶肉细胞；I. 星状细胞；J. 纤维细胞

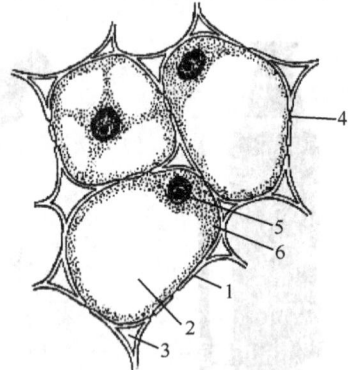

图 1-7　植物细胞结构

1. 细胞壁；2. 大液泡；3. 细胞间隙；
4. 纹孔；5. 细胞核；6. 细胞质

（一）细胞壁

细胞壁是植物细胞最外的一层，也是植物细胞区别于动物细胞的特征之一。细胞壁由原生质体分泌的物质所构成，保护着原生质体，并使细胞保持一定的形状。细胞壁对细胞起着机械支持和防止细胞因吸水而被胀破的作用。细胞壁还使植物体具有坚硬性质，以适合于植物固着的生活方式。

1. 细胞壁的层次

细胞壁根据形成的时间和化学成分的不同，分为胞间层（intercellular layer）、初生壁（primary wall）和次生壁（secondary wall）三层（图 1-8）。

1）胞间层

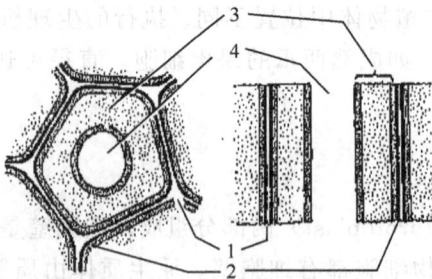

图 1-8　植物细胞壁结构图解

1. 胞间层（中层）；2. 初生壁；
3. 次生壁；4. 细胞腔

胞间层又叫中层（middle layer），是细胞壁的最外层，位于相邻两细胞之间。它的化学成分主要是果胶质（pectin）。果胶质是一种无定形胶质，使多细胞植物的相邻细胞彼此粘连。果胶质可被酸、碱、果胶酶等溶解，从而导致细胞的相互分离。许多果实，如苹果、番茄等成熟时，产生果胶酶，将果肉细胞的胞间层溶解，细胞彼此分离，使果

实变软。

2）初生壁

初生壁是细胞在停止生长之前，由原生质体分泌形成的细胞壁层，位于胞间层内侧。它的主要成分是纤维素、半纤维素和果胶质。初生壁一般较薄，约 $1\sim3\ \mu m$，能随细胞生长而扩大。许多细胞在停止生长后，细胞壁不再加厚，初生壁便成为它们永久的细胞壁，例如，分生组织细胞和大多数薄壁组织细胞就只有初生壁和胞间层。

3）次生壁

一些细胞在停止生长后，在初生壁内侧继续沉积纤维素、半纤维素等物质，形成次生壁。次生壁的成分主要是纤维素和少量的半纤维素。另外，在次生壁中还常常含有木质素（lignin），木质素具有较大的硬度，木质素的存在增加了细胞壁的硬度。因此，植物体内起支持作用的细胞，以及起输导作用的细胞，往往形成次生壁，以增加其机械强度。次生壁较厚，一般为 $5\sim10\ \mu m$。

2. 胞间连丝与纹孔

细胞壁并不是均匀增厚的，在细胞壁上有一些区域的细胞壁较薄，形成凹陷，细胞壁上的这些凹陷称纹孔（pit）（图1-9）。相邻细胞在同一点上往往也形成纹孔，所以纹孔通常是成对的，这种成对的纹孔称为纹孔对（pit pair）。纹孔由纹孔腔（pit cavity）和纹孔膜（pit membrane）两部分构成。纹孔的凹陷部分叫纹孔腔，纹孔对之间的一层薄膜称纹孔膜。纹孔膜是由中层和其两侧厚度比较薄的初生壁共同构成的，纹孔膜上有许多小孔。因此，纹孔并不是细胞壁上没有任何屏障的孔洞（图1-10）。纹孔可根据细胞壁增厚的情况分为两种类型，即单纹孔（simple pit）和具缘纹孔（bordered pit）。单纹孔的纹孔腔从外到内的直径一般是相等的，为直筒形；具缘纹孔的细胞壁拱起覆盖在纹孔腔之上，中间有一开口，这种拱起的细胞壁称纹孔缘（pit border）。

图 1-9　电子显微镜下植物细胞壁平面观

微纤丝纵横交错排列，细胞壁上的椭圆形凹陷是纹孔

纹孔膜上有许多小孔，这些小孔中间有原生质细丝通过，相邻细胞的原生质体通过这些原生质细丝相连，这些穿过细胞壁沟通相邻细胞的原生质细丝称胞间连丝（plasmodesmata）（图1-11）。需要强调的是不仅在细胞壁的纹孔有胞间连丝通过，在细胞壁的其他部位也有少量的胞间连丝。不过纹孔内的胞间连丝比同面积细胞壁上的胞间连丝要多很多。胞间连丝是细胞间物质和信息传递的桥梁，使多细胞植物体成为一个有机的整体。

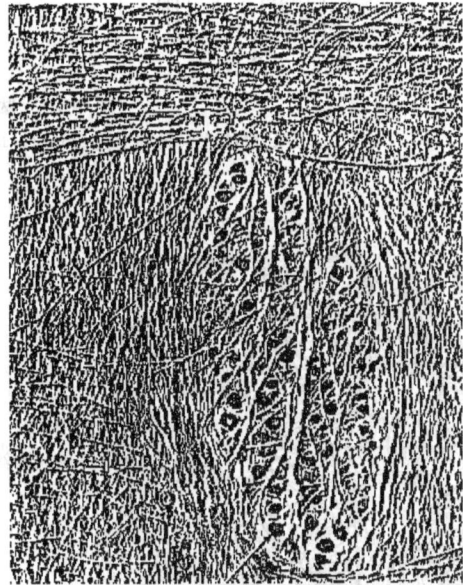

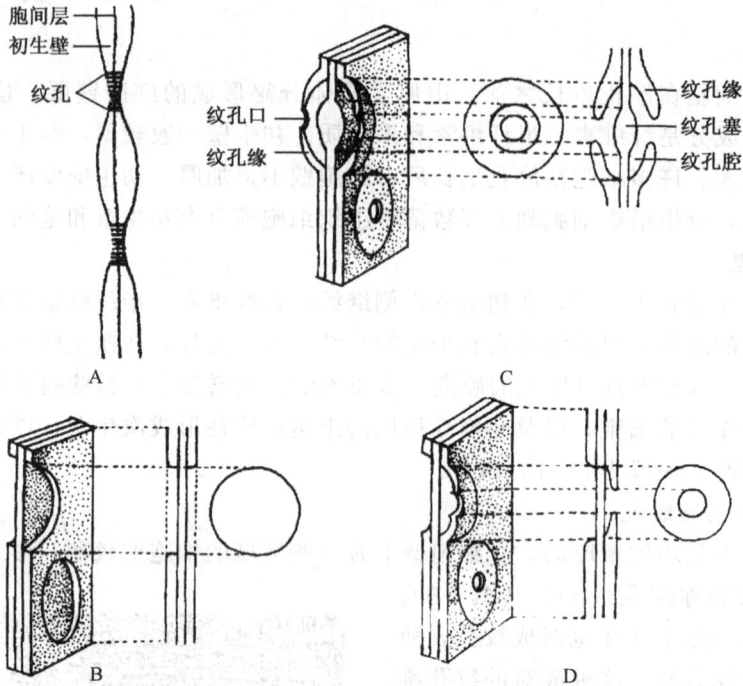

图 1-10　两种类型的纹孔
A. 单纹孔（具胞间连丝）；B. 单纹孔；C. 具缘纹孔；D. 半缘纹孔

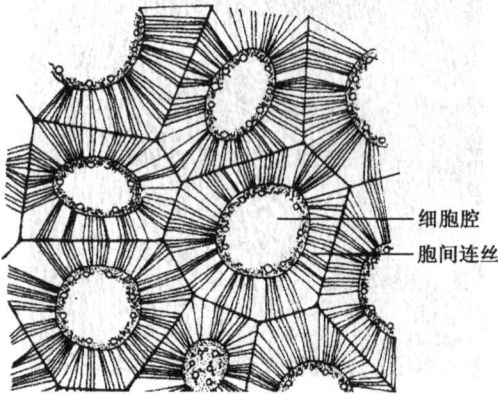

图 1-11　柿胚乳细胞（示胞间连丝）

（二）原生质体

细胞内有生命的物质叫原生质（protoplasm），一个细胞内的原生质叫做原生质体（protoplast），它是细胞进行各类代谢活动的主要场所，是细胞中最重要的部分。原生质体可分为质膜、细胞器、胞基质三部分。

1. 质膜

质膜即原生质膜（plasma membrane），是细胞原生质体最外面的一层膜，与细胞壁接触。

在电子显微镜下观察质膜的横切面，质膜显示出暗—亮—暗三条带，两侧的暗带为蛋白质，厚度约 2 nm，中间的亮带为脂双层分子，厚度约 3.5 nm，脂双层是质膜的骨架，由两层磷脂类分子组成。两层磷脂分子以非极性的疏水尾部相对，具有极性的头部朝向脂双层表面。脂双层两侧的蛋白质的分布具有不对称性，有的结合在脂双层分子的表面，有的嵌入脂双层，有的横跨脂双分子层。膜蛋白和膜脂双层均可在一定程度上侧向运动。以上关于膜结构的看法是 1972 年由 S. J. Singer 和 G. Nicolson 提出的膜的流动镶嵌模型学说（fluid mosaic model）（图 1-12）。关于膜的结构还有其他学说，但目前流动镶嵌模型得到了较广泛的承认。

真核细胞内部存在着由膜围绕构建的各种细胞器，细胞内的膜系统与质膜具有共同的结构特征。质膜位于原生质体的最外层，为细胞的生命活动提供相对稳定的内环境；质膜具有选择透性，可以有选择性地进行物质运输，能控制细胞和环境之间的物质交换；此外，质膜在细胞识别、细胞内外信息传递等过程中具有重要作用。

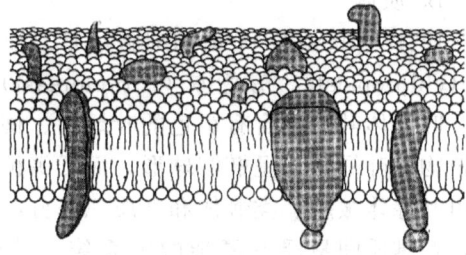

图 1-12　膜的流动镶嵌模型

2. 细胞质

质膜以内为细胞质（cytoplasm），细胞质由细胞器和细胞质基质组成，细胞器包埋在细胞质基质当中。

1）细胞器

细胞器是（organelle）是细胞质中具有一定结构和功能的微结构，包括细胞核、质体、线粒体、内质网、高尔基体、溶酶体、微体、液泡、细胞骨架等。

A. 细胞核

细胞核（nucleus）是真核细胞内最大、最重要的细胞器，一般细胞内只有一个核。在年幼的植物细胞内，细胞核位于细胞的中央。在细胞成熟过程中，由于中央大液泡的形成，细胞核逐渐被挤向细胞壁。细胞核主要由核被膜、染色质、核仁、核基质组成（图 1-13）。

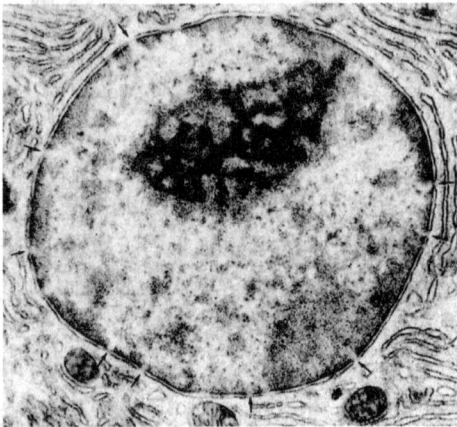

图 1-13　细胞核

核膜（nuclear envelope）位于细胞核的最外层，由内外两层平行但不连续的膜组成。核膜上的孔称核孔（nuclear pore），是内、外核膜在某些部位相互融合形成的环状开口。核孔是细胞核内外物质交换的通道。核孔在核膜上的数量、分布密度以及分布形式与细胞类型、细胞核功能状态有关。

染色质（chromatin）是细胞核内能被一些染料强烈着色的物质，是由 DNA、组蛋白、非组蛋白及少量的 RNA 组成的细丝状结构，是遗传物质的载体。

核仁（nucleolus）是细胞核内非常显著的结构，呈球状，无膜包被，1 个或多个，是 rRNA 合成、加工和核糖体亚单位的装配场所。

核基质（nuclear matrix）是细胞核内除染色质和核仁外的一个以蛋白质成分为主的网架结构体系，布满细胞核中。核基质是核的支架，因此，核基质又叫核骨架（nuclear skeleton），核基质与 DNA 复制、基因表达和染色体包装与构建有密切关系。

细胞核的功能非常重要，一般情况下一个除去核的细胞不久就会死亡。细胞核是细胞遗传信息的储存场所，基因的复制、转录和转录初产物的加工过程都在细胞核内进行，因而细胞核是细胞遗传与代谢的调控中心。

B. 质体

质体（plastid）是植物细胞特有的细胞器，根据所含色素的不同，可将其分为叶绿体（chloroplast）、有色体（chromoplast）和白色体（leucoplast）三种类型。

叶绿体叶绿体含有绿色的叶绿素、橘红色的胡萝卜素和黄色的叶黄素三类色素。高等植物的叶绿体多呈椭圆球形，而低等植物藻类中，叶绿体有杯状、带状等形状。叶绿体由叶绿体被膜、类囊体和基质三部分组成。叶绿体被膜为双层膜，叶绿体内部充满基质，在基质间悬浮着复杂的膜系统。其中，有由膜构成的圆盘形的扁囊，称类囊体（thylakoid），一些类囊体叠置成垛，称为基粒（granum）。这些组成基粒的类囊体，称基粒类囊体（granum thylakoid）。而有些类囊体贯穿在两个或两个以上基粒之间，没有发生垛叠，这些类囊体称基质类囊体（图1-14）。叶绿体的主要功能是进行光合作用，存在于植物的绿色细胞中，每个细胞可以有几个到几十个。

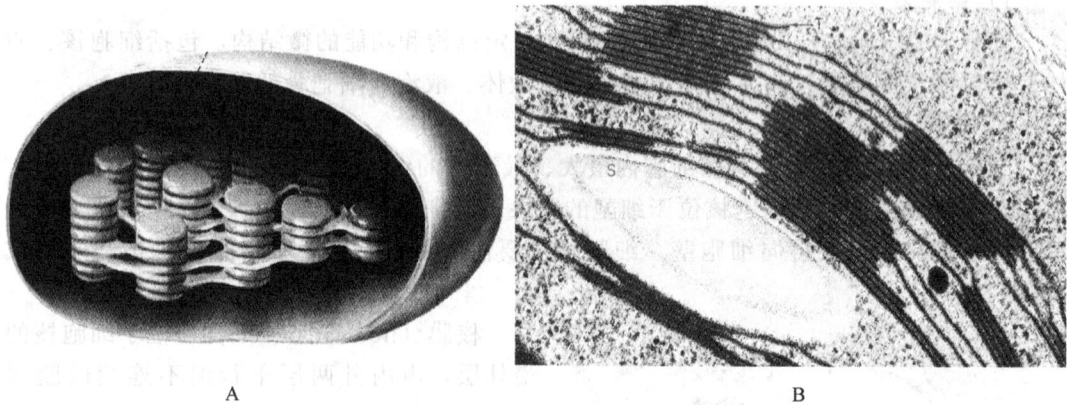

图1-14　电子显微镜下叶绿体内部结构
A. 叶绿体结构模式图；B. 电子显微镜下叶绿体基粒类囊体和基质类囊体

有色体有色体只含有胡萝卜素和叶黄素，因二者比例不同，分别呈现出黄色、橘黄、红色等一系列颜色。有色体形状有多种，如针形、球形、不规则形等，常存在于果实、花瓣等部位。有色体的生理功能还不很清楚，有人认为在花和果实中具有吸引昆虫和其他动物，帮助植物传粉和传播种子的作用。

白色体白色体不含色素，普遍存在于植物体各部分细胞中，尤其是储藏细胞中较多。根据白色体储藏物质的不同可分为三类：储藏淀粉的称为造粉体或淀粉体，储藏蛋白质的称为蛋白体，储藏脂类的称为造油体。

在个体发育中，质体是由前质体分化而来的。前质体存在于顶端分生组织的细胞中，由双层膜包被，内部为均匀的基质，无类囊体。前质体的发育主要与光照条件有关，在光照条件下，由前质体内膜内折形成的小泡或小管连接成链状，继而与内膜断开，在基质中逐渐生长、融合与重排，形成扁平的小囊，即基质类囊体。有的部位扁平囊叠置成多层，组成了基粒，前质体即发育成了叶绿体。在黑暗条件下，内膜内折形成的小泡变成小管状，并相互连接构成三维晶格结构，前质体即发育成了白色体。有色体一般认为不是由前质体直接发育而来的，是由白色体或叶绿体转化而成的。白色体受到光照后，发育形成叶绿体，叶绿体失去叶绿素后，就转成了有色体。发育中番茄果实颜色的变化，正好反映了这一过程。在果实发育初期，只含白色体，之后白色体转化成了叶绿体，最后，果实成熟时，叶绿体转化成了有色体，因此，番茄果色从白色变成绿色，最后成为红色。

C. 线粒体

线粒体（mitochondria）多呈线状和颗粒状，直径为 $0.5\sim1\ \mu m$，长 $1.5\sim3.0\ \mu m$。在光学显微镜下，经特殊染色才能看到。线粒体的形态、大小和数量，因细胞不同而变化，代谢活跃的细胞，线粒体大且数量多，如分泌细胞。

在电子显微镜下观察，线粒体由双层膜包裹着，即外膜和内膜，膜内充满基质，基质内有许多由内膜向内折叠形成的管状或褶状构造，叫做嵴（cristae）。嵴的形成使内膜的表面积大大扩增。线粒体是细胞进行呼吸作用的场所，为细胞生命活动提供直接能量（图 1-15）。

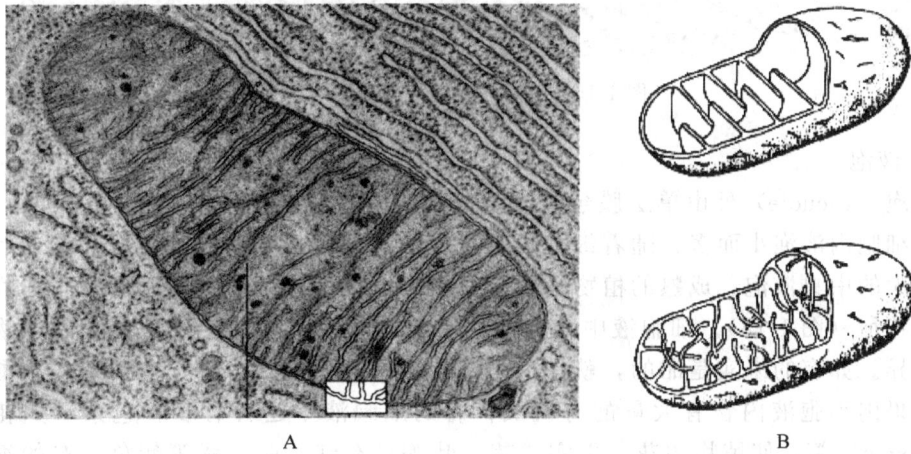

图 1-15　线粒体内部结构

A. 电子显微镜下线粒体内部结构；B. 线粒体内部结构示意图

D. 内质网

内质网（endoplasmic reticulum，ER）是由膜所围成的管状或囊状腔而构成的互相沟通的网状结构。内质网有光滑内质网（smooth endoplasmic reticulum，sER）和粗糙内质网（rough endoplasmic reticulum，rER）两种类型（图 1-16）。

粗糙内质网多呈扁囊状，排列较为整齐，因其膜的外表面分布着大量的核糖体而得名。内质网与核糖体形成复合机能结构，其主要功能是合成并运输蛋白质。光滑内质网的表面没有核糖体结合，多为分支的管状，是脂质合成的场所。

E. 高尔基体

高尔基体（Golgi body）又叫高尔基器（Golgi apparatus）或高尔基复合体（Golgi complex），由叠在一起的扁平的囊和其周围大量的囊泡所组成，分泌活动旺盛的细胞，高尔基体丰富（图 1-17）。

高尔基体的主要功能是加工与分泌从内质网运送来的蛋白质、脂质；另外高尔基体也参与植物细胞中多糖的合成和分泌。植物细胞分裂时，新的细胞膜和细胞壁的形成，都有高尔基体的参与。

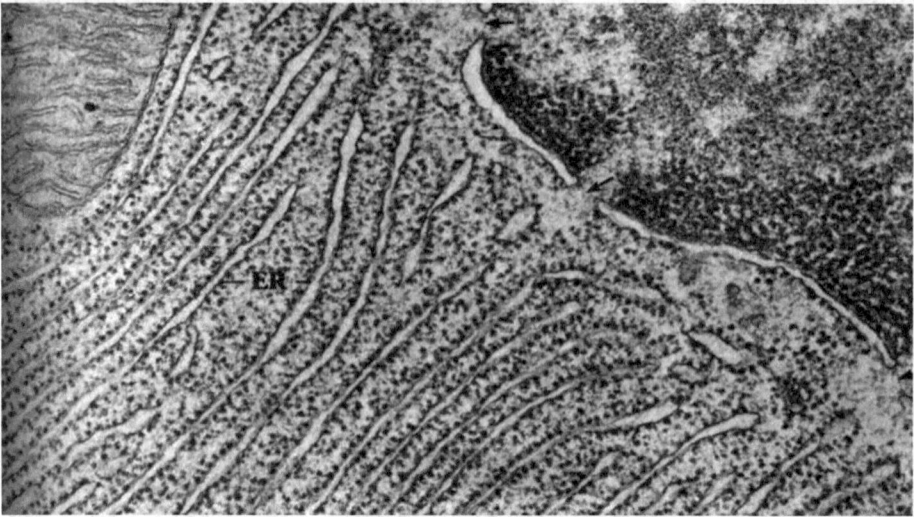

图 1-16　电子显微镜下内质网结构

F. 液泡

液泡（vacuole）外由单层膜包被，膜内充满着液体，叫细胞液（cell sap）。年幼的植物细胞内液泡小而多，随着细胞的生长，液泡逐渐长大，并相互合并，最后常形成一个大的中央液泡。成熟的植物细胞具有中央大液泡，是植物细胞区别于动物细胞的又一特征（图 1-18）。细胞液中含有多种有机物和无机物，其化学成分因植物种类不同而异。如有的果实是甜的，就是因为其果肉细胞液内含有糖；有的果实很酸，是因为其果肉细胞液内含有大量的有机酸；有的细胞液中还含有多种色素，如花青素（anthocyan）等，使植物的花、果实、茎、叶等具有红、蓝、紫等颜色；有的细胞液内还含有盐类，其中，有些盐类溶解在细胞液中，有些盐类形成结晶存在于细胞液中，如草酸钙结晶。

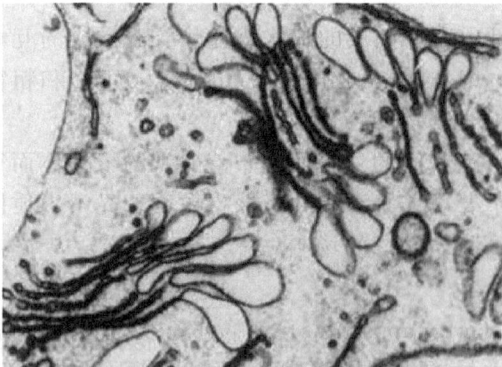

图 1-17　电子显微镜下高尔基体结构

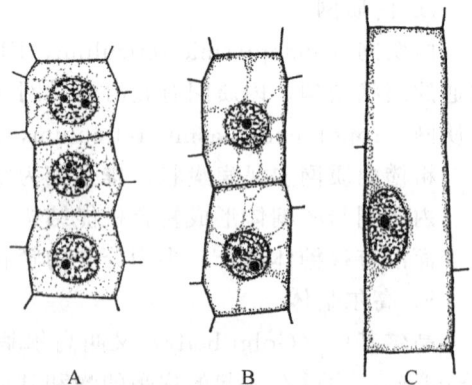

图 1-18　植物细胞大液泡的形成
A. 幼小细胞；B. 生长分化中的细胞；
C. 成熟的细胞，具有中央大液泡

另外，细胞质中还有溶酶体、微体（microbody）、核糖核蛋白体（ribosome）、微管（microtubule）、微丝（microfilament）和中间纤维（intermediate filament）等多种细胞器。

2）细胞质基质

细胞质中除细胞器以外的无定形部分，称为细胞质基质（matrix）。各种细胞器分布于其中。细胞质基质是一种黏稠的胶体，蛋白质含量占 20%～30%，细胞中的许多代谢活动都在细胞质基质中进行。此外，细胞与环境，以及各细胞器之间的物质运输、能量交换、信息传递等都要通过细胞质基质来完成。在许多生活的细胞中，细胞质基质处于不断的运动状态，它能携带着细胞器，在细胞内有规则地流动，这种运动叫细胞质运动（cytoplasmic movement）。

（三）后含物

1. 后含物的概念

后含物（ergastic substance）是原生质体新陈代谢的产物，是细胞中无生命的物质，后含物一部分是储藏的营养物质，一部分是不能再利用的废物。

2. 常见后含物的种类

细胞中后含物的种类很多，有糖类、蛋白质、脂类（包括脂肪、角质、栓质、蜡质等）、无机盐结晶以及其他有机物（如丹宁、树脂、生物碱等）。下面介绍几类常见的后含物。

1）淀粉

淀粉（starch）是细胞中糖类最普遍的一种储藏形式，在细胞中常以颗粒状态存在，称为淀粉粒（starch grain），淀粉粒常在造粉体内形成并储藏。根据淀粉粒脐点和轮纹不同，将淀粉粒分为不同类型（图 1-19）。许多种子的胚乳、子叶以及植物的块根、块茎、根状茎中都含有大量的淀粉粒。不同植物种类，淀粉粒形态也不相同（图 1-20）。

2）蛋白质

细胞中储藏的蛋白质（protein）呈固体状态，可以是结晶的或是无定形的。储藏的蛋白质常呈颗粒状，称糊粉粒（aleurone grain）（图 1-21）。在禾本科植物种子的胚乳最外一层或几层细胞中，豆类种子的子叶中都含有大量糊粉粒（图 1-22）。

3）脂肪与油

脂肪与油（oil）是细胞中含能量最高的储藏物质。在常温下为固体的称为脂肪，为液体的叫油类。在植物的种子以及分生组织细胞中常可见到脂肪与油。

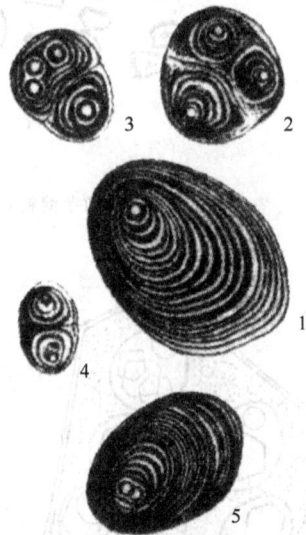

图 1-19 马铃薯块茎淀粉粒类型
1. 单粒淀粉；2～4. 复粒淀粉；
5. 半复粒淀粉

4）晶体

在植物细胞中，无机盐常形成各种晶体（crystal），最常见的是草酸钙晶体。晶体在液泡中形成，在植物体内分布很普遍。不同植物细胞中晶体形态往往不同（图 1-23）。

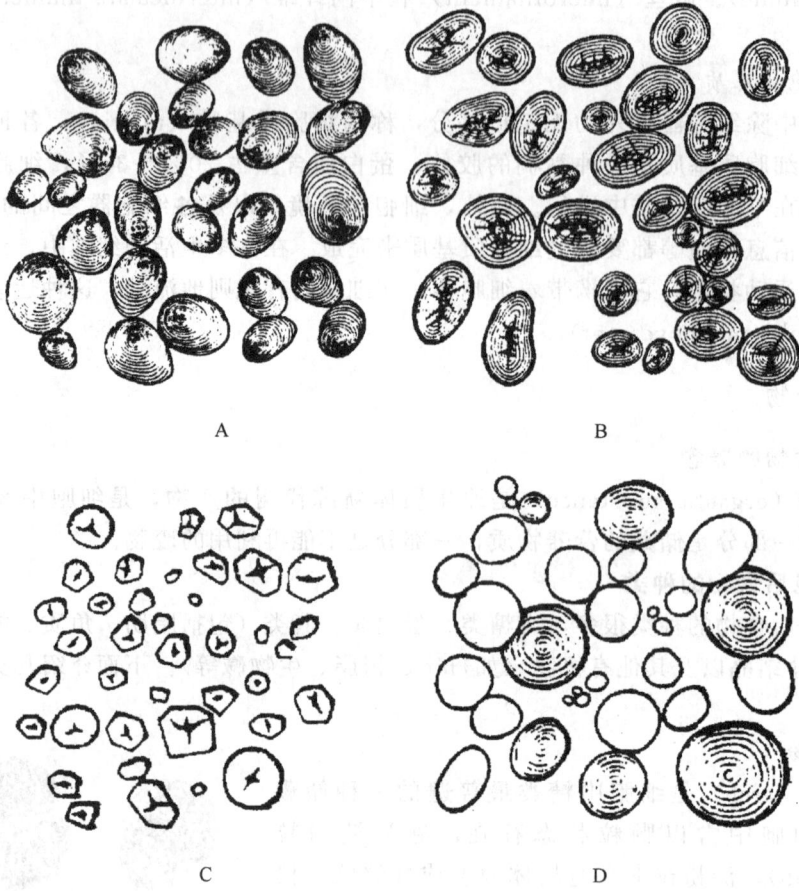

图 1-20　不同植物的淀粉粒

A. 竹芋淀粉粒；B. 菜豆淀粉粒；C. 玉米淀粉粒；D. 小麦淀粉粒

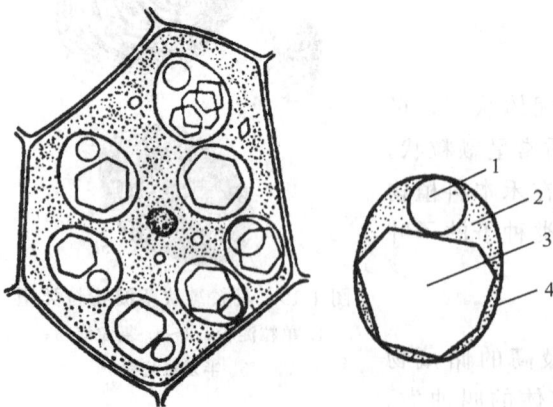

图 1-21　蓖麻种子胚乳细胞，示糊粉粒

1. 球状体；2. 无定形蛋白质；3. 蛋白质拟晶体；

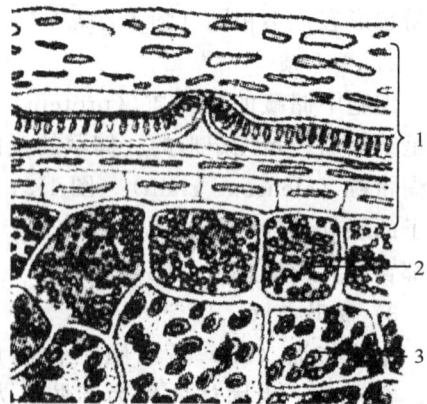

4. 糊粉粒膜

图 1-22　小麦籽粒横切面，示糊粉粒

1. 果皮和种皮；2. 糊粉粒；

3. 储藏有大量淀粉的薄壁细胞

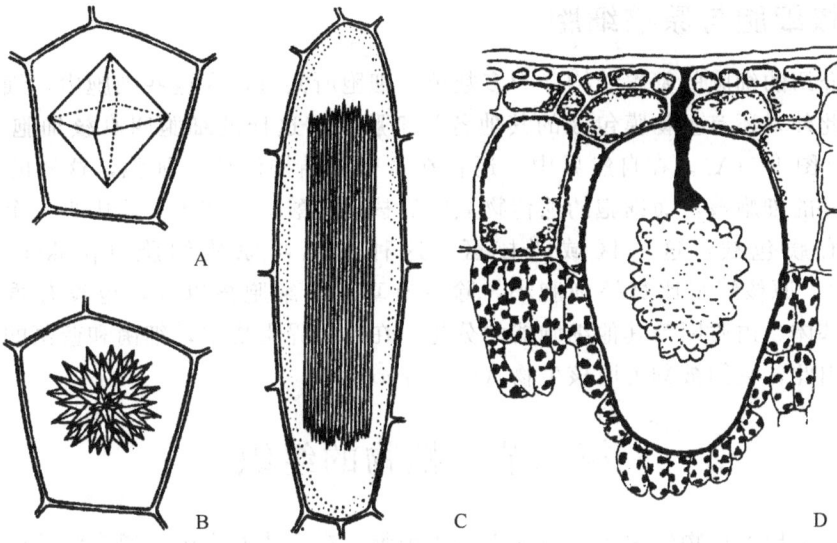

图 1-23 不同类型的结晶体

A. 菱形晶体；B. 晶簇；C. 针形晶体；D. 钟乳体

在细胞的基本结构中，有些在光学显微镜下可以观察到，如细胞壁、细胞核、质体、液泡等结构，这些在光学显微镜下观察到的细胞结构叫显微结构（microscopic structure）；而另一些结构在电子显微镜下才能观察到，这些在电子显微镜下呈现出的细胞内更为精细的结构叫亚显微结构（submicroscopic structure）或超微结构（ultramicroscopic structure）。

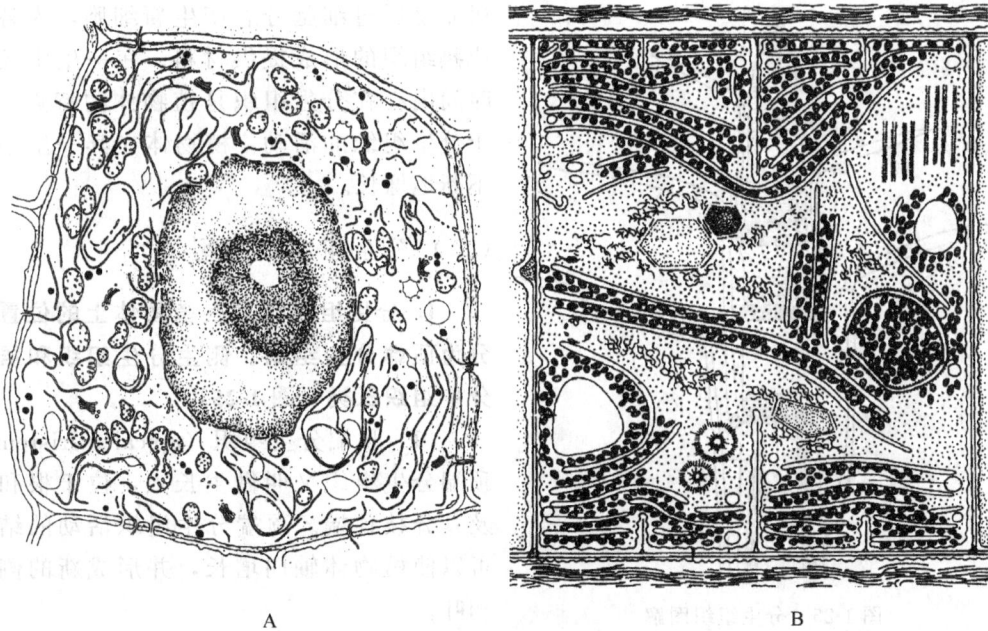

图 1-24 真核细胞和原核细胞

A. 真核细胞；B. 原核细胞

四、真核细胞与原核细胞

以上介绍的细胞的基本结构，为多数植物细胞所共有，在这些细胞中，细胞核由核膜包被，此外，还有生物膜包被的其他各类细胞器，这样的细胞叫真核细胞（eukaryotic cell）（图 1-24A）。在自然界中，还存在着一类结构简单的细胞，这样的细胞没真核细胞那样的细胞核，而细胞的遗传物质脱氧核糖核酸，分散于细胞中央一个较大的区域，但没有膜包被，这一区域叫核区，这种细胞叫原核细胞（prokaryotic cell）（图 1-24B）。原核细胞比真核细胞小，除没有真正的细胞核以外，也没有质体、线粒体、高尔基体、内质网等其他细胞器的分化。在自然界生物中，细菌和蓝藻的细胞是原核细胞，因此，它们被称为原核生物（prokaryote）。

第二节　植物的组织

细胞分化导致植物体中形成多种类型的细胞。在个体发育中，通常将共同行使一定功能的细胞群称为组织（tissue）。根据组织的生长发育状况将组织分为分生组织和成熟组织两大类。

一、分生组织

（一）分生组织的概念

能较长时间地保持细胞分裂能力，产生新细胞的细胞群叫做分生组织（meristem）。分生组织的细胞没有分化或分化程度较低，处于生长发育的幼嫩状态。分生组织的主要机能是通过细胞分裂产生新细胞，为各种成熟组织的形成提供材料。在一生中较长时间内存在分生组织是植物体的特点。由于分生组织的活动，植物体在其一生中能不断地增长。

（二）分生组织的类型

1. 分生组织按其在植物体上的位置可分为顶端分生组织、侧生分生组织和居间分生组织三类（图 1-25）

（1）顶端分生组织（apical meristem）。顶端分生组织又叫做生长点，位于根和茎及其分枝顶端。顶端分生组织活动的结果可以使植物体轴向增长，并形成新的侧枝和叶。

（2）侧生分生组织（lateral meristem）。侧生分生组织包括维管形成层和木栓形成

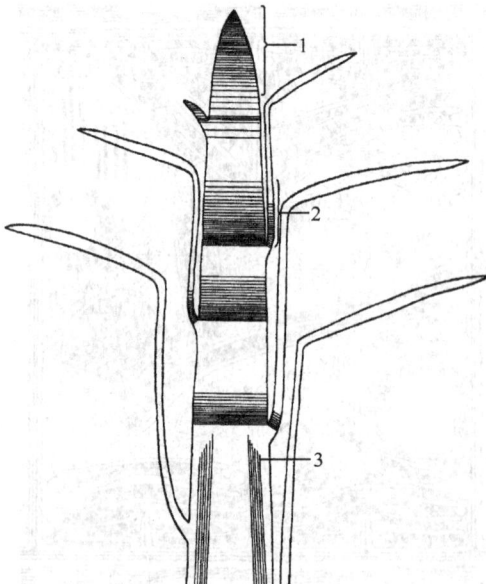

图 1-25　分生组织图解
1. 顶端分生组织；2. 居间分生组织；
3. 侧生分生组织

层。侧生分生组织主要存在于裸子植物和双子叶植物的根和茎中，位于根和茎的外周。侧生分生组织的细胞分裂，使植物的根、茎加粗。

(3) 居间分生组织 (intercalary meristem)。位于成熟组织之间的分生组织叫做居间分生组织。某些单子叶植物特别是禾本科植物茎的节间基部和叶或叶鞘的基部都有明显的居间分生组织的存在。葱、韭菜的叶割断后仍能继续生长，就是由于居间分生组织活动的结果。小麦的拔节生长也是由于居间分生组织活动的结果。小麦倒伏后由于叶鞘基部和茎的节间基部居间分生组织的活动，使麦秆直立起来。

2. 分生组织按其来源可分为原分生组织、初生分生组织和次生分生组织

(1) 原分生组织 (promeristem)。原分生组织位于主根和主茎的最前端，是从胚胎中保留下来的、具有永久分裂能力的细胞群。但侧根和侧枝最前端的分生组织在形态结构上与原分生组织很相近，因此，虽然侧根和侧枝最前端的分生组织不是直接来源于胚，通常也将其称为原分生组织。

(2) 初生分生组织 (primary meristem)。初生分生组织是由原分生组织刚衍生的细胞组成的，细胞仍具有很强的分裂能力，但细胞已经开始初步分化，细胞的形态彼此逐渐有所不同。因此，初生分生组织是一种边分裂、边分化的组织，也可以看作是由分生组织向成熟组织过渡的组织。顶端分生组织在位置上与根和茎的原分生组织和初生分生组织相当。由初生分生组织分裂，使细胞数量增多，导致植物生长，这种生长叫做初生生长。在初生生长中产生的植物结构称为植物的初生结构。

(3) 次生分生组织 (secondary meristem)。次生分生组织位于根和茎的外周。次生分生组织起源于成熟组织，是已经成熟的组织经过一些生理上的变化（脱分化），恢复细胞分裂能力所产生的分生组织。根和茎的木栓形成层是这种典型的次生分生组织。根和茎的维管形成层（简称形成层），也认为是次生分生组织。由次生分生组织分裂，使细胞数量增多，导致植物生长，这种生长叫做次生生长。在次生生长中产生的植物结构称为植物的次生结构。

二、成熟组织

(一) 成熟组织的概念

分生组织产生的大部分细胞，逐渐丧失分裂能力，经过进一步的生长和分化，发育成为形态结构特征相对稳定、执行特定生理机能的组织，这些组织称为成熟组织 (mature tissue)。

(二) 成熟组织的类型

成熟组织根据其执行的生理功能不同，分为保护组织、基本组织、机械组织、输导组织和分泌结构五种类型。

1. 保护组织 (protective tissue)

保护组织覆盖于植物的体表，起保护作用，它能减少植物失水，防止病原微生物的侵入，还控制着植物与外界的气体交换。保护组织包括表皮和周皮。

1) 表皮 (epidermis)

表皮分布在植物体的表面，一般都由一层细胞组成。这些细胞排列紧密，没有细胞

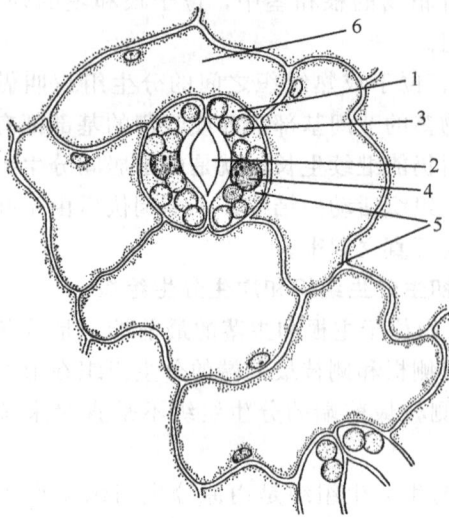

图 1-26　植物叶表皮平面观模式图
1. 保卫细胞；2. 气孔缝隙；3. 叶绿体；
4. 细胞核；5. 细胞质；6. 表皮细胞

间隙，而且在与外界接触的细胞壁上有角质。这些脂肪性的角质物质还加添在细胞壁纤维素分子的间隙中，使得水分不容易从细胞壁向外逸出，从而防止植物体内的水分损失。另外也有防止微生物侵入的能力。有些植物在表皮细胞的外壁上还有蜡质，增强保护作用。

表皮通常包括多种不同特征和功能的细胞，除普通的表皮细胞外，还有构成气孔的保卫细胞、副卫细胞以及不同形状和功能的毛状附属物（图 1-26）。

2）周皮（periderm）

有些植物根和茎可以加粗，加粗过程中破坏了表皮，在表皮下又有新的保护组织出现，这种组织叫做周皮。周皮是由木栓形成层产生的。植物器官产生周皮时，一些成熟的细胞恢复分裂能力，成为木栓形成层。木栓形成层进行切向分裂，向外形成大量的细胞，为木栓层，向内形成少量的薄壁细胞，为栓内层。木栓层、木栓形成层和栓内层合在一起称周皮。周皮是次生保护组织（图 1-27）。

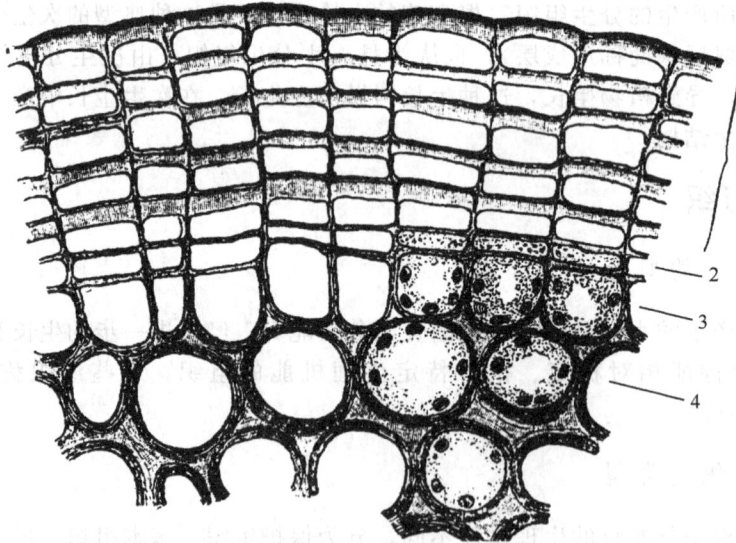

图 1-27　西洋梨茎外周横切，示周皮结构
1. 木栓层；2. 木栓形成层；3. 栓内层；4. 皮层厚角组织

2. 基本组织（ground tissue）

基本组织也叫做薄壁组织（parenchyma）。它们具有同化、储藏、通气和吸收等功能，是植物体生活中所必不可少的，因此，又称为基本组织。它们共同的结构特点是：

细胞壁薄，有细胞间隙（intercellular space）（细胞壁中一部分中层分解，细胞壁分开形成的细胞间的空隙，一般在间隙中充满了空气），原生质体中有大的液泡，细胞体积比分生组织细胞大得多，多为等直径的形状。

有的基本组织细胞中充满了大量的叶绿体，这类组织能进行着光合作用，因此，称同化组织（也称绿色组织），植物体的绿色部分都有同化组织存在，其中，叶片中它是最主要的组织（图 1-28A）。水稻和莲，它们经常生活在有水层的土壤中，在它们根、茎和叶子中，基本组织的细胞间隙很大，构成了通气组织（图 1-28B）。此外，在植物体内还有储藏着大量淀粉、脂类和蛋白质等物质的基本组织，例如，小麦、水稻的胚乳细胞、马铃薯块茎、椰子胚乳和落花生子叶中的细胞含有大量淀粉、油脂等储藏物，由于它们储存了大量营养物质，故又叫做储藏组织（图 1-28C，D）。

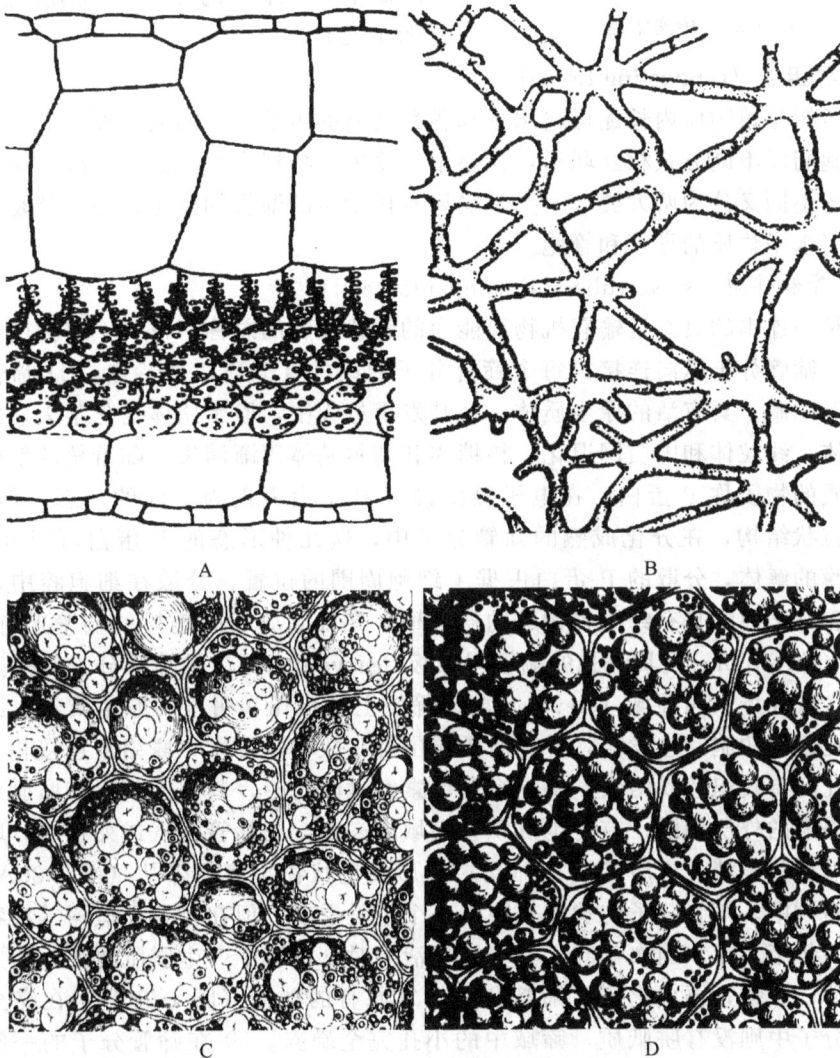

图 1-28　植物的薄壁组织

A. 秋海棠叶横切面，示具储水组织下皮层和光合组织；B. 灯心草茎的通气组织；

C. 落花生子叶细胞，示储藏组织；D. 椰子胚乳细胞，示储藏组织

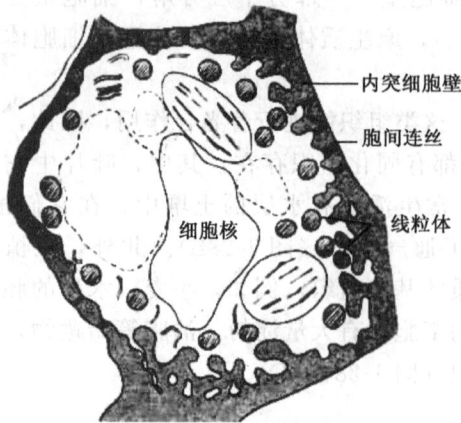

图 1-29　传递细胞

20 世纪 60 年代，运用电子显微镜在植物体内发现一类特化的细胞，这类细胞最显著的特征是细胞壁具内突生长，细胞壁向细胞腔内形成许多指状突起，这样使紧贴在细胞壁内侧的质膜的面积大大增加，这种细胞称传递细胞（transfer cell）。传递细胞的细胞质浓，富含线粒体，与相邻细胞之间有发达的胞间连丝，能迅速地从周围吸收物质，也能迅速地将物质向外转运。传递细胞普遍存在于溶质短途密集运输的部位，如小叶脉周围、种子的子叶、胚乳、胚柄等处（图 1-29）。

3. 输导组织（conducting tissue）

输导组织是植物体内长途运输水分和各种物质的组织，它们的主要特征是细胞呈长管形，细胞间以不同方式相互联系，在整个植物体的各器官内成为一连续的系统。根据运输物质的不同又分为两大类：一类是输导有机物质的筛管和伴胞；另一类是输导水分以及溶解于水中物质的导管和管胞。

1）筛管和伴胞（sieve tube and companion cell）

筛管是一连串的具有运输有机物质能力的管状细胞的总称。每一个单独的细胞叫做筛管分子。筛管分子纵向连接，每个筛管分子的结构有下列几个特点：① 筛管分子为长管形薄壁细胞。具有活的原生质体，在其发育过程中，原生质体变化很大，细胞核与液泡膜解体，线粒体和内质网退化，核糖体和高尔基体逐渐消失，随着核的解体，出现了含蛋白质的物质称 P-蛋白，在电子显微镜下 P-蛋白表现为不同的形态，形成管状、丝状和颗粒状结构，在分化成熟的筛管分子中，这几种形态的 P-蛋白可以互相转化，随着液泡膜的解体，分散的 P-蛋白占据了细胞周围的位置，分散在细胞腔中，堵塞筛管。② 筛管分子通常只有纤维素构成的初生壁，在筛管分子间连接的端壁上有许多孔，叫做筛孔（sieve pore），具筛孔的端壁叫筛板（sieve plate），在筛管分子侧壁上有许多特化的初生纹孔场，叫筛域（sieve area）。筛域上具小孔和明显的原生质丝，原生质丝比初生纹孔场中的胞间连丝粗，并有胼胝质围绕，故称联络索，联络索连接相邻的筛管分子。筛孔间有较粗的联络索。每一个联络索经过筛孔时，其周围都衬有胼胝质，胼胝质沿着联络索的外层加厚，有时也沉积在筛域的表面，当筛管休眠或死亡时，联络索逐渐收缩，然后完全消失，胼胝质在筛孔附近形成垫状物，堵塞筛孔（图 1-30A）。在多数双子叶植物中，筛管分子的功能只限于一个生长季节，但在葡萄和椴树等植物中却能越冬活动两年至多年，当次年春天筛管恢复活动时，筛管中产生胼胝质酶，胼胝质被水解逐渐变薄，联络索再次出现，筛管分子恢复原有的功能（图 1-30B）。在完全丧失作用的筛管分子中则没有胼胝质，筛域中的小孔完全暴露。③ 在筛管分子的一侧有一个或几个细胞相伴生在一起，称为伴胞。伴胞是纵向伸长的薄壁细胞，细胞有浓厚的细胞质和明显的细胞核。伴胞与筛管分子共同起源于一个细胞（图 1-31）。伴胞的功能与筛管运输物质有关。

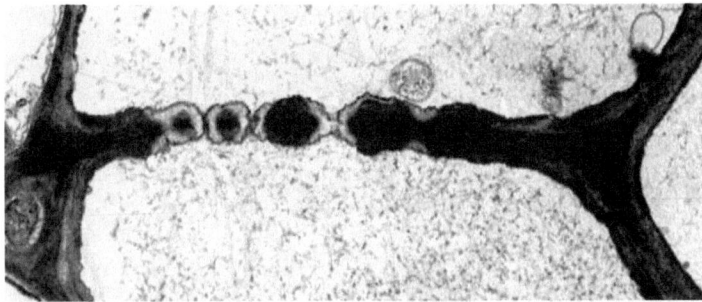

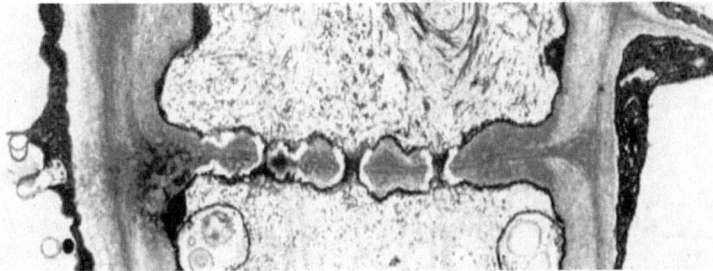

图 1-30　传递细胞

A. 胼胝质在筛孔附近形成垫状物堵塞筛孔；B. 胼胝质被水解逐渐变薄，
联络索再次出现，筛管分子恢复原有的功能

有机物的运输在被子植物中是通过筛管和伴胞进行的，在裸子植物中是通过一类叫筛胞的细胞进行的。筛胞与筛管分子的主要区别是筛胞没有筛板，只有筛域，细胞中也没有 P-蛋白，因此，筛胞的运输效率低，是比较原始的类型。

在植物体内，筛管、伴胞常和薄壁细胞、纤维聚合在一起，构成一种复合组织，称韧皮部。韧皮部的主要功能是运输有机物质，另外，还有支持功能。

2）导管与管胞（vessel and tracheid）

导管与筛管相似，也是一连串管状细胞的总称，细胞纵向连接，每个细胞叫做导管分子。导管分子的特点是：① 导管分子为长形细胞，幼时细胞是生活的，在成熟过程中细胞的次生壁不均匀加厚，成为各种花纹，形成环纹导管、螺纹导管、梯纹导管、网纹导管和孔纹导管五种类型的导管。当细胞成熟后，原生质体瓦解消失，导管分子成为长管状的死细胞。② 纵行排列的导管分子间的横壁，在细胞成熟过程中溶解形成穿孔。穿孔的形成使导管中的横壁打通，成为一个相通连的管子。③ 导管长度因植物而异，但总的来讲都比较长。导管的直径有不同的大小，直径越大，输导水分的效率越高（图 1-32，图 1-33）。

在植物体内还有另一种输导水分的组织，叫做管胞。在细胞成熟过程中细胞次生壁也不均匀加厚并木质化，形成环纹、螺纹、梯纹、网纹和孔纹五种类型的管胞，细胞成熟后也死亡。它与导管分子不同的是管胞是一个两头尖的细胞，在两管胞间不形成穿孔，而是靠细胞壁上的纹孔相通连。同时细胞口径小，因此，输导水分的能力比导管要差得多。管胞除了运输水分和无机盐外，还有一定的支持功能。裸子植物仅以管胞运输

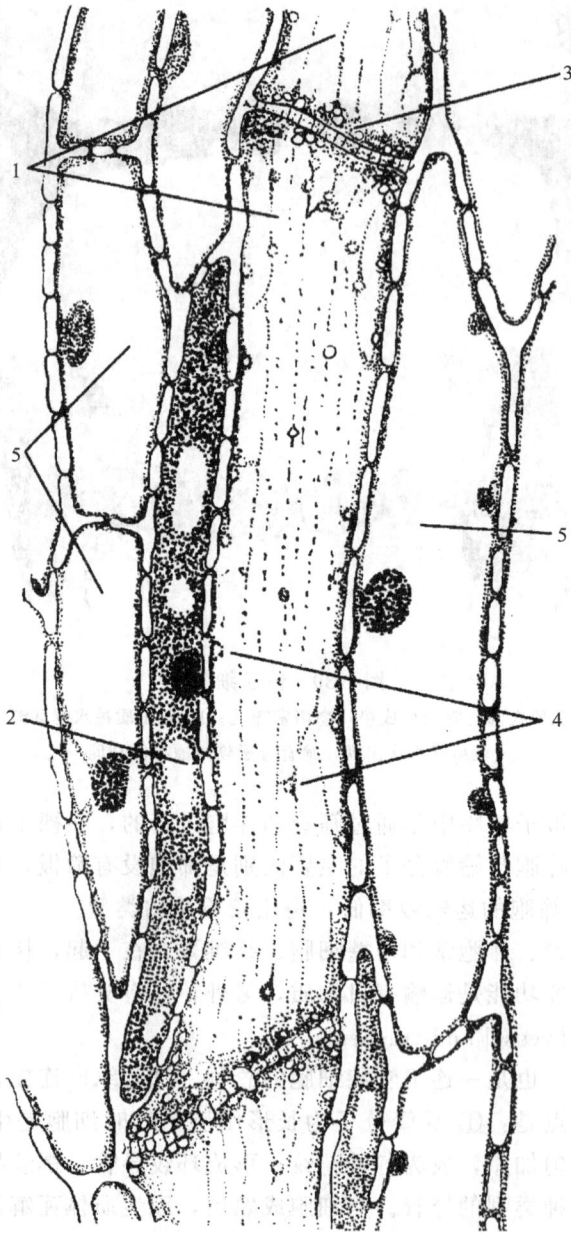

图 1-31　烟草茎韧皮部纵切，示筛管和伴胞

1. 筛管；2. 伴细胞；3. 筛板；4. 质体；5. 薄壁细胞

水分和无机盐。在被子植物中不仅有管胞还出现了导管，二者一起完成运输水分和无机盐的功能。

在植物体内，导管和管胞也与薄壁细胞、纤维聚合在一起，构成一种复合组织，称木质部。木质部的主要功能是运输水分和无机盐，另外，也有支持功能。植物体内，木质部和韧皮部合在一起称为维管组织。各器官中的维管组织在植物体内连成一体。

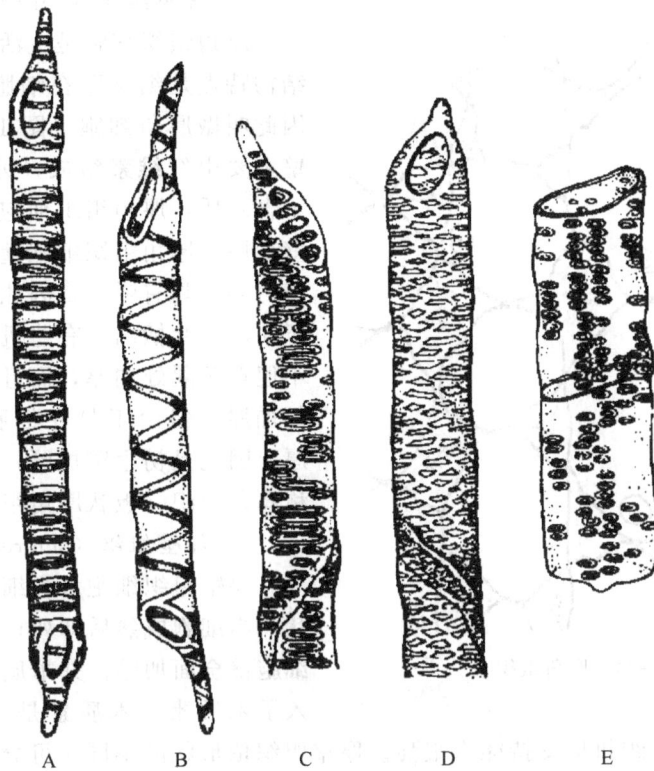

图 1-32　不同类型导管分子

A. 环纹导管；B. 螺纹导管；C. 梯纹导管；D. 网纹导管；E. 孔纹导管

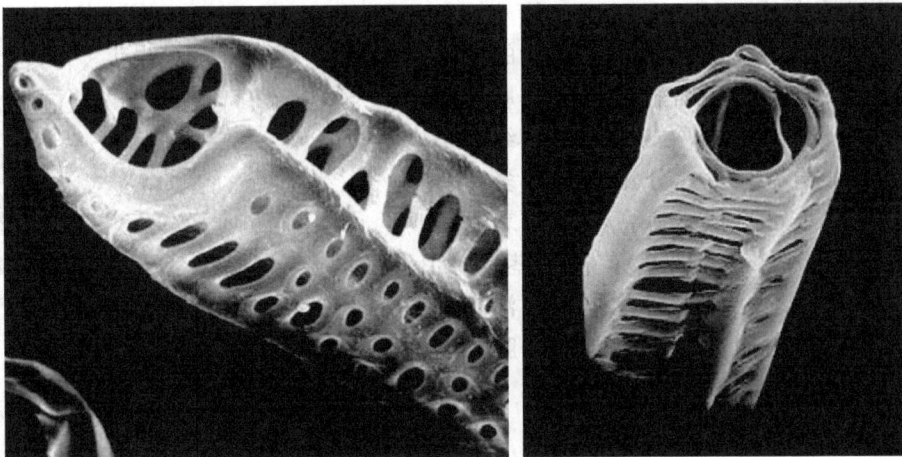

图 1-33　扫描电子显微镜下导管分子形态结构

4. 机械组织（mechanical tissue）

机械组织在植物体内起着支持的作用，因为有了机械组织的存在，植物体才能直立高大。机械组织的细胞的主要特点是有加厚的细胞壁。常见的机械组织有厚角组织和厚壁组织两种。

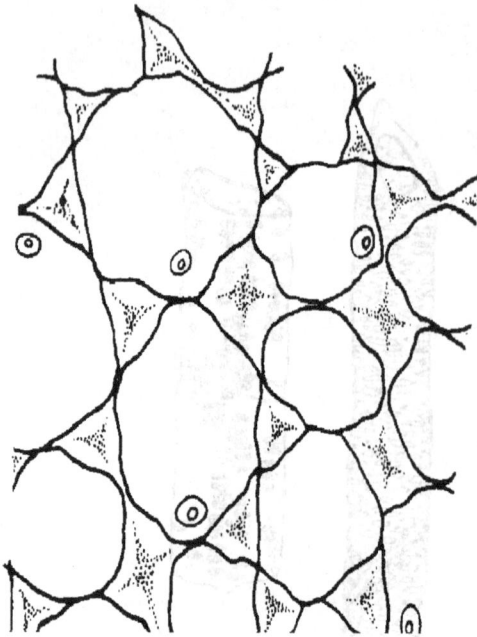

图 1-34　厚角组织

1）**厚角组织**（collenchyma tissue）

厚角组织细胞是生活的细胞，它们的结构特点是细胞壁在细胞的角隅处加厚，因此叫做厚角细胞（图 1-34）。这些细胞壁主要由纤维素组成，另外还含有果胶，不含木质，厚角组织细胞壁就是初生细胞壁加厚。厚角组织细胞壁的硬度不强，支持力弱，具有弹性，因此，它们一般存在于幼茎和叶柄内。有些机械组织的细胞壁不但在角隅处加厚，而且在所有细胞壁上都加厚。但由于是在细胞生长过程中加厚，因此是初生壁加厚，这类机械组织也称厚角组织（板状厚角组织）。

2）**厚壁组织**（sclerenchyma tissue）

厚壁组织细胞多为细长形或等直径形状，当细胞成熟后即死亡。在成熟过程中细胞壁全面加厚，并木质化，即细胞壁加入了木质素，木质素是一种很坚硬的物质，因此，厚壁组织机械支持能力很强。厚壁组织依形状的不同又可分为纤维细胞和石细胞两类。纤维细胞细长，两端尖，在植物体内木质部和韧皮部中分别有木纤维和韧皮纤维（图 1-35A）。我们日常生活中用的麻绳，就是由麻的纤维细胞组成。石细胞形状不规则，多为等直径，在茶叶和梨果肉中有石细胞存在（图 1-35B）。

5. 分泌结构（secretory structure）

植物体中有一些细胞或一些特化的结构有分泌功能，这些细胞分泌的物质或是排出体外、细胞外，或是积累在细胞内。分泌结构有多种，分泌的物质多种多样。如花中可形成蜜腺；植物叶表面有腺毛（图 1-36A，B，C）；松树茎、叶中有树脂道；三叶橡胶树茎中有乳汁管；橘子皮上有透明的小点，即分泌腔（图 1-36D）。

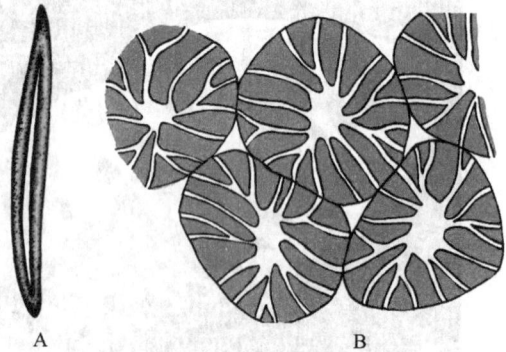

图 1-35　厚壁组织
A. 纤维；B. 石细胞

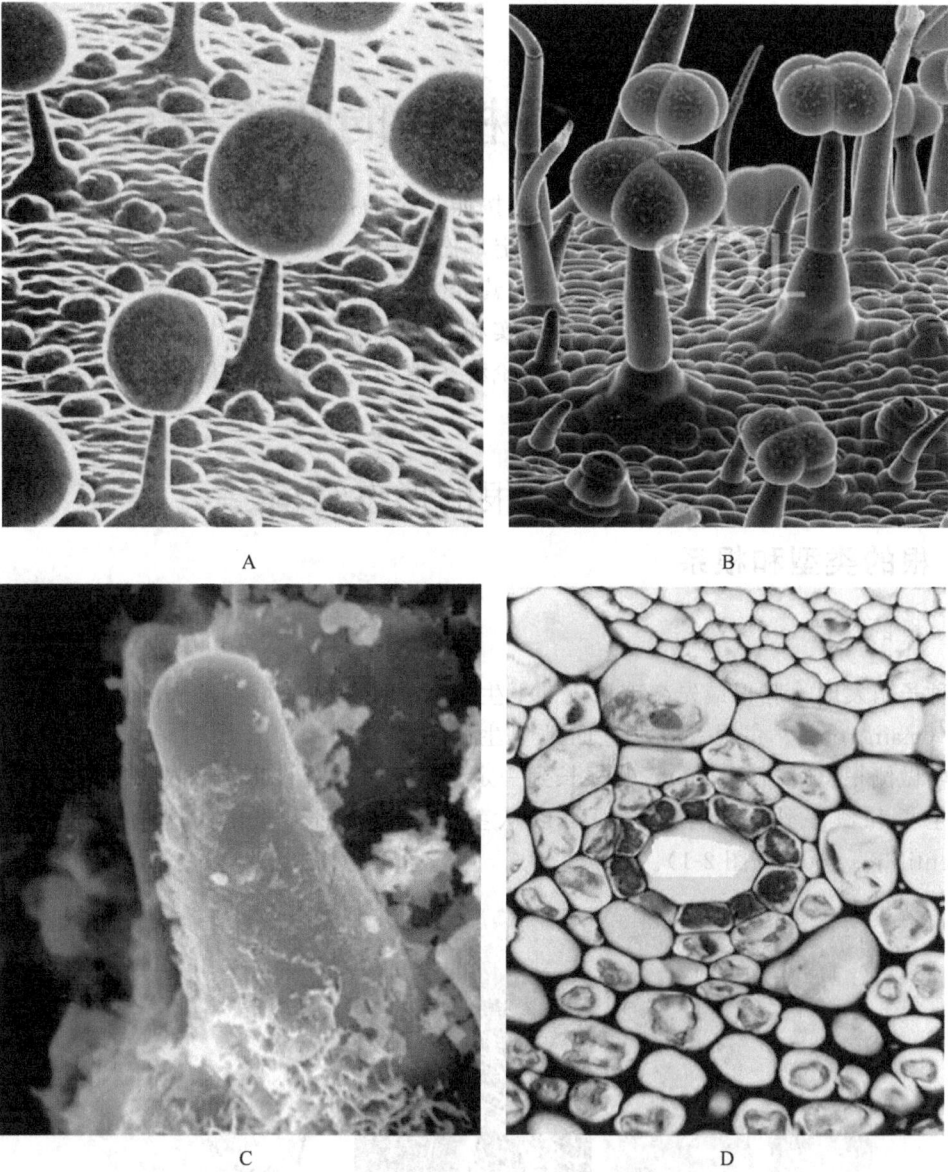

图 1-36 不同类型的分泌结构
A. 单细胞腺毛；B. 多细胞腺毛；C. 盐腺；D. 分泌腔

第二章　种子植物的营养器官

在种子植物个体发育过程中，其组织按照一定的排列方式构成的植物体结构（根、茎、叶、花、果实和种子）。这些具有一定形态结构特征、分别担负不同的生理功能的结构称为器官。其中，根、茎、叶与植物营养物质的吸收、合成、运输和储藏有关，叫做营养器官（vegetative organ）；花、果实和种子与植物产生后代有直接关系，叫做繁殖器官（reproductive organ）。本章将讨论种子植物营养器官（根、茎、叶）的形态结构和生长发育过程。

第一节　根的形态结构

一、根的类型和根系

（一）根的类型

种子萌发时，胚根最先突破种皮向下生长，这是植物最早生出来的根（root）叫做主根（main root）。主根一般垂直向地下生长，生长到一定长度时，就生出许多的分枝，叫做侧根（lateral root）。侧根长到一定长度时又可分枝生出新的侧根，反复分枝。除了主根和侧根外，还有一类根可以从茎、叶或胚轴上生出，这种根叫做不定根（adventitious root）（图 2-1）。

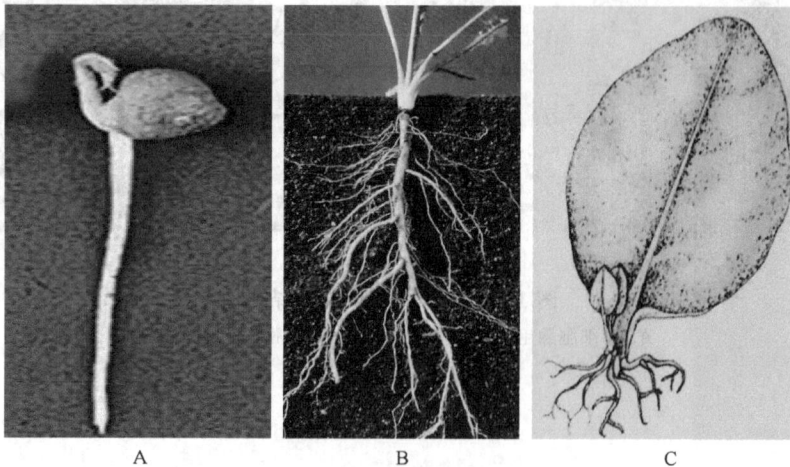

图 2-1　植物根的类型

A. 主根，种子萌发时由胚根生长发育形成；B. 侧根，主根上的分枝；
C. 不定根，由叶柄产生的根

（二）根系

一株植物根的总和称为根系（root system）。根系有直根系（tap root system）和须根系（fibrous root system）两种类型。有明显的主根和侧根之分的根系为直根系，如大多数双子叶植物和裸子植物，主根明显粗于侧根，是直根系。主根和侧根无明显区别的根系，或者根系全由不定根组成，为须根系。组成须根系的根粗细相差不多。单子叶植物多为须根系。例如，小麦、玉米等植物，主根长出后不久就停止生长或死亡，而由胚轴和茎基部的节上生出许多不定根组成须根系。一般直根系分枝层次明显，根系分布在土壤深处；须根系则分布在土层的浅处（图 2-2）。

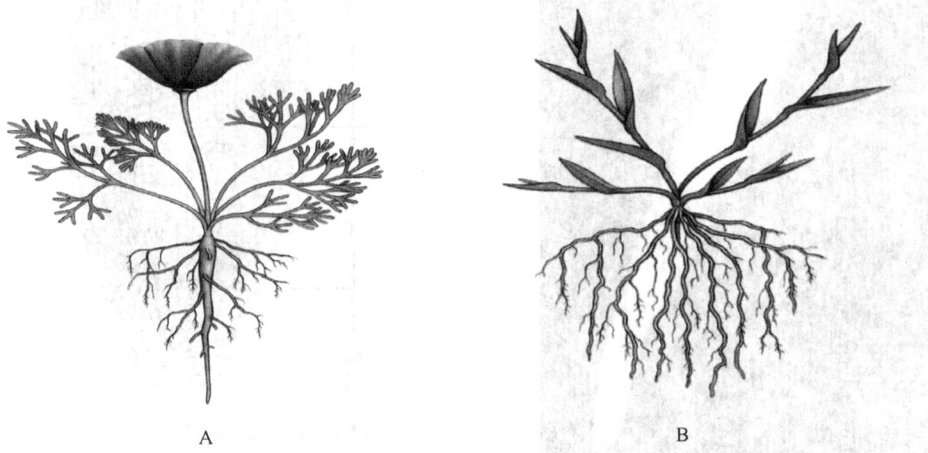

图 2-2　植物根系的类型
A. 直根系；B. 须根系

二、根的构造

（一）根尖的结构

根尖（root tip）指从根的顶端到着生根毛的部分（图 2-3）。主根、侧根和不定根都有根尖。根尖在根的生长、根的吸收、根的分枝以及根的组织分化中都起着十分重要的作用。根尖可以分为根冠（root cap）、分生区（meristematic zone）、伸长区（elongation）和成熟区（maturation zone）四个部分（图 2-4）。

1. 根冠

根冠位于根尖的最前端，是由薄壁细胞组成的一个保护根尖的帽状结构，覆盖在分生区之外，保护着幼嫩分生组织，当根向土层深处生长时，使分生组织不至于被土壤中细砂石所磨损。同时，根冠外层的细胞形成黏滑的胶质，使根在生长过程中容易深入土层。根冠细胞在根生长时，由于与土壤的摩擦，外部细胞不断脱落，而里面的分生组织细胞不断地进行细胞分裂补充到根冠中，使根冠始终保持一定的厚度。

2. 分生区

分生区也叫生长锥，位于根冠之上，大约长 1 mm，是顶端分生组织。分生区的细

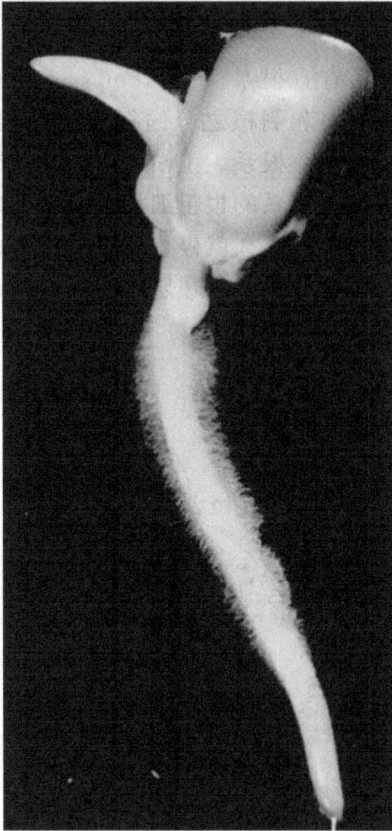

图 2-3 玉米种子萌发时形成的根尖

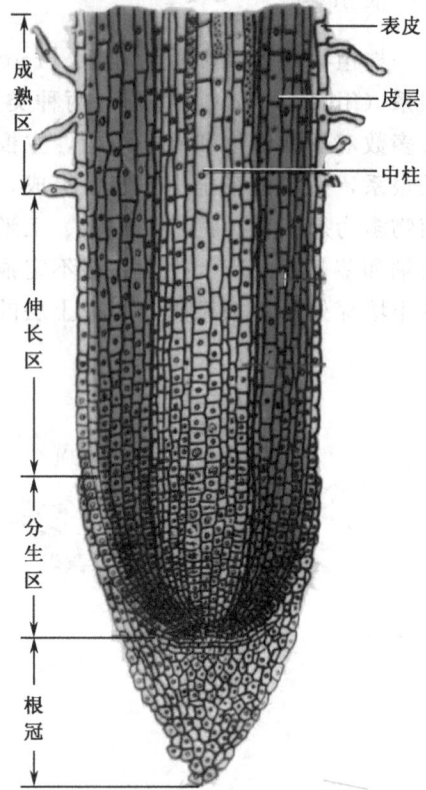

图 2-4 根尖纵切模式图，示根尖分区

胞在植物的一生中始终保持分裂能力，根的其他结构都由分生区细胞分裂所产生。根的分生区由原分生组织和初生分生组织两部分组成。原分生组织位于最前端，细胞分化较少，在原分生组织的最前端有一团细胞，其分裂的频率明显低于周围的细胞，这一区域叫做不活动中心（quiescent center）。初生分生组织位于原分生组织的上方，细胞已出现初步的分化，根据细胞的形状、大小及液泡化程度的不同，将初生分生组织划分为原表皮、基本分生组织和原形成层三个部分。原表皮以后发育成表皮，原形成层位于中央，以后发育成维管柱，基本分生组织位于原形成层和原表皮之间，以后发育成皮层。

3. 伸长区

伸长区在分生区的上方，细胞多已停止分裂。细胞液泡化程度增加，体积增大，并显著地沿根的长轴方向伸长，是根部伸长的主要动力；另外，伸长区的细胞已加速分化，最早的筛管和环纹导管开始出现，是分生组织向成熟结构的过渡区。

4. 成熟区

由外形上来看，成熟区外部密生根毛，因此，又叫根毛区（root hair zone）。根毛区的细胞开始成熟，细胞已分化为筛管、导管以及薄壁细胞等各类成熟组织，因此这一区叫做成熟区。

根毛为植物的重要部分，根系分布在土壤中，根毛及其附近的表皮细胞具有吸收水分及无机盐类的能力。根毛是根表皮细胞的突出物，根毛呈筒状，表皮细胞与根毛间无横隔，细胞质沿细胞壁呈一薄层，中央为一大液泡，细胞核位于根毛的顶端（图 2-5）。根毛区的根毛很多，有人观察玉米根上每 1 mm² 可有 230 枚根毛（图 2-6）。单位面积上大量生长根毛，大大地扩展了与土壤的接触面积，使得根系能充分吸收土壤中的水分和无机盐类。同时也发现根毛的形成与外界环境有关。

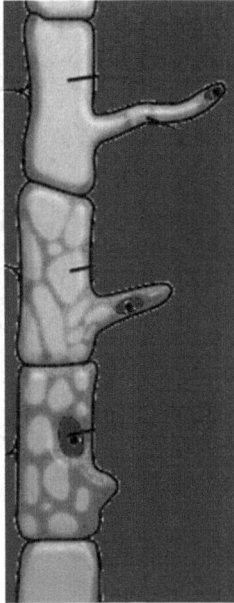

图 2-5　根毛发生过程模式图

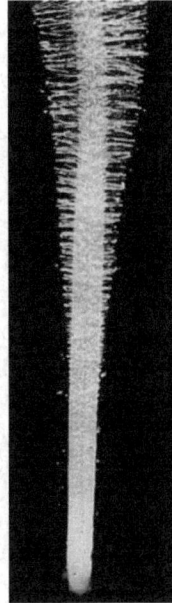

图 2-6　根尖，示根毛区密生的根毛

　　由于根的发育是由顶端逐渐向后成熟的，因此，很容易理解，愈靠近根尖的根毛是新生的根毛，相反，距离根尖愈远的根毛是愈老的根毛。根毛的寿命很短，一般只有几天到几周的寿命。根毛之所以维持一定的数目，是由于在成熟区的前端不断形成新根毛的缘故。当根毛枯死时，根的表皮细胞也同时毁坏。

（二）根的初生结构

　　在成熟区根的各部分细胞大都已分化为成熟的组织，这些成熟组织是由顶端分生组织产生的细胞经生长分化形成的结构，叫做初生结构（primary growth）。形成初生结构的生长过程叫初生生长（primary structure）。如果我们在这一区域做一横切面，可以看到根的初生构造由外到内分为表皮（epidermis）、皮层（cortex）和维管柱（vascular cylinder）三个部分（图 2-7）。

1. 表皮

　　根的表皮是根最外面的一层细胞，细胞排列紧密，没有细胞间隙。表皮的一部分外壁凸起形成根毛。细胞壁只由纤维组成，因此，土壤中的水可从细胞壁进入到细胞中。根毛有一定的寿命，一般生活几天到几星期。根毛枯萎后，由里面的薄壁细胞经过细胞壁发生栓质化，起保护作用。因此，根的表皮具有两个特点：第一，外壁很少角质化，易于透水；第二，有的表皮细胞，外壁突出形成根毛。这些特点是与根的吸收功能相适

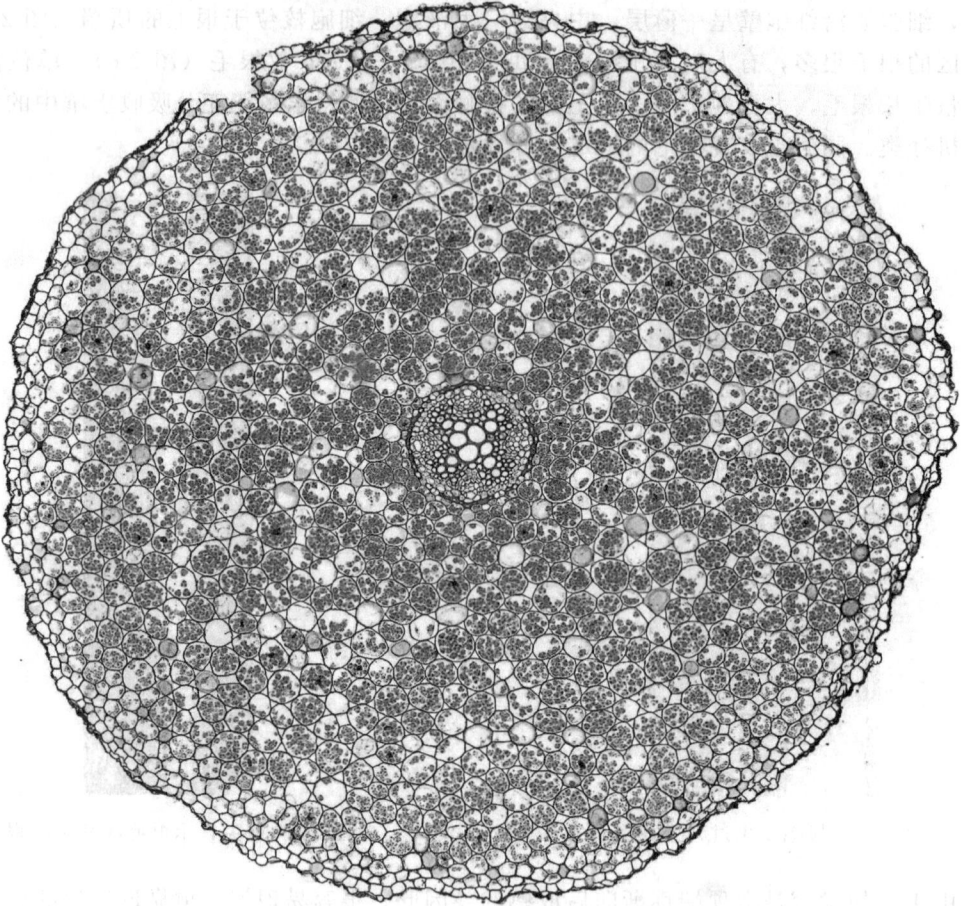

图 2-7　蚕豆幼根横切面，示根的初生结构

应的。

2. 皮层

表皮之内是皮层，由多层薄壁细胞组成，皮层在横切面上占有较大的宽度。细胞间排列疏松，细胞壁薄，具有细胞间隙。很多单子叶植物根皮层最外面的一至数层细胞排列紧密，没有细胞间隙，称外皮层（exodermis）。皮层最内一层细胞叫做内皮层，细胞排列紧密，在细胞的径向壁及横向壁上有部分的加厚，并且木质化和栓质化，呈带状环绕细胞一周，叫凯氏带（Casparian strip）（图 2-8）。凯氏带不透水，并与质膜紧密结合在一起，至使根部吸收的物质自皮层进入维管柱时，必须经过内皮层细胞的原生质体，而质膜的选择透性使根对所吸收的物质有了选择性。因此，内皮层的凯氏带对于根的吸收作用具有特殊意义。

多数单子叶植物，其内皮层细胞壁在发育早期为凯氏带，以后进一步发育成五面加厚的细胞，即内皮层细胞的横向壁、径向壁和内切向壁全面加厚，只剩下外切向壁不加厚，在横切面上内皮层细胞壁呈马蹄形。只有对着木质部的内皮层细胞，细胞壁不增厚，为薄壁细胞，是皮层与维管柱之间物质交流的通道，叫通道细胞（passage cell）（图 2-9）。

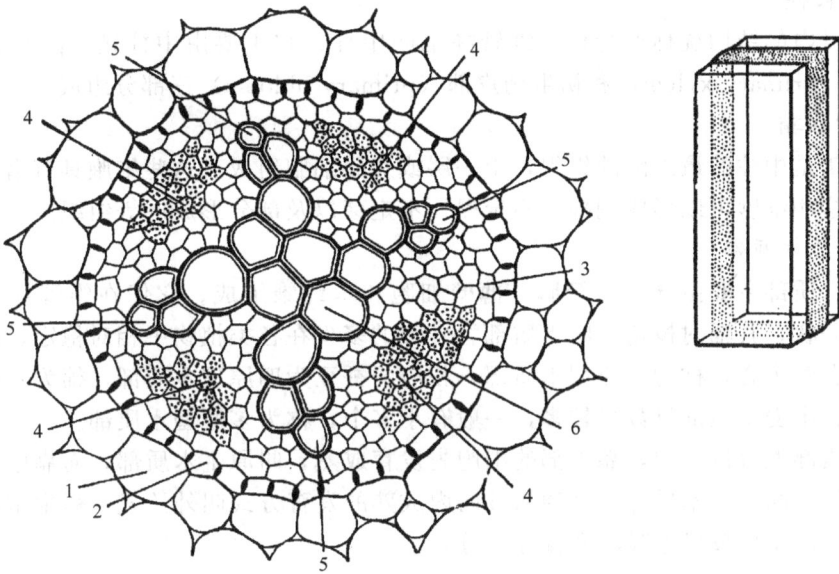

图 2-8　双子叶植物根横切面图解，示根内皮层上凯氏带结构

1. 皮层细胞；2. 内皮层，右图为内皮层细胞立体图解，示凯氏带；3. 中柱鞘；

4. 初生韧皮部；5. 原生木质部；6. 后生木质部

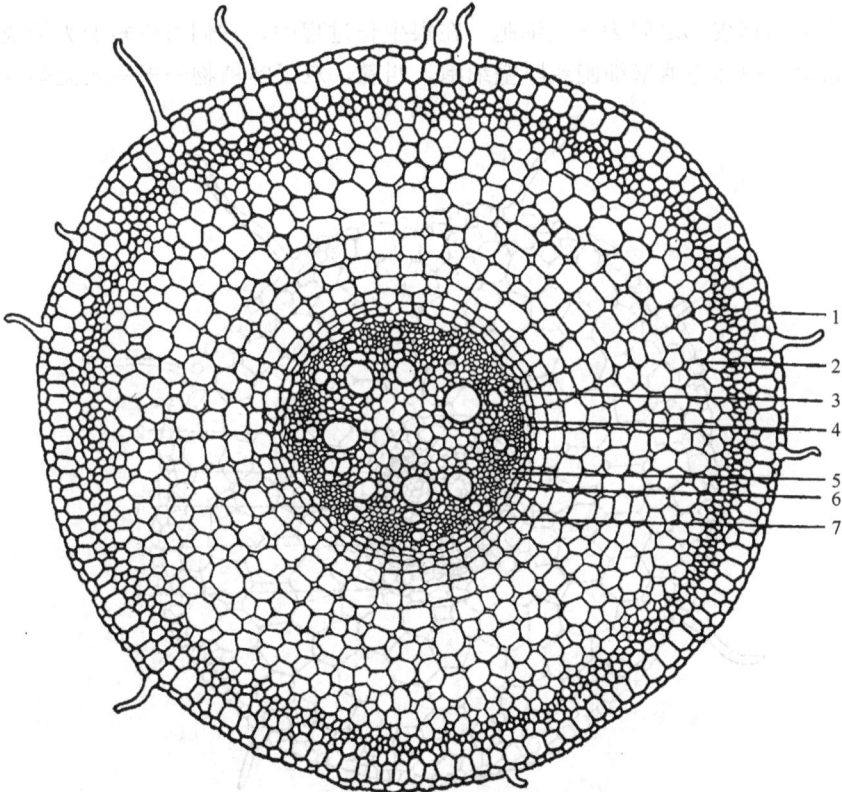

图 2-9　单子叶植物根横切面图解

1. 表皮；2. 皮层；3. 初生木质部；4. 初生韧皮部；5. 中柱鞘；6. 内皮层；7. 通道细胞

3. 维管柱

皮层以内的结构统称维管柱。维管柱也叫中柱，它主要由中柱鞘（pericycle）、初生木质部（primary xylem）和初生韧皮部（primary phloem）三部分组成。

1）中柱鞘

中柱鞘是中柱的最外围的组织，由一层或几层细胞组成。这些细胞具有潜在的分生能力，由这些细胞可以形成侧根、不定根、不定芽以及部分形成层等组织。

2）初生木质部

初生木质部主要由导管、管胞、薄壁细胞和木纤维组成。它们在维管柱中排列成束，呈星芒状，其辐射棱角，叫木质部脊。脊的多少在各类植物中相对稳定，例如，萝卜、甜菜有两个脊，称为二原型木质部，相应的蚕豆为四原型木质部，棉为五原型木质部，玉米、小麦木质部脊数目较多，一般有十多个，称为多原型木质部。

在木质部发育过程中，靠外部的细胞先发育成熟，叫原生木质部，而靠中央的细胞后发育成熟，叫后生木质部。这种从外向内成熟的发育方式叫外始式。初生木质部的这种发育方式便于根较早地吸收和输导水分。

3）初生韧皮部

初生韧皮部主要由筛管、伴胞、韧皮薄壁细胞和韧皮纤维组成，也是组成束，位于木质部脊之间，与初生木质部相间排列。初生韧皮部的发育方式与初生木质部一样，也是外始式。

在木质部与韧皮部之间为薄壁细胞，在根生长过程中，它们可以转变为形成层。多数单子叶植物根，中部为薄壁细胞或厚壁细胞，叫髓，双子叶植物的根一般无髓（图 2-10）。

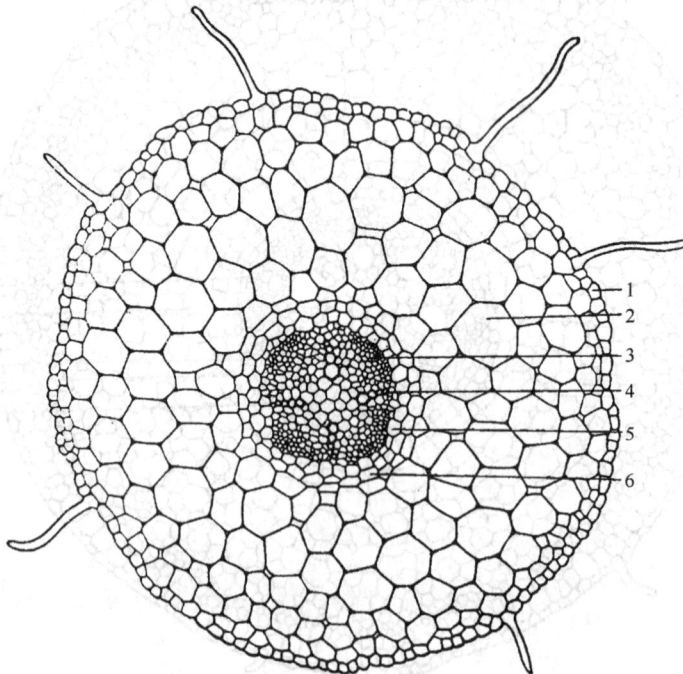

图 2-10　幼根横切面，示根的初生结构
1. 表皮；2. 皮层；3. 初生韧皮部；4. 初生木质部；5. 中柱鞘；6. 内皮层

（三）根的次生结构

多数双子叶植物和裸子植物的根，在生长过程中产生次生分生组织，由次生分生组织产生的细胞经生长分化形成的结构，叫做次生结构（secondary structure）。形成次生结构的生长过程叫次生生长（secondary growth）。根的次生结构包括次生维管组织和次生保护组织两部分（图 2-11，图 2-12）。多数单子叶植物的根，都只有初生构造，没有次生结构。

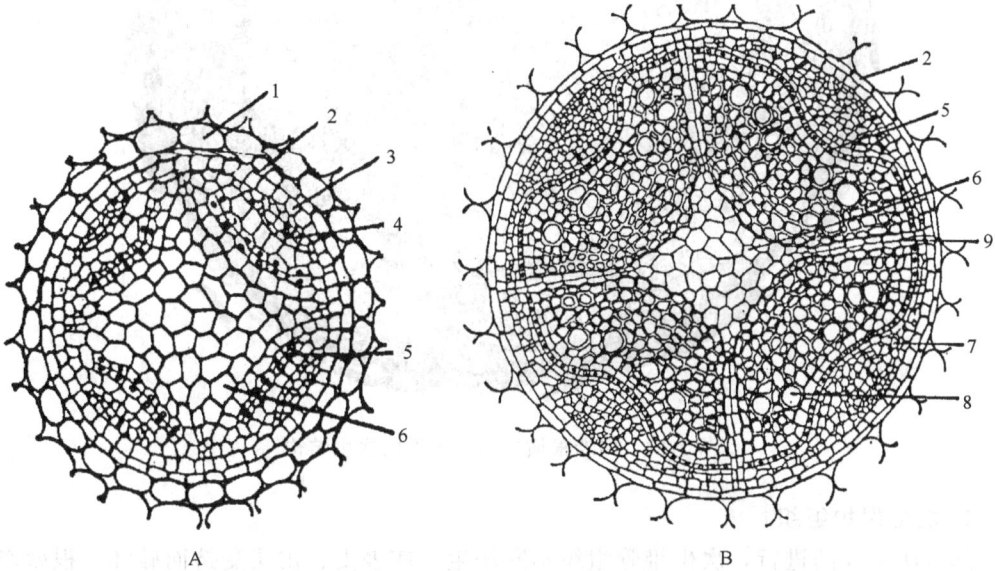

图 2-11　根维管形成层的产生

A. 维管形成层发生早期；B. 维管形成层发生后期

1. 皮层；2. 内皮层；3. 中柱鞘；4. 初生韧皮部；5. 维管形成层；6. 初生木质部；

7. 次生韧皮部；8. 次生木质部；9. 维管射线

1. 次生维管组织

次生维管组织是由维管形成层产生的。维管形成层是一种次生分生组织，它形成时，首先初生木质部与初生韧皮部之间的薄壁细胞恢复分裂能力，成为维管形成层。最初的维管形成层是条状的，以后逐渐向两侧扩展，直到初生木质部脊处，在该处和中柱鞘相接，这时这些部位的中柱鞘细胞也恢复分裂能力，参与了维管形成层的形成。至此，条状的维管形成层彼此相衔接，成为完整、连续的波状形成层环。在维管形成层的活动中，位于韧皮部内侧的维管形成层部分，由于形成早，分裂快，所产生的次生木质部数量多，把凹陷处的形成环向外推移，使整个形成层环成为一个完整的圆形。维管形成层形成以后，主要进行平周分裂，向内形成的木质部叫次生木质部，加在初生木质部的外方。向外形成的韧皮部叫次生韧皮部，加在初生韧皮部的内方。次生木质部和次生韧皮部合称次生维管组织。在次生维管组织中还出现了径向排列的薄壁细胞，叫做维管射线，位于木质部的叫木射线，位于韧皮部的叫韧皮射线。次生维管组织的不断产生，使根不断加粗。

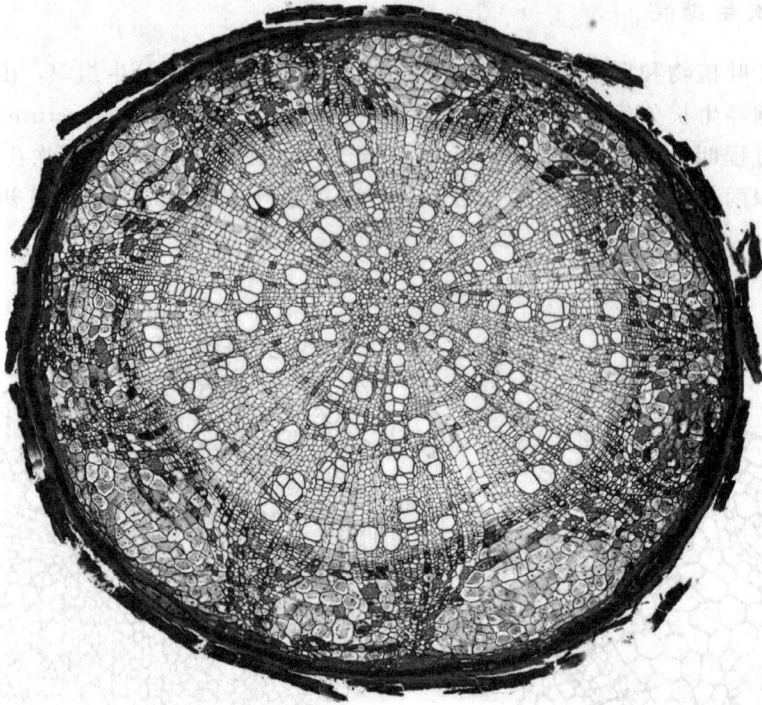

图 2-12　棉老根横切面，示根的次生结构

2. 次生保护组织

随着次生长的进行，次生维管组织不断增生，使表皮、皮层受挤而破坏。根就产生新的保护组织，即次生保护组织，起保护作用。在根产生次生保护组织时，最先是中柱鞘细胞恢复分裂能力，成为木栓形成层。木栓形成层进行切向分裂，向外形成大量的木栓层细胞，向内形成少量的薄壁细胞，即栓内层。木栓层、木栓形成层和栓内层合在一起叫周皮。周皮是次生保护组织，在根加粗后，代替表皮起保护作用。木栓细胞成熟时细胞壁栓质化，原生质体解体消失，由于木栓不透水、不透气，使外方的组织如内皮层、皮层等因营养断绝而死亡脱落。最早的木栓形成层起源于中柱鞘，木栓形成层过一段时间后即停止活动，以后，再产生新的木栓形成层，新的木栓形成层发生的位置逐渐内移，最后可深达次生韧皮部的外方。

三、侧根的形成

在种子萌发过程中，胚根长成主根，以后主根上不断形成侧根，侧根又进行分枝，形成了反复分枝的根系。

侧根起源于中柱鞘。侧根形成时，在伸长区后已经分化的成熟组织中，中柱鞘细胞恢复分裂能力，最初进行平周分裂，以后进行各个方向的分裂，形成突起即根原基，突入皮层。以后，根原基细胞分裂、生长和分化，形成顶端分生组织和根冠。侧根不断向前推进，由于侧根不断生长，所产生的机械压力和侧根根冠分泌的物质，使皮层和表皮细胞破坏，侧根最终穿透皮层和表皮，在母根根毛区的后部伸入土壤，其维管组织与母根相连（图 2-13）。由于侧根起源于母根的中柱鞘，也就是发生在根的内部组织，这种起源方式叫内起源。

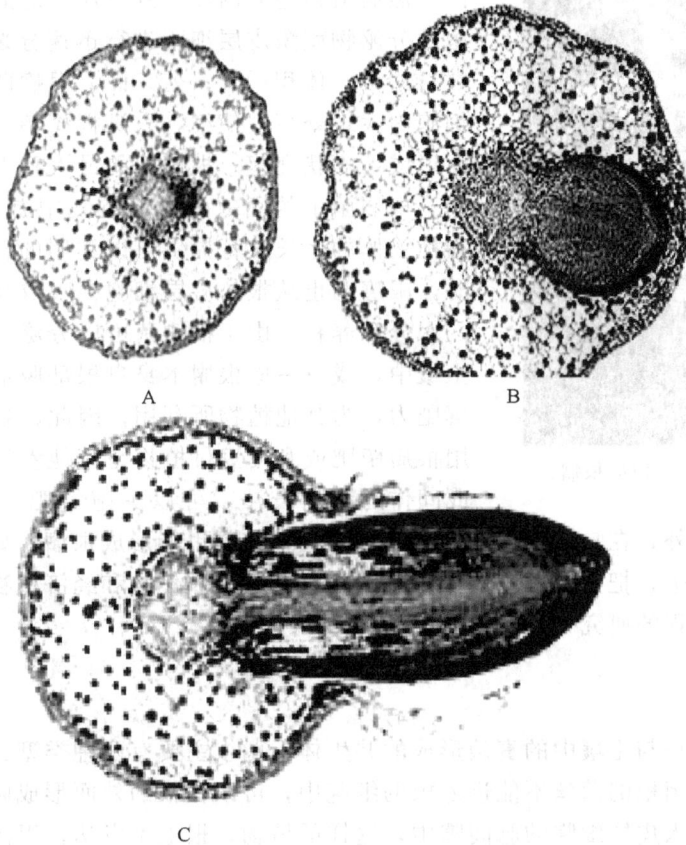

图 2-13　侧根的发生过程
A. 中柱鞘部分细胞恢复细胞分裂；B. 形成根原基；C. 侧根突破皮层和表皮

侧根的位置常是一定的。一般情况，二原型的根上，在木质部与韧皮部之间形成侧根；在三原型和四原型的根上是对着原生木质部的位置形成；而在多原型根中，则多是在对着原生韧皮部的位置形成，但也有的多原型的根中，侧根是对着原生木质部的位置形成的。

四、根瘤与菌根

种子植物的根与土壤中的微生物有着密切的关系，有些微生物能进入到植物体内，与植物共同生活，长期进化形成共生关系，即土壤中的微生物从根的组织内得到所需物质，而植物由于微生物的影响同样也得到了好处。像这样两种生物生活在一起，且建立起相互有利的关系，称为共生。根中的共生现象有两种，即根瘤和菌根。

（一）根瘤

根瘤是植物地下部分的瘤状突起（图 2-14），在豆科植物中发现较多。根瘤是土壤

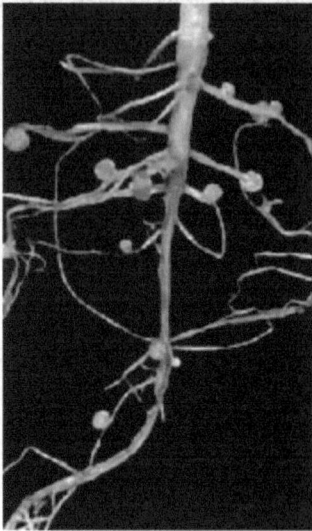

图 2-14　大豆根的根瘤

中的一种细菌，叫做根瘤菌，侵入到根内而产生的共生体。根瘤菌穿过根毛细胞的细胞壁而进入根毛之内，然后沿根毛向内侵入到皮层，之后，一方面根瘤菌的分泌物刺激皮层细胞进行迅速分裂，使皮层细胞数目增多，体积增大；另一面，根瘤菌在皮层的薄壁细胞内大量繁衍，使细胞充满根瘤菌，结果在根的表面形成了瘤状突起。根瘤菌的最大特点是具有固氮作用。根瘤菌中的固氮酶能将空气中游离氮转变为氨，为植物体的生长发育提供可以利用的含氮化合物，同时，根瘤菌也从根的皮层细胞中吸取其生长发育所需的水分和养料。由于根瘤菌可以分泌一些含氮物质到土壤中，或有一些根瘤本身自根部脱落，可以增加土壤肥力，为其他植物所利用，因此，农业生产上常施用根瘤菌肥或利用豆科植物与其他农作物轮作、套作或间作的栽培方法，可以少施氮肥，达到增产的目的。除豆科植物外，在自然界还发现一百多种其他植物也能形成根瘤，如铁树、罗汉松和杨梅等。近年来，把固氮菌中的固氮基因转移到其他农作物和经济植物中已成为分子生物学和遗传工程的研究目标。

（二）菌根

　　菌根为植物根与土壤中的真菌形成的共生体。菌根主要有两种类型：即外生菌根和内生菌根。外生菌根的菌丝不能进入根的细胞中，可以在根的外面形成菌丝体，包在幼根的表面，或穿入皮层细胞的胞间隙中，这样的植物，根毛不发达，以菌丝代替了根毛的功能，增加了根系的吸收面积，如云杉、松、榛、山毛榉等植物的根上常有外生菌根。内生菌根的菌丝通过细胞壁，进入到表皮和皮层细胞内，形成丛枝状的分枝，如葡萄、柑橘、核桃、杨树和兰科植物的根上，具有内生菌根。除上述两类菌根外，也有内外兼生的菌根。即菌丝不仅包在幼根表面，同时也深入到根的细胞中，称内外生菌根，如草莓、苹果、银白杨和柳等（图 2-15）。

　　真菌与高等植物共生，能够加强根的吸收能力，把菌丝吸收的水分、无机盐等供给绿色植物使用，以帮助植物生长；同时还能产生植物激素和维生素 B 等

图 2-15　外生菌根

刺激根系的发育，并分泌水解酶类，促进根周围有机物的分解，从而对高等植物的生长发育有积极作用，而高等植物把它所制造的糖类及氨基酸等有机养料提供给真菌，以满足真菌生长发育的需要。

　　有些造林树种，在没有相应的真菌存在时，就不能正常生长，如松树在没有菌根的土壤里，吸收养分少，生长缓慢，甚至于死亡；同样，某些真菌如不与一定植物的根系

共生，也不能存活。在林业生产中，应用人工方法接种和感染所需要的真菌，使其长出菌根，大大提高根的吸收能力，以利于在荒地上成功造林。目前已发现有 2000 多种高等植物能形成菌根，其中很多都是造林树种，如银杏、侧柏、桧、毛白杨和椴等。

五、根的变态

前面讨论了根的一般结构，但很多植物的根在长期进化过程中，由于环境的变化，其生理机能发生了改变，从而其形态结构也相应改变，这种变化可以遗传给下一代，并成为这种植物的特征。植物器官的形态结构，因生理机能的改变而发生变化的，并且可以遗传给下一代的现象，叫变态。根的变态主要有以下几种类型。

（一）储藏根

储藏根的主要功能是储藏营养物质，因此，其根常肉质化。根据来源不同可分为肉质直根和块根两大类。

1. 肉质直根（fleshy tap root）

肉质直根主要由主根发育而成。由于一株植物只有一条主根，因此，一棵植株上仅有一个肥大的直根（常包括下胚轴和节间极度缩短的茎）。肉质直根上具有侧根的部分是由主根发育而成的，无侧根的部分由下胚轴发育而成，如胡萝卜、萝卜、甜菜和人参等的肉质直根（图 2-16）。它们在外形上极为相似，但加粗的方式和储藏组织的来源却不同。胡萝卜根的增粗主要是由于维管形成层活动产生了大量的次生韧皮部，其内发达的薄壁组织储藏了大量的营养物质；萝卜根的增粗却主要是由于产生大量次生木质部的缘故，木质部中有大量的薄壁组织储藏了营养物质；甜菜根的增粗则是一种异常生长的状态，在正常的形成层之外，来源于中柱鞘和韧皮部的形成层，以同心圆排列，向内、外分别产生木质部和韧皮部，其中含有大量的薄壁组织。

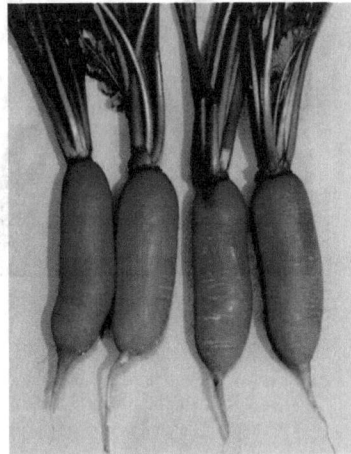

图 2-16 萝卜肉质直根

2. 块根（root tuber）

块根主要由侧根和不定根发育形成，因此，在一株植物上可以形成许多块根，如甘薯、大丽菊、地黄等（图 2-17）。块根的形状不规则，其膨大的原因多为异常生长所致，如甘薯，除正常位置的形成层外，维管形成层可以在各个导管或导管群周围的薄壁组织中发育，向着导管的方向形成几个管状分子，背向导管产生几个筛管和乳汁管，同时，在这两个方向上还有大量的储藏薄壁组织细胞产生。

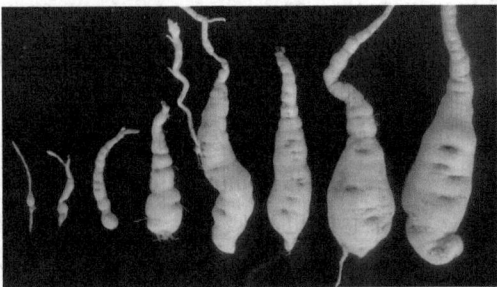

图 2-17 地黄块根

(二) 气生根

通常根生活在土壤中，但有些植物的根却生活在地面以上的空气中，广义的气生根包括所有生活在空气中的不定根。常见的气生根有下列几种类型。

1. 支柱根 (prop root)

支柱根主要是一种支持结构，可以伸入土壤，起支持作用。支柱根常见于玉米等禾本科植物，在茎基部的节上发生许多不定根，先端伸入土壤中，并继续产生侧根，成为增加植物整体支持的辅助根系 (图 2-18A)。榕树也有支柱根，榕树从枝上产生很多不定根，下垂生长，到达地面后即伸入土壤中，再产生侧根，以后由于支柱根的次生生长，成为强大的木质支柱根 (图 2-18B)。

图 2-18　支柱根
A. 玉米支柱根；B. 榕树支柱根

2. 攀缘根 (climbing root)

有些植物的茎细长柔软不能直立，如常春藤、凌霄花和络石等，其上生有无数很短的不定根，能分泌黏液，以此固着于他物之上攀缘上升，称为攀缘根 (图 2-19)。

图 2-19　攀缘根

3. 呼吸根 (respiratory root)

呼吸根存在于一部分生长在沼泽或热带海滩地带的植物，如水松、红树和海茄苳等 (图 2-20)，由于生在泥水中，呼吸十分困难，因而有部分根垂直向上生长，进入空气中进行呼吸，称为呼吸根。呼吸根中常有发达的通气组织。

4. 寄生根 (parasitic root)

寄生根也称吸器。一些植物营寄生生活，其茎上生长不定根，可以伸入寄主体内，与寄主的维管组织相连通，吸

图 2-20 植物的呼吸根

A. 红树（图中是红树的支持根，海水退潮后才能显露出呼吸根）；B. 海茄苳呼吸根

取寄主的养料和水分，供其自身生长发育的需要，如菟丝子的寄生根。

第二节 茎的形态结构

茎（stem）是植物的营养器官之一。茎一般生长在地面以上，也有些植物的茎生于地下或水中，茎上着生有叶和芽。

一、茎的形态

（一）茎的形态特征

种子植物的茎多为圆柱形，但也有三棱形、四棱形和扁平形的茎。茎的长短大小差别很大，短的只有几厘米，高的可达 100 m 以上。茎与根的区别，也就是茎的形态特征，主要表现在以下两点：

1. 茎有节和节间之分

茎上着生叶的位置叫节（node），两节之间的部分为节间（internode）（图 2-21）。有些植物茎上的节很明显，如玉米和竹的茎。各种植物茎的节间长短不一，有些植物的节间很长，如瓜类植物的节间长达数十厘米；有些植物则很短，如蒲公英节间极度缩短，称为莲座状植物；甚至于同一种植物中有节间长短不一的茎，节间长的叫长枝，节间短的叫短枝。如苹果的长枝，节间长，节上长叶；而苹果的短枝，节间短，花着生在短枝的节

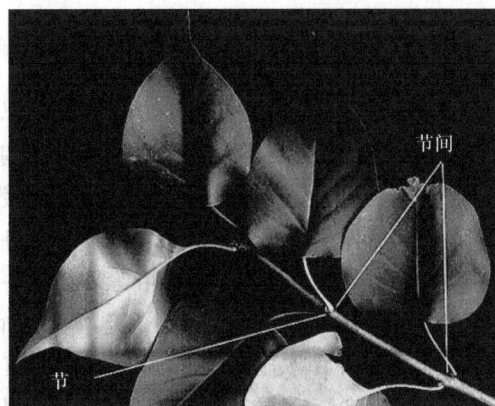

图 2-21 茎的节和节间

上，这种枝也称果枝。

2. 茎上有芽

茎和叶的夹角称为叶腋，在叶腋内和茎顶端具有芽在特定的部位生长芽是茎区别于根的又一特征。

着生叶和芽的茎称为枝或枝条（shoot）。茎上的叶子脱落后留下的痕迹叫叶痕。不同植物的叶痕形状和大小各不相同。此外，在有些植物茎上还可以见到芽鳞痕，这是鳞芽展开时，鳞片脱落后留下的痕迹，可以根据茎表面的芽鳞痕来判断枝条的年龄（图 2-22）。

有的植物茎表面可以见到形状各异的裂缝，这是茎上的皮孔，皮孔是周皮上的通气结构，是植物气体交换的通道。皮孔的形态、大小与分布，因植物不同而异，因此落叶乔木和灌木的冬枝，可以利用上述形态特点作为鉴别指标（图 2-23）。

图 2-22　叶痕和芽鳞痕　　　　　　图 2-23　茎上的皮孔

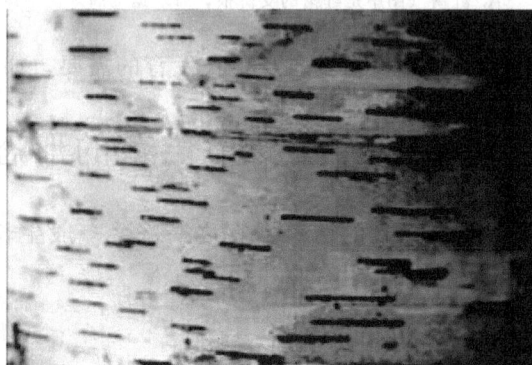

（二）芽

1. 芽的概念

芽（bud）是幼态未伸展的枝、花或花序，包括茎尖分生组织及其外围的附属物，将来可发育形成枝或花。

2. 芽的类型

（1）按芽在茎上发生的位置不同，可以分为顶芽（terminal bud）和腋芽（axillary bud）。一般生在主干或侧枝顶端的芽叫顶芽，着生在叶腋处的芽叫腋芽，腋芽因生在枝的侧面，也称侧芽（lateral bud）。大多数植物的叶腋内，有一个腋芽，但也有的植物叶腋内，可以生长两个以上的芽，一般将中间先生的一个芽称为腋芽，其他的芽称为副芽（accessory bud），如洋槐和紫穗槐有一个副芽，而桃和皂荚有两个副芽。有些植物的侧芽为庞大的叶柄基部所覆盖，叫做柄下芽（subpetiolar bud），如悬铃木。这种芽直到叶子脱落后才显露出来。另外，还有许多芽不是生长在枝顶或叶腋内，而是生长在茎的节间、老茎、根或叶上，这些没有固定着生部位的芽，被称为不定芽（adventitious bud），在营养繁殖时常常利用不定芽。与此相对应，常把顶芽和腋芽称为定芽（normal bud）。

　　（2）按芽鳞的有无可分为裸芽（naked bud）和鳞芽（scaly bud）。大多数多年生的木本植物，芽外部形成鳞片，包被在芽的外面，保护幼芽越冬，称鳞芽。鳞片脱落后在茎上留下的痕迹就是芽鳞痕。一年生植物和一些两年生植物，芽外没有芽鳞包被，这种芽叫裸芽。如黄瓜、棉、油菜等植物的芽。

　　（3）按芽所形成的器官性质不同可分为枝芽（branch bud）、花芽（flower bud）和混合芽（mixed bud）。芽发育开放后形成茎和叶，这种芽叫枝芽（branch bud）。枝芽是枝条的原始体，由生长锥、幼叶、叶原基和腋芽原基构成。芽发育开放后形成花或花序的为花芽，花芽是花的原始体，由花部原基构成（图2-24）。如果一个芽开放后既生枝叶又有花形成，称混合芽（mixed bud），混合芽是枝和花的原始体。梨、苹果在春天既开花又长叶，几乎同时进行，是混合芽活动的结果。

　　（4）按芽的生理状态又可分为活动芽（active bud）和休眠芽（dormant bud）。在当年生长季节可以开放，形成新枝、花或

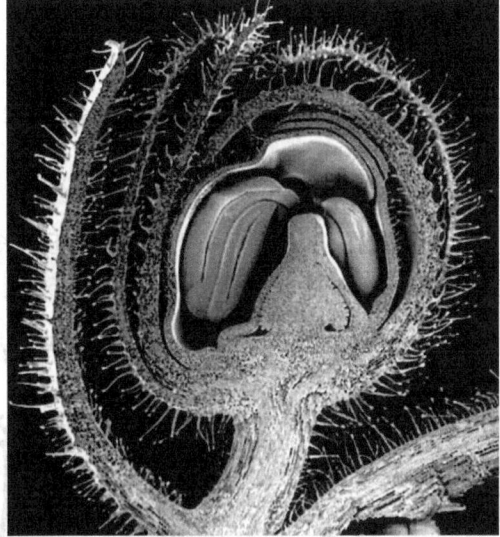

图 2-24　花芽

花序的芽，叫活动芽。一般一年生草本植物的芽都是活动芽，而多年生木本植物，通常只有顶芽和顶芽附近的侧芽开放，为活动芽，而下部的芽在生长季节不活动，保持休眠状态，始终以芽的形式存在，称为休眠芽。有的休眠芽长期不活动，可以在顶芽受到损害而生长受阻后开始发育，亦可能在植物一生中都保持休眠状态。

（三）茎的质地

　　从茎的质地上看，植物可以分为草本植物（herbaceous plant）和木本植物（woody plant）。草本植物茎内木质部不发达，茎秆支持力量弱，植株矮小，植物死亡后茎秆多倒伏。木本植物茎内木质部发达，茎秆支持力量强，因此，植物往往长得十分高大，植物死亡后茎秆仍然直立。

（四）茎的生长习性

　　不同植物的茎在长期的进化过程中，形成了不同的生长习性，以适应外界环境，使叶在空间展开，尽可能充分接受阳光，制造营养物质。根据茎生长习性的不同，茎可以分为直立茎（erect stem）、攀缘茎（climbing stem）、缠绕茎（twining stem）和匍匐茎（creeping stem）四类。

1. 直立茎
　　茎的生长方向与根相反，是背地性的，垂直向上生长，这种茎叫直立茎，是茎的普通形式，我们常见的多数植物为直立茎。如玉米、柳等（图2-25A）。

2. 缠绕茎

缠绕茎也是细长柔软，与攀缘茎不同的是以茎本身缠绕于其他支柱物上升，不形成特殊的攀缘器官。如牵牛、紫藤、菜豆等（图 2-25B）。

3. 攀缘茎

植物的茎细长柔软而不能直立，必须利用一些变态器官如卷须、吸盘等攀缘于其他物体之上，才能向上生长，这样的茎叫攀缘茎。如丝瓜、葡萄、豌豆、爬山虎等（图 2-25C）。

具有攀缘茎和缠绕茎的植物统称为藤本植物（liana）。藤本植物也有草本和木本之分。

4. 匍匐茎

有些植物的茎是平卧在地面上蔓延生长的，这种茎叫匍匐茎。匍匐茎节间长，节上生有不定根，如草莓、甘薯等（图 2-25D）。

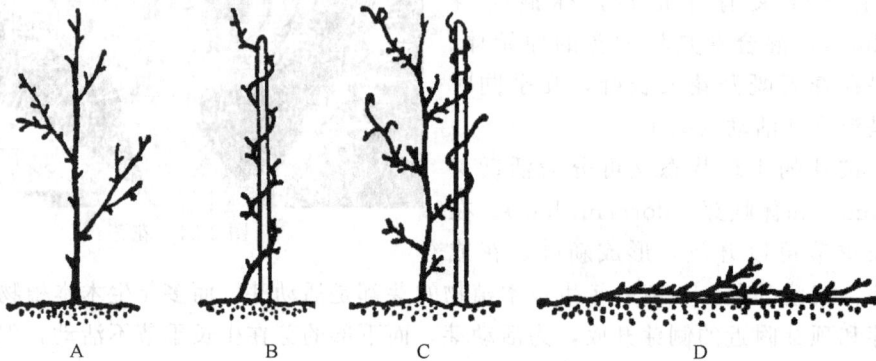

图 2-25　茎的生长习性
A. 直立茎；B. 缠绕茎；C. 攀缘茎；D. 匍匐茎

（五）茎的分枝方式

分枝是植物茎生长时普遍存在的现象，由于分枝的结果，植物形成了庞大的枝系。每种植物有一定的分枝方式，种子植物常见的分枝方式有单轴分枝（monopodial branching）和合轴分枝（sympodial branching）两种。

1. 单轴分枝

植物在生长过程中，有明显的顶端优势，由顶芽不断向上生长形成主轴，侧芽发育形成侧枝，侧枝又以同样的方式形成次级侧枝，但主轴的生长明显，并占绝对优势。这种分枝方式叫单轴分枝（图 2-26A）。裸子植物和一些被子植物如杨树等的分枝方式为单轴分枝。单轴分枝的木材高大直立。

2. 合轴分枝

植物在生长过程中，没有明显的顶端优势，顶芽只活动很短的一段时间后便死亡，或生长极为缓慢，或转变为花芽，紧邻下方的腋芽开放长成侧枝，代替原来的主轴向上生长。生长一段时间后，侧枝的顶芽同样地被其下方的腋芽所取代，如此重复，这种分枝方式叫合轴分枝（图 2-26B）。合轴分枝使树冠呈开展状态，更利于通风透光。大部分被子植物是合轴分枝方式。合轴分枝是较为进化的分枝方式。在合轴分枝中，有一种特殊情况，即顶芽下面两个对生的腋芽发展成两个相同的侧枝，这种特殊的合轴分枝又叫假二叉分枝（图 2-26C）。如丁香、七叶树等对生叶序的植物。

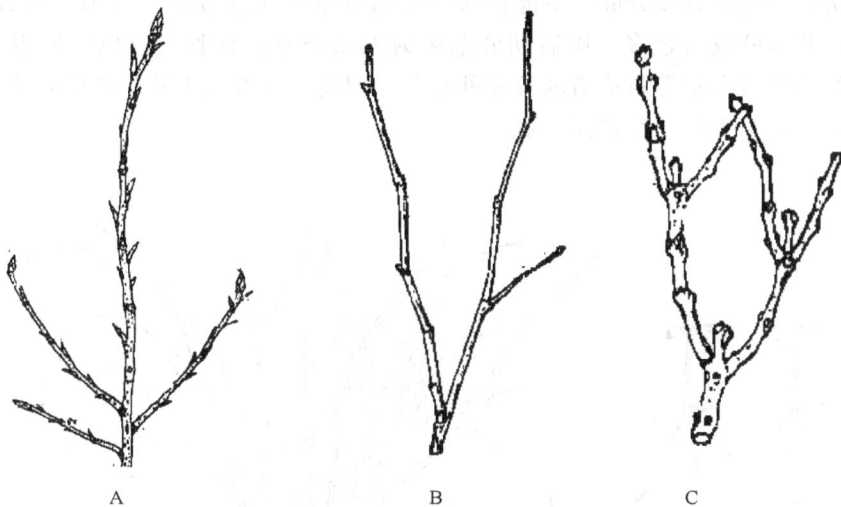

图 2-26 茎的分枝方式
A. 单轴分枝；B. 合轴分枝；C. 假二叉分枝

真正的二叉分枝多见于低等植物，在一些高等植物如苔藓、蕨类植物中也存在（图 2-27）。顶端分生组织（生长点）一分为二，形成二叉状分枝。

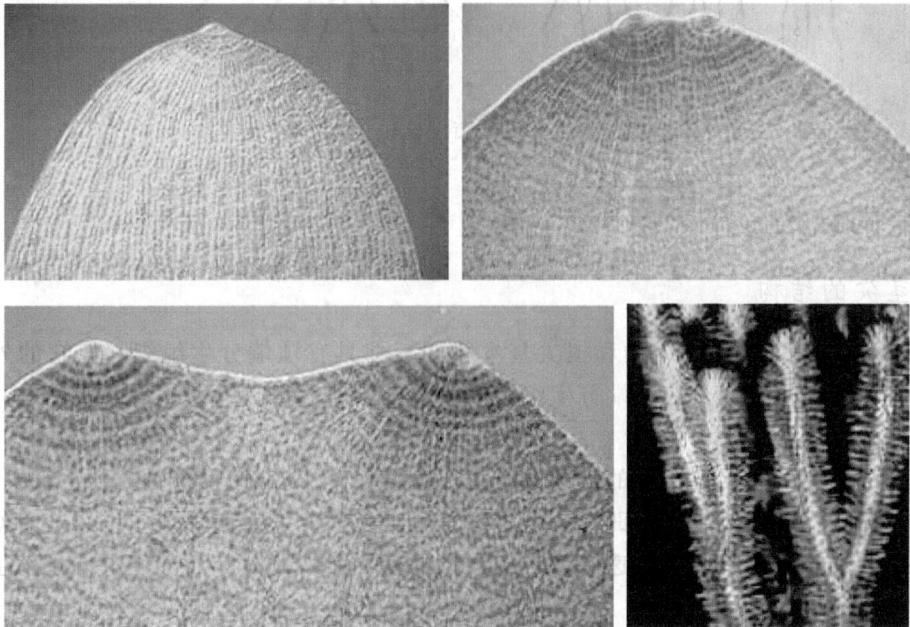

图 2-27 蕨类植物二叉分枝

禾本科植物如小麦、水稻等，其上部茎节上很少产生分枝，而分枝集中发生在接近地面或地面以下的茎节上，即分蘖节（tillering node）。分蘖节包括了几个节和节间，节与节间密集在一起。在分蘖节产生腋芽和不定根，由腋芽形成的分枝称为分蘖（till-er），分蘖上又可以产生新的分蘖（图 2-28）。在农业生产上，分蘖和产量有直接关系。能抽穗结实的分蘖为有效分蘖，不能抽穗结实的分蘖为无效分蘖。如果分蘖数目过少，则产量低；若分蘖数目过多，则后期分蘖多为无效分蘖，且收获时成熟较迟，影响品质。分蘖的多少与水肥等栽培措施及品种有关，因此，在农业上栽培措施要适当，以增加有效分蘖，减少无效分蘖提高产量。

图 2-28　小麦幼苗生长和分蘖过程

二、茎的结构

（一）茎尖的结构

　　茎尖在茎的顶端，其结构和根尖基本相同，都具有顶端分生组织，但它的外面没有类似根冠的结构，而具有顶端分生组织产生的叶原基和腋芽原基以及许多幼叶，幼叶紧紧包在外面，起保护作用。

　　茎的顶端分生组织位于茎的最顶端，由原分生组织及其衍生的初生分生组织构成，外形呈圆丘状，有的较扁平或凹，有的为圆锥状。在胚胎发育时形成，以后随着幼苗的生长，它的大小、形状和生长速率都有相当大的变化，特别是从营养生长向生殖生长转化时变化更大。

　　茎尖的原分生组织是一群具有强烈而持久分裂能力的细胞，这些细胞不断分裂，向后产生的新细胞即为初生分生组织细胞。初生分生组织细胞一边进行细胞分裂，一边分化，形成原表皮、基本分生组织和原形成层，同时，细胞在茎的长轴方向伸长，在茎的外形上表现出迅速伸长，逐渐向成熟区过渡。和根一样，原表皮、基本分生组织和原形成层分别发育成表皮、皮层和维管柱，形成茎的初生结构（图2-29A）。

叶原基和腋芽原基逐步发育成叶和芽。叶原基和腋芽原基起源于茎的顶端分生组织，在裸子植物和大多数被子植物中，顶端分生组织表层细胞或其下面的第一层或第二层细胞进行平周分裂，平周分裂的结果是向周围增加了细胞的数目，形成了突起。以后突起表面的细胞进行垂周分裂，里面的细胞进行各个方向的分裂，形成叶原基。腋芽原基的发生，和叶原基的发生一样，叶腋处的细胞进行垂周分裂和平周分裂，形成突起即腋芽原基。腋芽原基具有和原来茎端一样的顶端分生组织。一般腋芽原基的发生晚于叶原基，常在离开茎尖一段距离后发生。叶原基和腋芽原基在顶端分生组织的表面发生，这种起源方式叫外起源（图2-29B）。

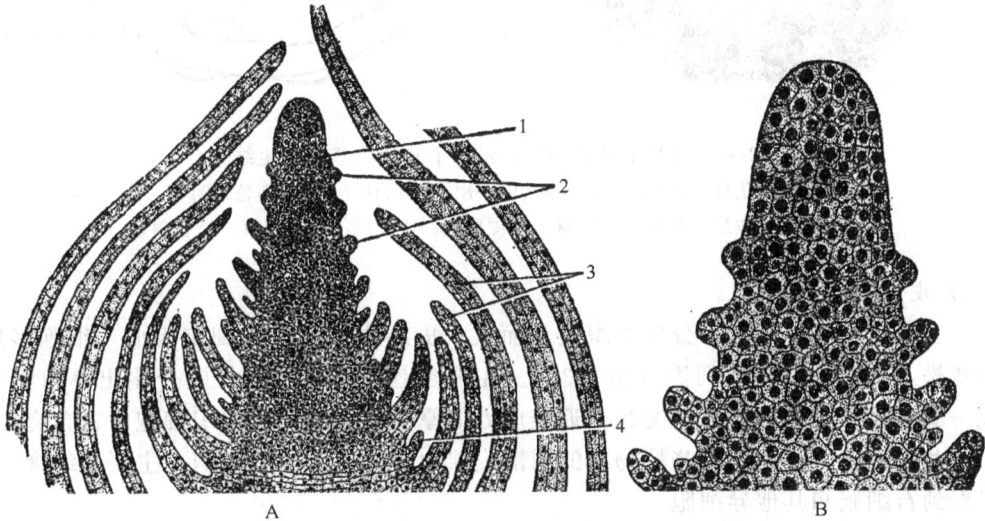

图 2-29 茎尖纵切结构
A. 茎尖纵切；B. 生长锥，示叶原基和腋芽原基发生
1. 生长锥；2. 叶原基；3. 包围生长锥的幼叶；4. 腋芽原基

（二）双子叶植物茎的结构

1. 初生结构

双子叶植物茎的初生结构，分为表皮、皮层和维管柱三个部分（图2-30）。

1）表皮

表皮是幼茎最外面的一层细胞，来源于初生分生组织的原表皮，是茎的初生保护组织（图2-31）。在横切面上表皮细胞为长方形，排列紧密，没有细胞间隙。表皮细胞是活细胞，有生活的原生质体，并储有各种代谢产物，细胞中一般不含叶绿体。表皮细胞一般细胞壁比较薄，但外切向壁较厚，并有不同程度加厚的角质膜，可以控制蒸腾，抵抗病菌的侵入。

表皮除普通的表皮细胞外，还有气孔和各种表皮毛。气孔由两个特化的细胞即保卫细胞组成，保卫细胞呈肾形，细胞内含叶绿体，两个保卫细胞相邻的壁增厚，使保卫细胞形状改变时，调节气孔的开放和关闭，从而调节气体的出入和水分的蒸腾。

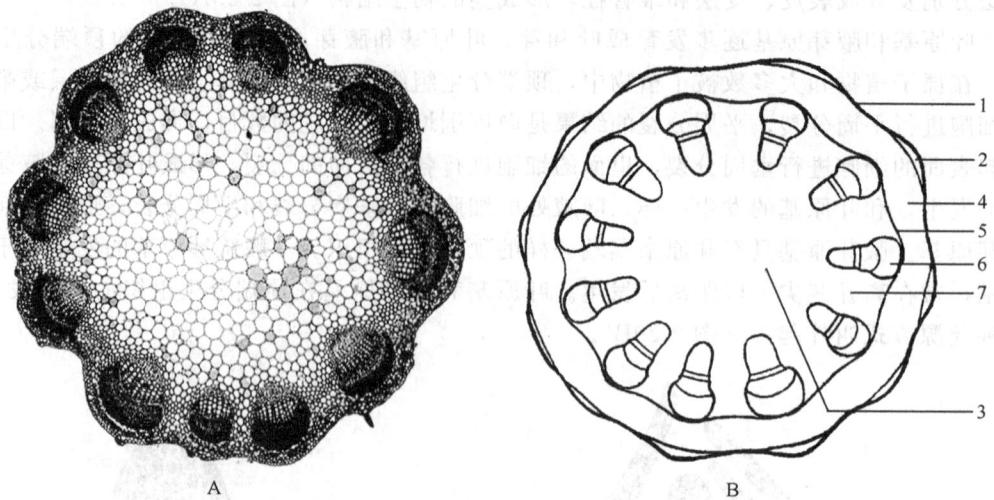

图 2-30　向日葵茎横切面，示双子叶植物茎的初生结构
A. 低倍显微镜下向日葵茎横切面照片；B. 向日葵茎横切面轮廓图
1. 表皮；2. 皮层厚角组织；3. 髓；4. 皮层；5. 内皮层；6. 维管束；7. 髓射线

2）皮层

位于表皮之内，由基本分生组织发育而成。皮层主要由薄壁细胞组成，细胞多层，排列疏松，有明显的细胞间隙（图 2-31）。在许多茎中，皮层的外围分化出厚角组织，形成一圈连续或不连续的脊状突起。近表皮处的厚角组织和薄壁组织细胞中常含有叶绿体，因此使幼茎呈绿色。有些植物茎的周围皮层中还存在有厚壁组织，主要是纤维，也可以看到石细胞和其他异细胞。

茎中一般没有内皮层，所以茎中皮层和维管组织的界限不如根中清楚，仅在少数双子叶草本植物茎、一些植物的地下茎或沉水植物的茎内，可发育出具有凯氏带的内皮层，在一些植物幼小的茎中，皮层最内的一层或几层细胞含有丰富的淀粉，因此，被称为淀粉鞘（starch sheath）。

3）维管柱

维管柱是皮层以内的部分，由于没有形态上可以分辨的内皮层，因而皮层和维管柱的界限在茎中并不明显。多数双子叶植物的维管柱包括维管束、髓和髓射线三部分。

维管束（bandle）。维管束是指皮层以内由初生木质部和初生韧皮部构成的束状结构，来源于原形成层细胞，一般初生韧皮部在外，初生木质部在里面，组成在同一半径上内外相对排列的维管束，这样的维管束叫外韧维管束（图 2-31）是种子植物中的普遍类型。外韧维管束的初生木质部和初生韧皮部之间存在着束中形成层，是由顶端分生组织保留下来的具有分裂能力的细胞，将来可以分裂产生新的木质部和韧皮部。除外韧维管束外，在种子植物茎中还存在着双韧维管束、周木维管束和周韧维管束。双韧维管束是初生木质部的内、外方都存在着初生韧皮部，如葫芦科、旋花科、茄科、夹竹桃科等植物的茎，其中，以葫芦科茎中最为典型。在双韧维管束中，形成层一般在外生韧皮部和木质部之间。周木维管束是韧皮部在中央，外面有木质部包围，如香蒲、鸢尾、莎草等植物的茎。周韧维管束是初生木质部在中央，外面有初生韧皮部包围。周木维管束和周韧维管束合称同心维管束。在双子叶植物茎中，初生维管束常排列成一轮，以此为界将基本组织分为皮层和髓。

初生韧皮部是由筛管、伴胞、韧皮纤维和韧皮薄壁细胞组成，其主要功能是输导有机物。分化成熟的顺序与根中相同，为外始式，即原生韧皮部位于外方，先成熟，后生韧皮部在内方，后成熟。原生韧皮部的分化很早，较早的行使其功能，以后在茎的生长过程中被拉坏，由后生韧皮部执行输导的功能，原生韧皮部的薄壁细胞最后发育成韧皮纤维，由于处在中柱鞘的位置，又被称之为中柱鞘纤维。

初生木质部由导管、管胞、木纤维和木薄壁细胞组成，主要功能是输导水分和无机盐，并兼有支持作用。初生木质部分化成熟的顺序与根相反，是内始式，这是茎的重要特征，原生木质部在最里面，先成熟，一般只有环纹、螺纹的管状分子被包在薄壁组织中，缺乏纤维；后生木质部在原生木质部的外面，后成熟，由木薄壁细胞、木纤维和梯纹、网纹、孔纹的管状分子组成，两者的管状分子孔径差别不大。随着后生木质部的形成，原生木质部的管状分子多被挤毁消失。

图 2-31　向日葵茎横切面（一部分）放大图

1. 表皮；2. 皮层厚角组织；3. 分泌腔；4. 皮层；5. 内皮层；6. 原生韧皮纤维；7. 髓射线；8. 后生韧皮部的伴细胞；9. 后生韧皮部的筛管；10. 束中形成层；11. 后生木质部中的导管；12. 后生木质部中的管胞；13. 原生木质部中的薄壁细胞；14. 原生木质部中的导管；15. 髓

髓（pith）髓是茎的中心部分，一般由薄壁细胞组成，来源于原形成层以内的基本分生组织，通常能储藏各种内含物，如丹宁、晶体和淀粉粒等。有些植物茎的髓中有石细胞。有些在髓的周围部分有紧密排列的小细胞，称为环髓带，环髓带与中心部分区别明显。有些植物茎在生长过程中，髓成熟较早，节间部分的髓常被拉坏，形成片状髓或髓腔。

髓射线（pith ray）髓射线是维管束之间的薄壁组织，位于皮层和髓之间，在横切面上呈放射状，外连皮层，内通髓，有横向运输的作用。髓射线亦来源于基本分生组织，称之为初生射线。在大多数木本植物中，髓射线窄，常为单列细胞或二列细胞，而草本双子叶植物则有较宽的髓射线。同时髓、髓射线和皮层一起，也是茎内储藏营养物质的组织。

2. 次生结构

多年生双子叶植物茎除了顶端分生组织产生的初生结构以外，还有侧生分生组织产

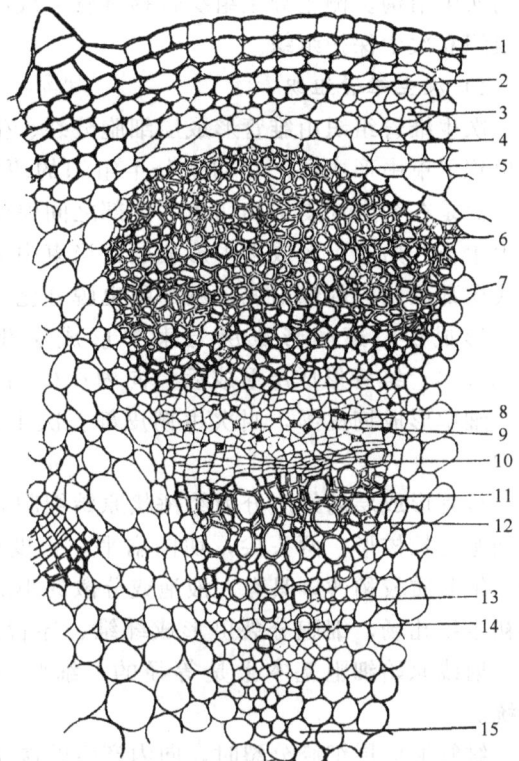

生的次生结构。侧生分生组织包括维管形成层与木栓形成层两类。次生结构包括次生维管组织和次生保护组织。

1）次生维管组织

次生维管组织由维管形成层细胞分裂、生长和分化所产生。维管形成层形成时，首先出现了束中形成层。在初生分生组织的原形成层分化形成维管束时，并没有全部分化，而是在初生韧皮部和初生木质部之间保留了一层具有分裂潜能的细胞，这层细胞在次生生长开始时，形成束中形成层；当束中形成层开始活动后，初生维管束之间与束中形成层部位相当的髓射线薄壁细胞也脱分化，恢复分裂的能力，形成次生分生组织，叫束间形成层。束间形成层与束中形成层相连接，形成一个连续的维管形成层环（图 2-32）。维管形成层形成后，向内产生的细胞形成木质部，叫次生木质部；向外产生的细胞形成韧皮部，叫次生韧皮部。次生木质部和次生韧皮部共同组成了次生维管组织。

维管形成层的细胞分为纺锤状原始细胞和射线原始细胞两类（图 2-33）。纺锤状原始细胞为长梭形，两头尖，切向扁平，长度可比宽度大许多倍，其长轴与茎的长轴平行，细胞质较稀薄，具有大液泡或分散的小液泡，细胞核相对较小，春天时壁上有显著的初生纹孔场，细胞分裂可形成纤维、导管、管胞、筛管和伴胞等，构成茎的轴向系统；射线原始细胞基本上是等径的，细胞小，分裂产生射线细胞，构成植物的径向系统。

维管形成层细胞分裂时，向内产生的次生木质部远远多于向外产生的次生韧皮部。纺锤状原始细胞分裂时以平周分裂为主，即纺锤状原始细胞分裂一次形成的两个子细胞，一个向外分化出次生韧皮部原始细胞或向内分化出次生木质部原始细胞，另一个则仍保留为纺锤状原始细胞。一般来讲，往往在形成数个次生木质部细胞后，才形成一个次生韧皮部细胞，因此，次生木质部细胞的数量明显多于次生韧皮部细胞。在木本植物的茎中，次生木质部占了大部分，树木生长的年数越多，次生木质部的比例就越大，初生木质部和髓所占比例很小，或被挤压而不易识别。次生木质部构成了茎的主要部分，是木材的主要来源。

由于维管形成层的活动产生维管组织，使茎部增粗，形成层环被推向了外围，因此，形成层环必须扩张，其细胞进行垂周分裂，以此来增加本身的数目，以适应茎的增粗。形成层细胞的垂周分裂分为径向和斜向两种，若为径向的垂周分裂，即维管形成层的一个纺锤状原始细胞垂直地分裂成两个细胞，结果维管形成层的细胞本身排列十分规则，呈水平状态，称为叠生形成层，如洋槐；若为斜向的垂周分裂，两个子细胞互为侵入生长，结果使维管形成层细胞的长度和弦切向的宽度都大为增加，其细胞排列一般不规则，称为非叠生形成层，如杜仲、核桃和鹅掌楸等。

射线原始细胞也是以平周分裂为主，向内分裂产生的射线细胞位于木质部中，叫木射线；向外分裂产生的射线细胞位于韧皮部中，叫韧皮射线。木射线和韧皮射线共同构成维管射线。维管射线与髓射线不同，髓射线是由基本分生组织的细胞分裂、分化形成的，是初生射线，其数目不变；而维管射线是由次生分生组织的细胞分裂、分化形成的，是次生射线，随着茎的增粗，维管射线的数目增加，以加强横向运输。新的射线原始细胞来源于纺锤状原始细胞，由纺锤状原始细胞横向分裂形成。

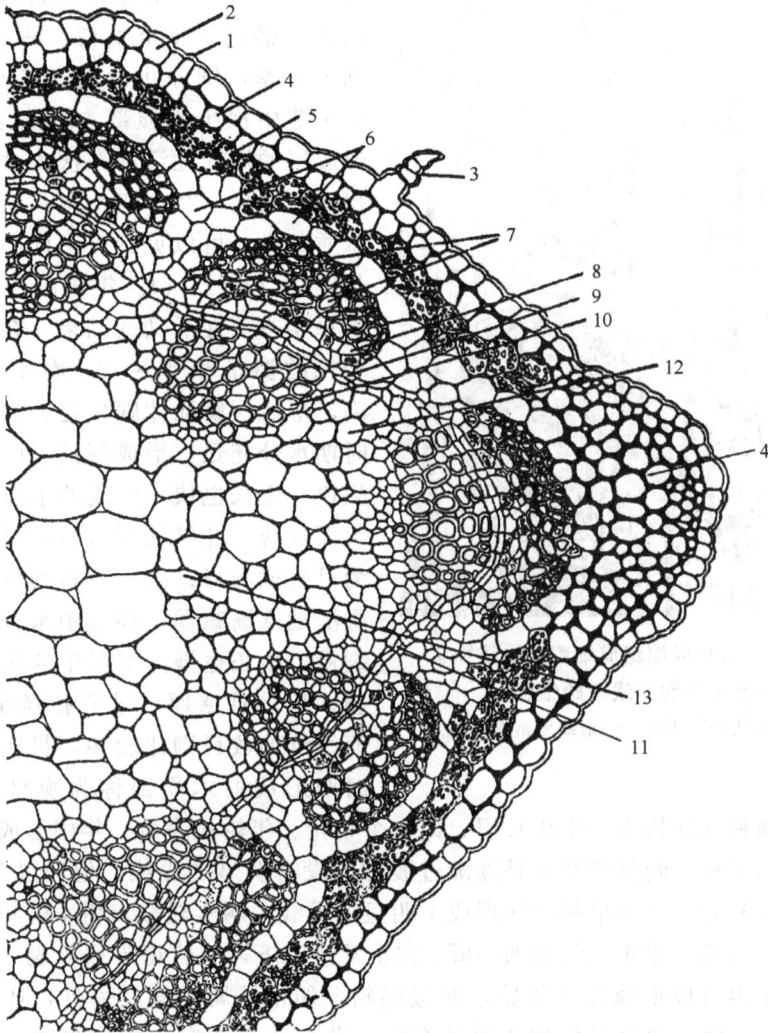

图 2-32　苜蓿茎横切面（一部分）放大图，示维管形成层的发生
1. 角质膜；2. 表皮；3. 表皮毛；4. 皮层厚角组织；5. 皮层薄壁细胞；6. 淀粉鞘（内皮层）；7. 原生韧皮部；8. 后生韧皮部；9. 束中形成层；10. 初生木质部；11. 束间形成层；12. 髓射线；13. 髓

　　维管形成层理论上为一层细胞，但在形成层活动高峰时，新生细胞的增加非常迅速，较老的细胞还未分化，很难将维管形成层细胞和它们刚刚衍生的细胞分开，因此，形成了一个维管形成层带，包含了几层尚未分化的细胞。

　　双子叶植物次生木质部的组成成分和初生木质部相似，包括有导管、管胞、木纤维和木薄壁细胞，细胞均有不同程度的木质化。次生木质部中的导管以孔纹导管最为常见，一般双子叶植物草本茎中次生木质部导管与管胞以网纹和孔纹为主，而在木本茎中全为孔纹导管。导管的数目、孔径大小及分布情况，常因植物种类不同而不一样。次生木质部中，木纤维数量较初生木质部为多，是构成次生木质部的主要成分之一，木薄壁细胞有径向排列和纵向排列两大类，木射线是次生木质部的径向系统。

　　在季节变化比较明显的地区，如温带和亚热带，形成层的活动受季节影响，呈周期

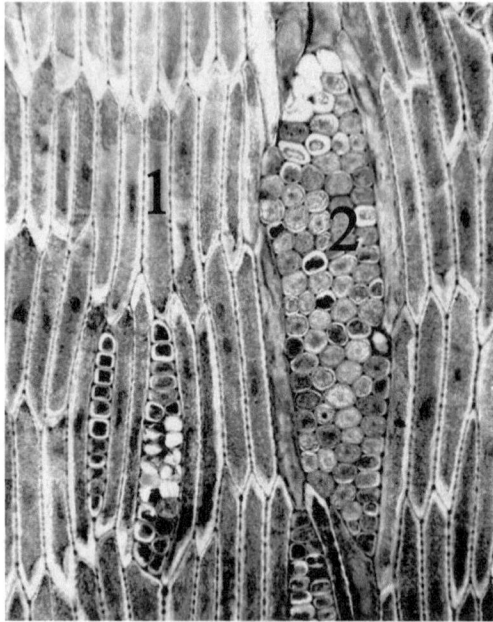

图 2-33　维管形成层组成细胞，示纺锤状
原始细胞和射线原始细胞
1. 纺锤状原始细胞；2. 射线原始细胞

性活动规律。一般春季开始活动，且活动逐渐旺盛，到夏末秋初，活动逐渐减弱，到了冬季，则停止活动，进入休眠状态。由于茎中次生木质部占绝大多数，因此，形成层的周期性活动在次生木质部中表现得比较明显。在多年生木本植物茎的次生木质部中，可以见到许多同心圆环，这就是年轮（图 2-34）。年轮的产生就是形成层每年季节性活动的结果。在有四季气候变化的温带和亚热带，春季温度逐渐升高，形成层解除休眠恢复分裂能力，这个时期水分充足，形成层活动旺盛，细胞分裂快，生长也快，形成的木质部细胞孔径大而壁薄，纤维的数目少，材质疏松，称为早材或春材；由夏季转到冬季时，形成层活动逐渐减弱，环境中水分少，细胞分裂慢，生长也慢，所产生的次生木质部细胞体积小且壁厚，导管孔径小且数目少，而纤维的数目则比较多，材质致密，这个时期形成的木质部称为晚材或夏材、秋材。早材和晚材共同构成一个生长层，即一个年轮。年轮代表着一年中形成的次生木质部。同一年的早材与晚材的变化是逐渐过渡的，没有明显的界线，但经过冬季的休眠，前一年的晚材和后一年的早材之间形成了明显的界线，叫年轮线。树木的年龄可以根据年轮来判断，每长一岁年轮便增加一圈。在正常情况下，年轮每年只形成一轮，但在有些植物中一年内可以形成几个年轮，叫假年轮，如柑橘属植物，另外，环境条件不正常，如干旱、虫害，也会导致假年轮的产生。没有季节性变化的热带地区，没有年轮产生。

在多年生木本植物茎的次生木质部中，形成层每年向内形成次生木质部，造成次生木质部的大量积累，使次生木质部内外层的性质发生变化，因而有了边材和心材之分。边材是靠近形成层的次生木质部，颜色浅，含有活的薄壁细胞，导管和管胞具有输导功能，为近 2～5 年形成的次生木质部。形成层每年产生的次生木质部，形成新的边材，而内层边材逐渐转变为心材。因此心材可以逐年增加，而边材的厚度却比较稳定。心材是次生木质部的中心部分，颜色深，为早年形成的次生木质部，由于养料和氧气难以进入，因此，全部为死细胞。心材中，薄壁细胞的原生质体通过纹孔侵入导管，形成的突起结构，叫侵填体（图 2-35）。侵填体堵塞导管，使其丧失输导功能。由于侵填体的形成和一些物质，如树脂、树胶、单宁及油类渗入细胞壁或进入细胞腔内，使木材坚硬耐磨，并有特殊色泽，如胡桃木呈褐色，乌木呈黑色，更具有工艺上的价值。

次生韧皮部的组成成分与初生韧皮部基本相同，主要是筛管、伴胞、韧皮薄壁细胞和韧皮纤维，有些植物还夹有石细胞。许多植物在次生韧皮部内还有分泌组织，能产生

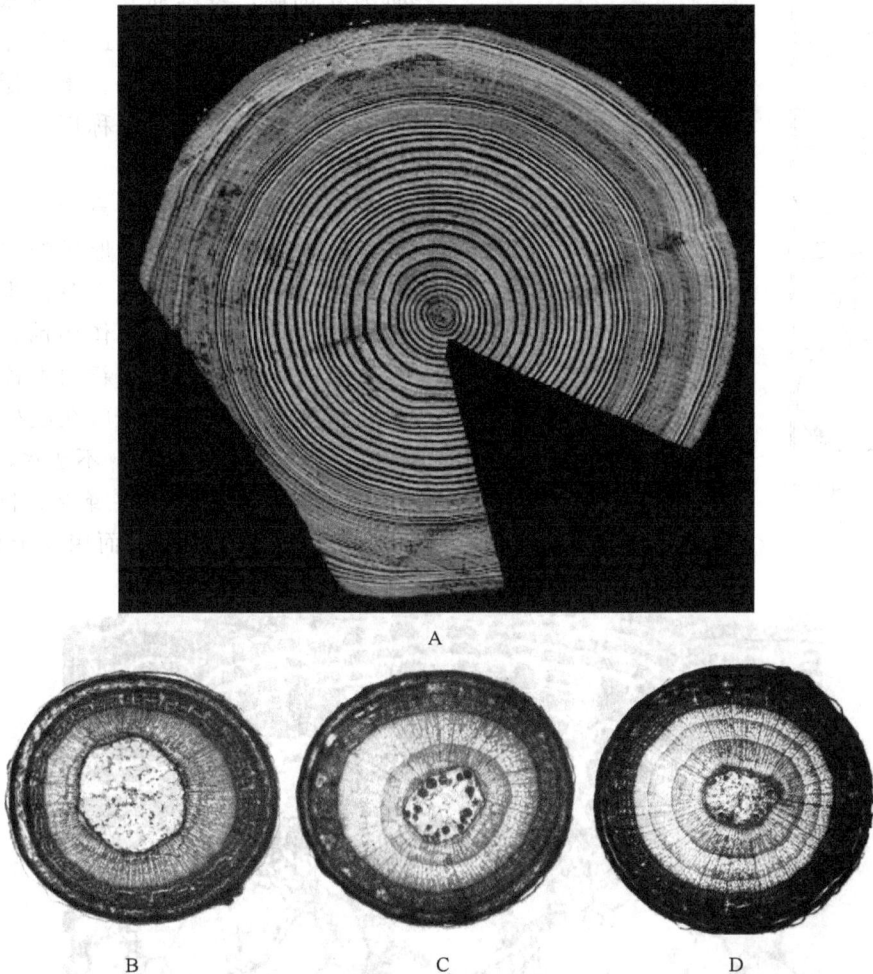

图 2-34　树横切面，示年轮

A. 多年生木本植物茎横切面；B. 一年生木本植物茎横切面；C. 二年生木本植物茎横切面；
D. 三年生木本植物茎横切面

特殊的次生代谢产物，如橡胶和生漆。韧皮射线是韧皮部的径向系统，较老的韧皮射线细胞可以有垂周分裂或径向增大，而使其呈喇叭口状，以此适应茎的增粗。有功能的次生韧皮部通常只限于一年，筛管分子在春天由维管形成层发生以后，往往在秋天就停止输导而死亡，但在有些植物如葡萄属，当年发生的筛管分子，冬季休眠，翌年春天又重新恢复活动。

2）次生保护组织

双子叶植物茎的维管形成层活动，使次生维管组织不断增加，茎不断加粗，其结果必然导致表皮遭到破坏，从而失去保护作用。于是在茎形成次生维管组织的同时，产生次生保护组织，起保护作用。茎的次生保护组织和根一样，也是由木栓形成层细胞分裂、分化形成的。茎的次生保护组织形成时，茎外围的皮层或表皮细胞恢复分裂机能，形成木栓形成层。木栓形成层细胞主要进行平周分裂，向外分裂形成木栓层，向内形成栓内层。木栓层层数多，其细胞形状与木栓形成层类似，细胞排列紧密，无胞间隙，成

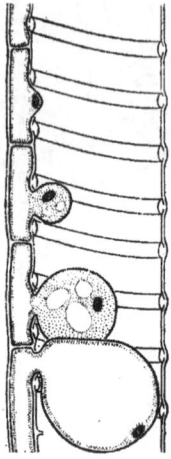

图 2-35　侵填体的发生过程

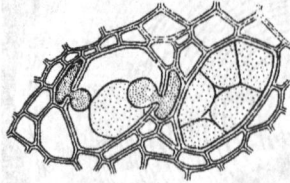

熟时为死细胞，壁栓质化，不透水，不透气；栓内层层数少，多为 1～3 层细胞，有些植物甚至于没有栓内层。木栓层、木栓形成层和栓内层，三者合称周皮，是茎的次生保护组织（图 2-36）。

木栓形成层是有一定寿命的，不同植物其寿命长短不一。最初形成的木栓形成层其活动期限一般只有几个月。当茎继续增粗时，原有的周皮失去作用前，其内部又产生新的木栓形成层。新的木栓形成层产生的位置不断内移，最后在次生韧皮部中产生。木栓层细胞质轻、不透水，并具有弹性和抗酸、抗压、隔热、绝缘、抗有机溶剂和化学药品的特性，因而用途十分广泛，

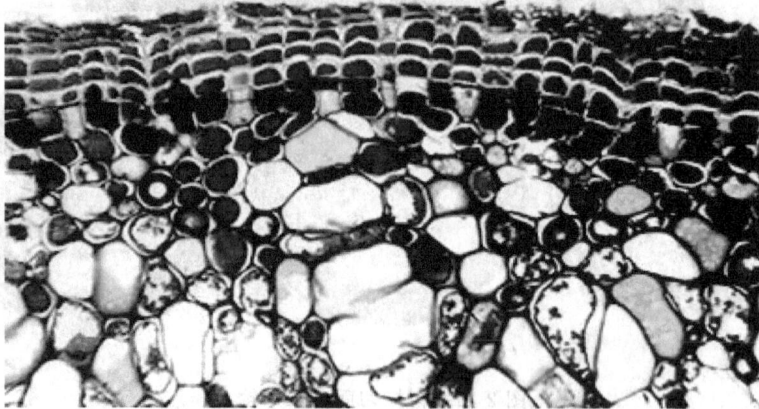

图 2-36　周皮（图顶部 6 或 7 层径向排列的扁平细胞）

可作软木塞、救生圈、隔音板及绝缘材料等，是国防工业和轻、重工业的重要原材料。

周皮产生时，常在周皮上形成一种通气结构，叫皮孔（图 2-37），使茎和外界进行气体交换。皮孔常在气孔下发生。皮孔的发生比木栓形成层稍早或同时。气孔之下的细胞有不同方向的分裂，形成一团松散的组织，然后进行平周分裂并逐渐变为垂周分裂，直到该处的木栓形成层产生为止，以后木栓形成层在该处向外分裂，产生一些细胞，与前面产生的细胞合称为补充组织。补充组织细胞的增加使表层细胞破裂，形成了在茎表面肉眼可见的裂缝，即皮孔。皮孔的形状、颜色及大小，因植物而异，可作为鉴别树种的根据之一。

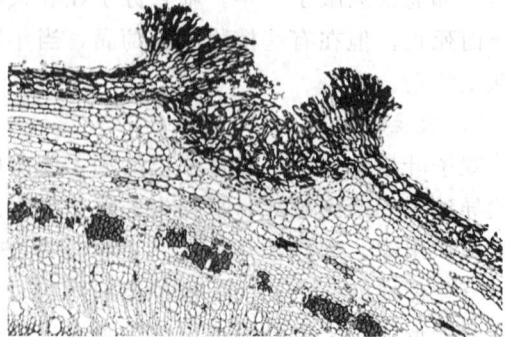

图 2-37　皮孔

周皮形成后，木栓层以外的组织因缺乏营养和水分而死亡，在植物茎增粗的同时，不断形成新周皮来加以保护，这样多次积累，就构成了树干外面看到的树皮（bark）。树皮极为坚硬，常呈条状剥落，故称硬树皮或落皮层。另一种树皮的含义是指生产上由树干上剥下来的皮，分离的位置在维管形成层，包括了次生韧皮部、皮层、周皮和木栓层以外的一切死组织。由于韧皮部到木栓形成层这一段包含有生活组织，质地较软，含水分多，故称之为软树皮。通常人们所说的树皮是指木质部之外的所有部分，包括软树皮和硬树皮。

（三）裸子植物茎的结构特点

裸子植物茎的基本结构和双子叶木本植物茎相类似，初生结构都包括表皮、皮层和维管柱三部分。有维管形成层和木栓形成层的产生，并进行次生生长，逐年不断地加粗从而形成次生结构。

与双子叶木本植物相比，裸子植物茎的结构主要有以下不同：

（1）裸子植物组成维管组织的细胞成分不同。裸子植物的韧皮部由筛胞、韧皮薄壁细胞和韧皮射线组成，无筛管和伴胞。筛胞是生活的管状细胞，以侧壁上的筛域相连通，因此输导效率比筛管低；裸子植物的木质部主要由管胞、木薄壁细胞和木射线所组成，除少数种类如麻黄属和买麻藤属具有导管外，一般没有导管。管胞和导管的不同在于管胞是一个完整的长形死细胞，两头尖，端壁无穿孔，而以具缘纹孔对相沟通，水分可以通过纹孔从一个管胞进入另一个管胞，因此其输导效率比导管低。裸子植物没有典型的木纤维，管胞兼具支持的作用，由于木质部主要由管胞组成，因此在木材结构上比较均匀（图 2-38）。

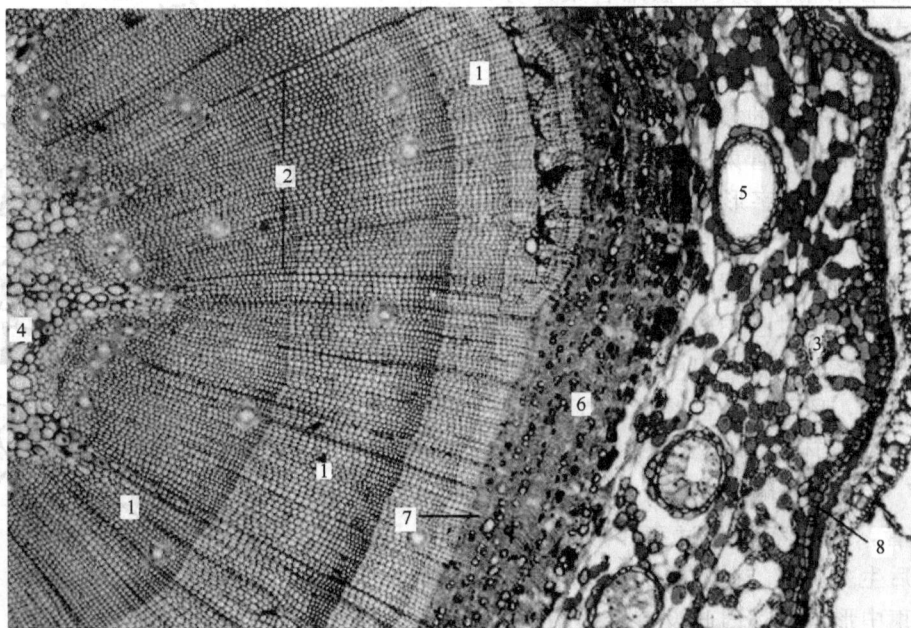

图 2-38　裸子植物茎横切面

1. 次生木质部；2. 射线；3. 皮层；4. 髓；5. 树脂道；6. 次生韧皮部；7. 维管形成层；8. 周皮

（2）裸子植物有树脂道。树脂道（resin canal）是一种裂生的分泌组织，在茎的皮层、韧皮部、木质部和髓中均有分布。树脂道的周围有一层分泌细胞所包围，分泌细胞能向管道中分泌树脂，储存在管道中，当植物体受伤时流出体外，将伤口封住。松香和加拿大树胶等都是松柏类植物树脂道的分泌产物，经济价值很大。

（四）单子叶植物茎的结构

单子叶植物茎和双子叶植物茎有很多不同，大多数单子叶植物茎只有伸长生长和初生结构，所以整个茎的构造比双子叶植物简单。现以禾本科植物为代表说明单子叶植物茎的一般结构。禾本科植物茎的结构可以分为表皮、基本组织（薄壁组织）和维管束三个部分（图 2-39）。

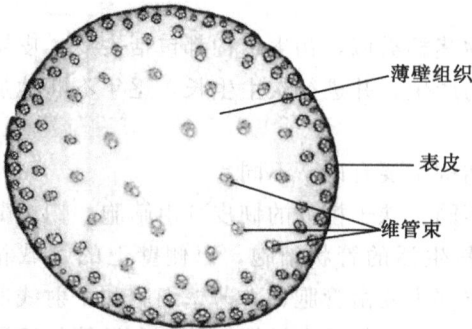

图 2-39　玉米茎横切面

表皮　表皮位于茎的最外方，是一层生活细胞，排列整齐，由长形细胞和短细胞纵向相间排列，长形细胞是角质化的表皮细胞，短细胞包括栓质细胞和硅质细胞，其间有气孔分布，单子叶植物表皮细胞为终生保护组织，没有周皮形成。

基本组织　表皮以内为基本组织，主要为薄壁细胞，在靠近表皮处常有几层厚壁组织，起支持作用。维管束常分散在基本组织中。因此，基本组织中皮层和髓、髓射线之间的分界不清楚或不存在。

维管束　维管束为外韧维管束，维管束在横切面上为卵圆形，外围有一圈厚壁组织，叫维管束鞘。韧皮部在维管束外方，韧皮部中的细胞排列整齐，可以看到多边形的筛管和长方形的伴胞。在韧皮部的外侧，有一条被挤毁的模糊结构，是原生韧皮部。木质部在维管束的内方，维管束中的木质部呈"V"字形分布，主要由3~5个导管组成。"V"字形的尖端部分由1~3个孔径较小的环纹或螺纹导管组成，它们在分生组织分化过程中较早成熟，为原生木质部。在茎的生长过程中原生木质部导管常被拉坏，留下一个空腔，称气腔，气腔中常残留有环纹或螺纹导管的加厚壁。在"V"字形的两侧各有一个孔径较大的孔纹导管，是在茎分化过程中较晚成熟的，为后生木质部。在木质部和韧皮部之间没有束中形成层，因此没有继续增粗的能力，为有限维管束（图 2-40）。

一些单子叶植物的维管束成二轮排

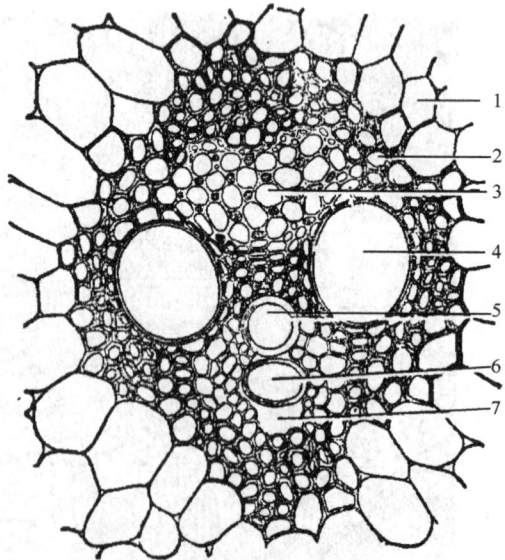

图 2-40　玉米茎维管束横切面，
示单子叶植物维管束结构

1. 基本组织；2. 维管束鞘；3. 韧皮部；4. 后生木质部导管；5，6. 原生木质部导管；7. 气腔列，位于周围的薄壁组织中，中央部分中空而形成髓腔，如小麦、水稻（图 2-41）。

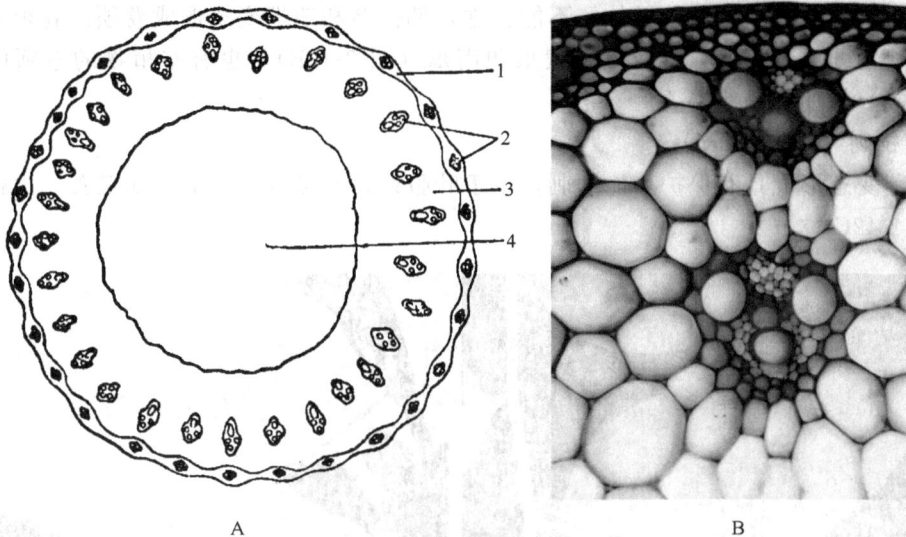

图 2-41　水稻茎横切面
A. 水稻茎横切面轮廓图；B. 水稻茎横切部分照片
1. 表皮；2. 维管束；3. 基本组织；4. 髓腔

根据以上的叙述，与双子叶植物茎相比，单子叶植物茎的结构主要有以下不同：

（1）维管束通常散生在茎中，不排列成圈。若排列成圈时，也常排列成两圈或两圈以上，不排列成一圈。

（2）维管束中无形成层，为有限维管束。

（3）没有明显的皮层、髓和髓射线之分。

（4）韧皮部中通常只有筛管和伴细胞，没有其他成分。

多数单子叶植物没有次生生长，因而也就没有次生构造，而少数热带或亚热带的单子叶植物有次生生长和次生结构，但其形成层一般在维管组织的外方产生，与双子叶植物显著不同。如龙血树形成层由外方的薄壁组织发生，进行平周分裂，向外产生少量的薄壁组织，向内产生一圈基本组织，在这一圈基本组织中，有一部分小型细胞分化成次生维管束，次生维管束中韧皮部含量少，位于维管束的中央部分，周围为木质部，形成周木维管束。

三、茎的变态

植物的茎和根一样，在长期的发展过程中，结构常发生各种变化，以适应其功能的改变，从而形成变态。常见的变态有下列几种类型。

（一）地上茎的变态

1. 叶状枝（phylloid）

茎扁化成叶状体，绿色，可以进行光合作用；叶完全退化或不发达；但节与节间明显，节上能分枝、生叶和开花。如假叶树、竹节蓼等植物的茎（图 2-42A）。

2. 茎卷须（stem tendrill）

有些攀缘植物的茎细长柔软，不能直立，部分茎和茎端变态形成卷须。卷须多发生于叶腋处，即由腋芽发育形成。如黄瓜和南瓜（图 2-42B）。也有些植物的卷须由顶芽发育而成。如葡萄的茎卷须。

3. 枝刺（stem thorn）

由茎变态形成具有保护功能的刺，生于叶腋处，并可以有分支。如皂荚、山楂的枝刺（图 2-42C）。

图 2-42　地上茎的变态
A. 假叶树的叶状枝；B. 南瓜的茎卷须；C. 山楂的枝刺；D. 仙人掌的肉质茎

4. 肉质茎（fleshy stem）

茎肥厚多汁，呈扁圆形、柱形或球形等多种形态，能进行光合作用。如仙人掌（图 2-42D，图 2-43）。

（二）地下茎的变态

大多数植物的茎生长在地面以上，具有节和节间，并在节上生长着叶和芽，但一些植物的茎还可以生长在地下，形成地下茎。常见的地下茎有以下几种（图 2-44）。

1. 根状茎 (rhizome)

根状茎匍匐生长在土壤中，像根，但有顶芽和明显的节与节间，节上有退化的鳞片状叶，叶腋有腋芽，可发育出地下茎的分支或地上茎，有繁殖作用。同时，节上有不定根。如竹类、莲、芦苇等的根状茎（图 2-44A）。

2. 块茎 (stem tuber)

为短粗的肉质地下茎，形状不规则，有顶芽、节和缩短的节间，叶同时退化为鳞片状叶，幼时存在，以后脱落，留下条形或月牙形的叶痕。在叶痕的内侧为凹陷的芽眼，其中有腋芽一至多个。叶痕和芽眼在块茎上呈规则的排列，相当于节的位置，两相邻芽眼之间即为节间。从发生上看，块茎是植物基部的腋芽伸入地下形成

图 2-43 沙漠中的仙人掌科植物

的分支，达一定的长度后先端膨大，储藏养料，形成块茎。如马铃薯、菊芋和甘露子等。块茎的内部构造也和茎一致，如在马铃薯块茎中，可见到周皮、皮层、内外韧皮部、木质部及中央的髓，但与一般茎的构造又有所不同，为茎的异常生长（图 2-44B）。

图 2-44 地下茎的变态

A. 莲的根状茎；B. 马铃薯的块状茎；C. 天麻的球状茎；D. 洋葱的鳞茎

3. 球茎（corm）

为球形或扁球形短而肥大的地下茎，节和节间明显，节上有退化的鳞片状叶和腋芽，顶端有一个显著的顶芽，茎内储藏着大量的营养物质，有繁殖作用。从发生上看，球茎多数由地下匍匐枝末端膨大而成，故顶芽明显，如荸荠、芋、天麻和慈姑等（图2-44C）。有的由主茎基部膨大而形成，如唐菖蒲。茎蓝的球茎与一般球茎不同，是地上茎，节处具有发育正常的叶。

4. 鳞茎（bulb）

为扁平或圆盘状的地下茎，节间极度缩短，顶端一个顶芽，称鳞茎盘，鳞茎盘的节上生有肉质化的鳞片状叶，叶腋可生腋芽，如洋葱、水仙、百合和大蒜等。不同的是前三种植物的肉质部分主要是鳞片叶，营养物质储藏在变态叶中；而大蒜的肉质部分则是围绕着中央花梗基部的一圈肥大的腋芽，即蒜瓣。蒜瓣之外的膜质部分是大蒜的鳞片状叶（图2-44D）。

第三节　叶的形态结构

一、叶的形态

（一）叶的组成

植物的叶一般由叶片（lamina，blade）、叶柄（petiole）和托叶（stipule）三部分组成（图2-45）。叶片是最重要的组成部分，大多为薄的绿色扁平体，不同的植物其叶片形状差异很大。叶柄位于叶片的基部，连接叶片和茎，是两者之间物质交流的通道，还能支持叶片并通过本身的长短和扭曲使叶片处于光合作用有利的位置。托叶是叶柄基部的附属物，通常细小，早落，托叶的有无及形状随不同植物而不同，如豌豆的托叶为叶状，比较大，梨的托叶为线状，洋槐的托叶成刺，蓼科植物的托叶形成了膜质托叶鞘等。具有叶片、叶柄和托叶三部分的叶，叫完全叶（complete leaf），如梨、桃和月季等。仅具其一或其二的叶，为不完全叶（incomplete leaf）。无托叶的不完全叶比较普遍，如丁香、白菜等。也有无叶柄的叶，如莴苣、荠菜等。缺少叶片的情况极为少见，如我国的台湾相思树，除幼苗外，植株的所有叶均不具有叶片，而是由叶柄扩展成扁平状，代替叶片的功能，称叶状柄。

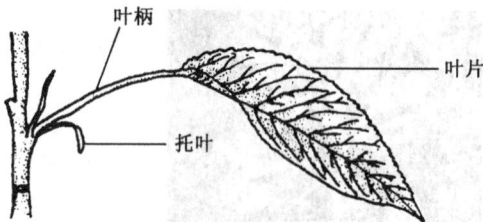

图 2-45　叶的组成

（二）叶片的形态

1. 叶片的大小和形状

叶片的大小和形状在不同种类的植物中有很大的不同，但对一种植物而言是比较稳定的特征，可以作为鉴别植物的依据。

1）叶片的大小

不同植物叶片的大小不同，大的可达 2 m 多，如王莲、芭蕉，直径可达 2.5 m，最大的亚马逊酒椰的叶片可达 22 m 长，12 m 宽；小的仅有数毫米长，如柏树的鳞叶。

2）叶片的形状（图 2-46）

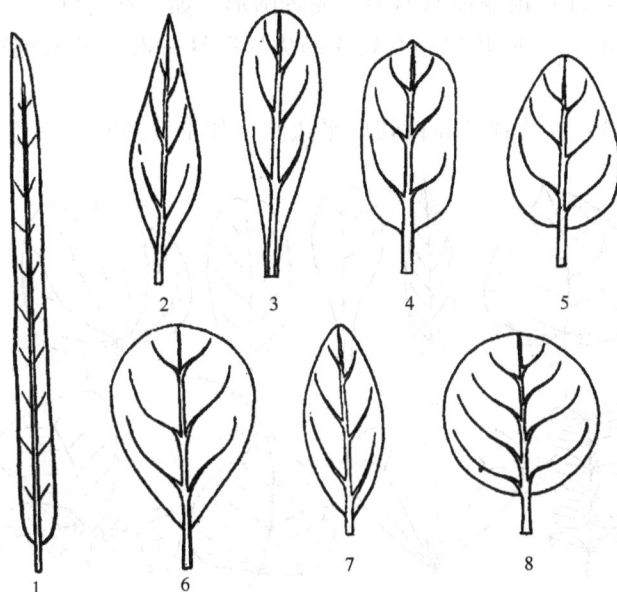

图 2-46　叶片的形状

1. 线形；2. 披针形；3. 倒披针形；4. 长圆形；5. 卵形；6. 倒卵形；7. 椭圆形；8. 圆形

叶片的形状主要根据叶片的长度和宽度的比值及最宽处的位置来决定。常见的有下列几种：

针形（acicular 或 acerose）叶：细长，尖端尖锐。如松针叶。

线形（linear）叶：叶片狭长，从叶基到叶尖，宽度几乎相等，也称条形叶。如韭菜叶。

披针形（lanceolate）叶：叶片比线形短而宽，由叶基到叶尖渐次变狭窄。如桃叶、柳叶等。

卵形（ovate）叶：叶片长与宽的比值大于 2 而小于 3，叶基部圆阔而叶尖处稍窄。如向日葵叶。

心形（cordate）叶：与卵形类似，但叶片下部更为广阔，基部凹入，叶片似心形。如紫荆叶。

肾形（reniform）叶：叶横向较宽，先端钝圆，叶基凹入似肾形。如天竺葵叶。

椭圆形（elliptical）叶：叶片中部宽而两端较狭。如印度橡皮树叶、樟叶。

上面是叶片的几种基本形状，植物种类众多，仅用上述几种形状描述叶片显然不能满足其多样性的特点，因此，常以"长"、"阔"、"狭"、"倒"等形容词加在叶的形状前描述，如卵形叶较宽者称阔卵形叶，椭圆形而较长者称长椭圆形，披针形而最宽处在叶尖附近称倒披针形等。

2. 叶尖的形状

叶片的先端即叶尖（leaf apex），常见的形状有（图2-47）：

渐尖（acuminate）：叶片顶端较长，逐渐变尖。如桃的叶。

急尖（acute）：叶片顶端较短，突然变尖。如荞麦的叶。

钝形（obtuse）：叶片顶端钝而不尖，或近圆形。如厚朴的叶。

倒心形（obcordate）：叶片顶端有较深的尖形凹缺，而叶的两侧稍内缩。如酢浆草的叶。

截形（truncate）：叶片顶端如横切成平边状。如蚕豆的叶。

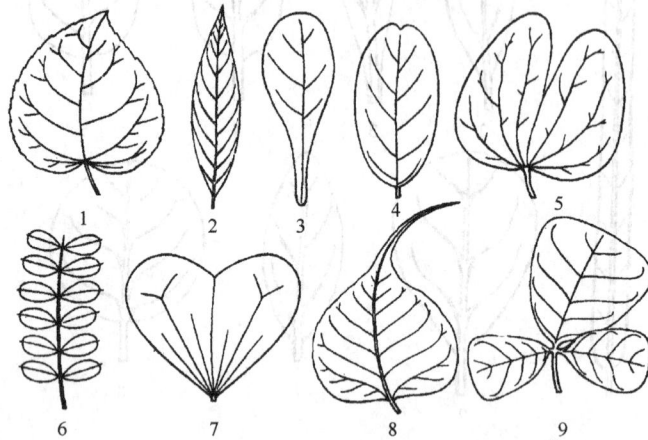

图 2-47　叶尖的形状

1. 急尖；2. 渐尖；3. 钝形；4. 微凹；5. 微缺；6. 具短尖；7. 倒心形；8. 尾状；9. 截形

3. 叶基的形状

叶片基部即叶基（leaf base），常见的形状有（图2-48）：

楔形（cuneate）：叶片的基部较长，逐渐变尖。

截形（truncate）：叶片的基部呈平边。

耳形（auriculate）：叶片的基部两侧的裂片钝形，下垂如耳。如白英、狗舌草的叶。

箭形（sagittate）：叶片基部两裂片尖锐下指。如慈姑的叶。

戟形（hastate）：叶片基部两裂片向两侧外指。如菠菜、旋花的叶。

偏斜形（oblique）：叶片基部两侧不对称。如秋海棠、朴树的叶。

4. 叶缘的形状

叶片的边缘即叶缘（leaf margin），有各种各样的形态，常见的有（图2-49）：

全缘（entire）：叶片的边缘平整。如女贞、玉兰的叶。

波状（undulate）：叶片的边缘稍凹凸而成波纹状。如胡颓子的叶。

锯齿状（serrate）：叶片的边缘呈齿状，齿尖锐且朝向叶的先端。如月季的叶。

重锯齿（double serrate）：叶片边缘的锯齿上又出现小的锯齿。如榆树的叶。

缺刻状（lobed 或 notched）：有些植物的叶缘凹凸不齐，并且凹凸的程度大，形成裂片状，裂片的形状和深浅又各有不同，裂片成羽状排列和掌状排列的，分别被称之为

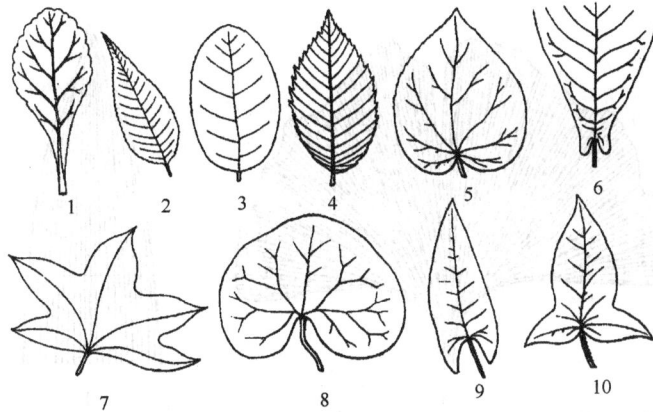

图 2-48　叶基的形状

1. 渐狭；2. 急尖；3. 钝形；4. 斜形；5. 心形；6. 耳形；7. 截形；
8. 肾形；9. 箭形；10. 戟形

羽状裂和掌状裂。根据裂片裂入的深浅程度不同，可分为浅裂、深裂和全裂。浅裂者裂片很浅，最深者仅有叶半径的 1/2；深裂者大于叶半径的 1/2；而全裂者深入到中脉或叶片基部。因此羽状裂和掌状裂又可以据此分为羽状浅裂、羽状深裂、羽状全裂和掌状浅裂、掌状深裂以及掌状全裂。

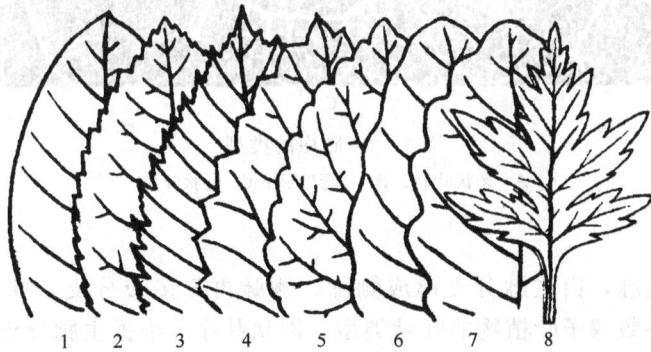

图 2-49　叶缘的形状

1. 全缘；2. 锯齿缘；3. 重锯齿缘；4. 牙齿缘；5. 钝齿缘；6. 浅波缘；7. 深波缘；8. 具缺刻

（三）叶脉

1. 叶脉的概念

叶脉（vein）是贯穿在叶肉内的维管组织及外围的机械组织，是叶内输导组织和支持结构，叶脉通过叶柄的维管组织与茎内的维管组织相连。

2. 脉序的类型

叶脉在叶片中分布的形式叫脉序（venation）。在种子植物中脉序主要有网状脉序（netted venation）、平行脉序（parallel venation）和叉状脉序（dichotomous venation）三种类型（图 2-50）。

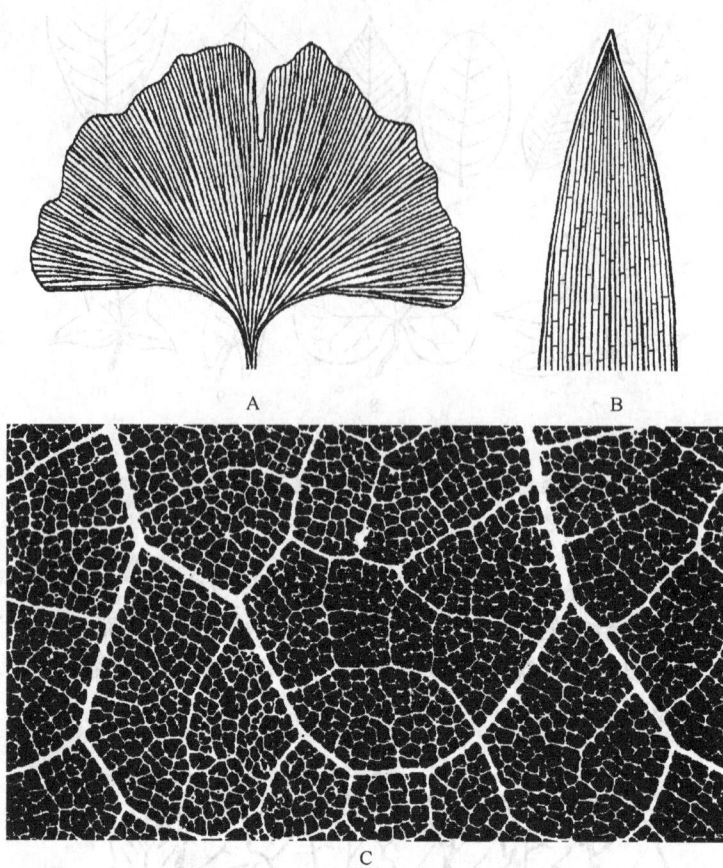

图 2-50　脉序的类型
A. 叉状叶脉；B. 平行叶脉；C. 网状叶脉

1) 网状脉序

具有明显的主脉，由主脉分支形成侧脉，侧脉再经多级分支，在叶片内连接成网状。网状脉序是多数双子叶植物的叶脉类型。网状脉序可根据主脉分出侧脉的方式不同而分为羽状脉序和掌状脉序。羽状脉序具有一条明显的主脉，主脉向两侧发出各级侧脉，组成网状；掌状脉序由叶基分出多条主脉，各主脉再分枝组成网状。

2) 平行脉序

平行脉序是各条叶脉近于平行，主脉与侧脉间有细脉相连。平行叶脉是单子叶植物叶脉的特征。平行脉序可分为直出平行脉和侧出平行脉两类型。直出平行脉是各叶脉由叶基部平行直达叶尖，如玉米、小麦。侧出平行脉是中央主脉明显，侧脉垂直于主脉且彼此平行，直达叶缘，如香蕉、美人蕉。

3) 叉状脉序

叉状脉序是叶脉作二叉分枝，并可有多级分枝。如裸子植物银杏。叉状脉序，是一种比较原始的脉序，此种脉序在蕨类植物中较为普遍，而在种子植物中少见。

（四）单叶和复叶

1. 单叶和复叶的概念

一个叶柄上只生一个叶片的叶，称为单叶（simple leaf），如桃、李、柳等（图 2-51A）。而一个叶柄上生有两个以上的叶片的叶，称复叶（compound leaf），如槐、月季等（图 2-51B）。复叶的叶柄称为总叶柄（common petiole）或叶轴（rachis），总叶柄上着生许多叶，叫做小叶（leaflet），每一小叶的叶柄，叫小叶柄（petiolule）。小叶的数量和排列方式因植物而异。

2. 复叶的类型（图 2-52）

根据复叶中小叶的数量和排列方式的不同，可将其分为三出复叶（ternately compound leaf）、掌状复叶（palmately compound leaf）和羽状复叶（pinnately compound leaf）三种类型。

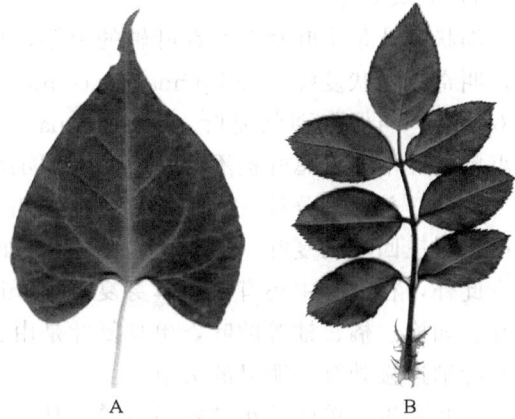

图 2-51　单叶和复叶
A. 单叶；B. 复叶

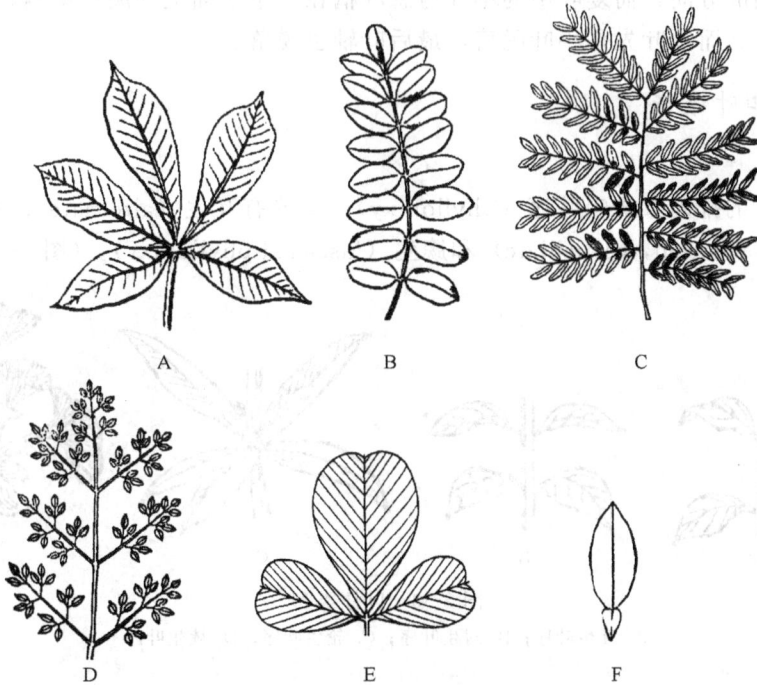

图 2-52　复叶类型
A. 掌状复叶；B. 一回羽状复叶；C. 二回羽状复叶；D. 三回羽状复叶；E. 三出复叶；F. 单身复叶

1）三出复叶

三出复叶是叶轴上生三片小叶，如果三出复叶三个小叶柄是等长的，叫掌状三出复叶（ternate palmate leaf），如巴西橡胶的叶；如果顶端小叶柄较长，叫羽状三出复叶（ternate pinnate leaf），如苜蓿叶。

2）掌状复叶

掌状复叶是叶轴上生四片以上的小叶片，且均排列在叶轴的顶端，如七叶树的叶。

3）羽状复叶

羽状复叶是小叶片都生在叶轴的两侧，成羽毛状排列叶，其中，小叶片总数为单数者，叫奇数羽状复叶（odd-pinnately compound leaf），如月季和刺槐的叶；小叶片总数为双数者，叫偶数羽状复叶（even-pinnately compound leaf），如落花生和皂荚的叶。在羽状复叶中如果总叶柄不分枝，称一回羽状复叶（simple pinnate leaf），如月季和落花生的叶；总叶柄分枝一次称二回羽状复叶（bipinnate leaf），如合欢的叶；总叶柄分枝两次叫三回羽状复叶（tripinnate leaf），如苦楝树和南天竺的叶。

此外，在复叶中还有一种单身复叶（unifoliate compound leaf），其叶轴上只有一个叶片，如橙、橘、柚等的叶，单身复叶是由三出复叶两侧的小叶退化而形成的，其小叶柄与叶轴连接处有一明显的关节。

复叶和生有单叶的小枝容易混淆，其实，二者有着本质上的区别：第一，一般小枝顶端常有顶芽，而复叶的叶轴顶端没有顶芽；第二，小枝上每一单叶的叶腋内有腋芽，而复叶的小叶叶腋内无腋芽，腋芽生在总叶柄的叶腋处；第三，单叶在小枝上以一定的角度伸向不同的方向，而复叶中的小叶与总叶柄在一个平面上伸展；第四，落叶时小枝上只有叶脱落，而复叶先是小叶脱落，最后叶轴也脱落。

（五）叶序和叶镶嵌

1. 叶序

叶在茎上的排列方式叫叶序（phyllotaxy）。主要有互生（alternate）、对生（opposite）、轮生（whorled, verticillate）和簇生（fascicled phyllotaxy）。（图 2-53）。

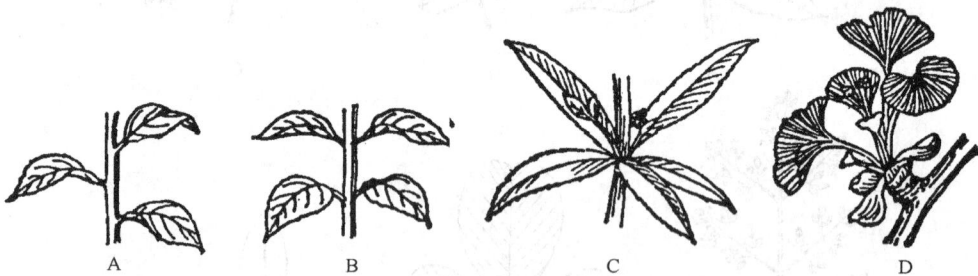

图 2-53　叶序类型

A. 互生叶序；B. 对生叶序；C. 轮生叶序；D. 簇生叶序

（1）互生叶序。互生叶序是茎的每个节上只生有一片叶，与上下相邻的叶交互而生。互生叶序的叶子成螺旋状排列在茎上。如白杨的叶。

（2）对生叶序。对生叶序是茎的每一节上生有两片叶，并相对排列，如丁香、薄荷、石竹等的叶。若两个相邻节上的对生叶交叉成垂直方向，称为交互对生（decussate）。

（3）轮生叶序。轮生叶序是茎的每一节上着生有三片或三片以上的叶片，并做辐射状排列，如夹竹桃、百合等的叶。

（4）簇生叶序。还有一些植物，其节间极度缩短，使叶成簇生于短枝上，称簇生叶序，如银杏、落叶松等植物短枝上的叶。

2. 叶镶嵌

叶在茎上的排列方式，不论是互生、对生还是轮生，相邻两个节上的叶片都决不会重叠，它们总是利用叶柄长短的变化，或以一定的角度彼此相互错开排列，结果使同一枝上的叶以镶嵌状态排列而不会重叠，这种现象称为叶镶嵌（leaf mosaic）。叶镶嵌使茎上的叶片互不遮蔽，有利于植物光合作用。

（六）异形叶性

通常一种植物具有一定形状的叶，可作为分类的鉴别特征。但叶也是可塑性最大的器官，最容易随着环境条件的改变而改变。甚至生长在同一植株上的叶子，因植株的不同部位处于不同环境条件中，叶的形态显著不同。如慈姑在水中的叶呈带状、浮在水面上的叶呈卵形、而挺立在空气中的叶则为戟形（图 2-54A）。水毛茛的气生叶扁平宽广，沉水叶却裂成丝状（图 2-54B）。在同一植株上具有不同形状的叶子，这种现象叫异形叶性（heterophylly）。

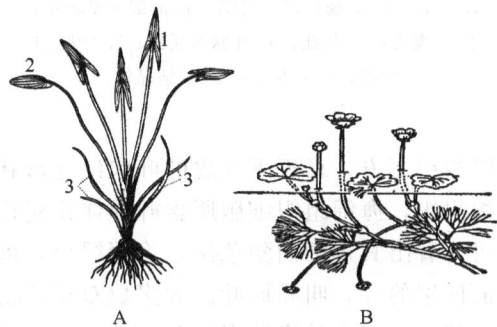

图 2-54　异形叶性
A. 慈姑；B. 水毛茛
1. 挺立在空气中的戟形叶；2. 浮在水面上的卵形叶卵形；3. 沉在水中的带状叶

二、叶的解剖结构

植物的叶片多为绿色扁平体，成水平方向伸展，所以，上下两面受光不同。一般将向光的一面称为上表皮或近轴面，因其距离茎比较近；相反的一面称之为下表面或远轴面。

（一）双子叶植物叶的结构

叶片的结构

通常植物叶片由表皮、叶肉和叶脉三部分构成（图 2-55）。

1）表皮

表皮覆盖着整个叶片，通常分为上表皮和下表皮。表皮常由一层生活的细胞构成，不含叶绿体，表面观为不规则形，细胞彼此紧密嵌合，没有胞间隙。在横切面上，表皮细胞的形状十分规则，呈扁的长方形，外切向壁比较厚，并覆盖有角质膜，角质膜的厚薄因植物种类和环境条件不同而变化。

表皮上分布有气孔，一般上表皮的气孔数量比下表皮的少。组成气孔的保卫细胞一般为肾形。气孔是叶片与外界进行气体交换的通道。气孔的类型、数目与分布因植物种类的不同而不同。如苹果叶的气孔仅在下表皮分布，睡莲叶的气孔仅在上表皮分布，眼子菜叶则没有气孔存在。

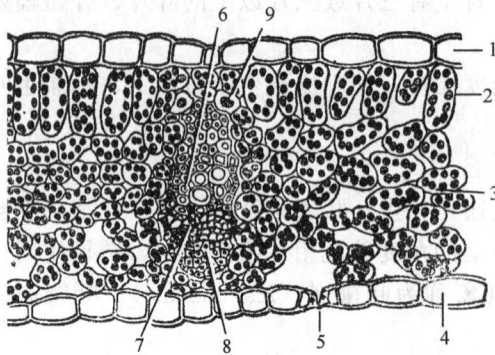

图 2-55　双子叶植物叶的结构
1. 上表皮；2. 栅栏薄壁组织；3. 海绵薄壁组织；
4. 下表皮；5. 气孔，6. 叶脉木质部；7. 叶脉韧
皮部；8. 机械组织；9. 结晶体

此外在上下表皮上还生有表皮毛，其中，一些表皮毛具有分泌的功能，叫腺毛。表皮毛的多少与形态因植物种类不同而有差别。

表皮细胞一般为一层，但少数植物的表皮细胞为多层结构，称为复表皮，如夹竹桃叶表皮为 2 或 3 层，而印度橡皮树的叶表皮为 3 或 4 层。

2）叶肉

上下表皮层以内的绿色同化组织为叶肉，是叶的主要部分。叶肉细胞内富含叶绿体，是叶进行光合作用的场所。一般近上表皮的叶肉细胞为长柱形，垂直于叶片表面，排列整齐而紧密，呈栅栏状，称为栅栏组织，通常 1～3 层，也有多层的；在栅栏组织下方，靠近下表皮的叶肉细胞形状不规则，排列疏松，细胞间隙大而多，称为海绵组织，海绵组织细胞所含叶绿体比栅栏组织细胞少，又具有胞间隙。所以从叶的外表可以看出其近轴面颜色深，为深绿色，远轴面颜色浅，为浅绿色，这样在构造上有上下面区别的叶，叫异面叶。大多数双子植物的叶为异面叶。有些植物的叶在茎上基本呈直立状态，两面受光情况差异不大，叶肉组织中没有明显的栅栏组织和海绵组织的分化，从外形上也看不出上、下两面的区别，这种叶叫等面叶。

3）叶脉

叶脉是叶片中的维管束，各级叶脉的结构因其大小而不同。主脉和大的侧脉结构比较复杂，包含有一至数个维管束，木质部在近轴面，韧皮部在远轴面，在木质部和韧皮部之间有形成层，不过形成层活动有限，只产生少量的次生结构。维管束包埋在基本组织中，在其上、下两侧，常有厚壁组织或厚角组织分布，机械组织具有支持叶片的功能。这些机械组织在叶背面特别发达，突出于叶外，形成肋。大型叶脉不断分支，形成次级侧脉，叶脉越分越细，结构也越来越简化，就简化的趋向而言，一般是形成层先消失；其次是机械组织逐渐减少，以至于最后完全不存在；再次是木质部和韧皮部的结构简化，到了末梢，木质部只有短的管胞，韧皮部只有短而窄的筛管分子，甚至于韧皮部消失。

叶脉的维管束很少暴露在叶肉细胞的胞间隙中。如上所述，大的叶脉常包埋在薄壁细胞中，而中小型叶脉一般也由一层或几层薄壁细胞形成的维管束鞘包围着木质部和韧皮部，并可以一直延伸到叶脉末端。

（二）单子叶植物叶的结构

单子叶植物的叶无论在外部形态还是内部结构上，都有许多不同的类型，并且与双子叶植物有明显的区别。现以禾本科植物的叶为例，介绍其结构特征。

禾本科植物的叶一般由叶片和叶鞘两部分构成，叶片比叶鞘的结构复杂且重要，因此，我们只讨论叶片的结构。禾本科植物的叶片也由表皮、叶肉和叶脉三部分构成（图 2-56）。

1. 表皮

表皮细胞为一层，形状比较规则，往往沿着叶片的长轴成行排列，通常由长、短两种类型的细胞构成。长细胞为长方形，长径与叶的长轴方向一致，外壁角质化并含有硅质；短细胞为正方形或稍扁，插在长细胞之间，短细胞可分为硅质细胞和栓质细胞两种类型，两者可成对分布或单独存在，硅质细胞除壁硅质化外，细胞内充满一个硅质块，栓质细胞壁栓质化。长细胞和短细胞的形状、数目和分布情况因植物种类不同而异。在上表皮中还分布有一种大型细胞，称为泡状细胞，其壁比较薄，有较大的液泡，常几个细胞排列在一起，从横切面上看略成扇形，通常分布在两个维管束之间的上表皮内，它与叶片的卷曲和开张有关，因此，也称为运动细胞。

图 2-56　小麦叶横切面，示单子叶植物叶的结构
1. 泡状细胞；2. 气孔；3. 叶肉；4. 叶脉上下方的机械组织；5. 外束鞘；6. 内束鞘；7. 叶脉木质部；8. 叶脉韧皮部

禾本科植物叶的上下表皮上有纵行排列的气孔，与一般被子植物不同，禾本科植物气孔的保卫细胞呈哑铃形，中部狭窄，壁厚，两端壁薄，膨大成球状，含有叶绿体，气孔的开闭是保卫细胞两端球状部分胀缩的结果。每个保卫细胞一侧各有一个副卫细胞，因此禾本科植物的气孔由两个保卫细胞、两个副卫细胞所构成。气孔的分布在脉间区域，和叶脉相平行。气孔的数目和分布因植物种类而不同。同一株植物的不同叶片上或同一叶片的不同位置，气孔的数目也有差异，一般上下表皮的气孔数目相近。此外，禾本科植物叶的表皮上，还常生有单细胞或多细胞的表皮毛。

2. 叶肉

叶肉组织由均一的薄壁细胞构成，没有栅栏组织和海绵组织的分化，为等面叶；叶肉细胞排列紧密，胞间隙小，仅在气孔的内方有较大的胞间隙，形成气孔下室。叶肉细胞的形状随植物种类和叶在茎上的位置而变化，形态多样。

3. 叶脉

叶内的维管束一般平行排列，中脉明显粗大，与茎内的维管束结构相似。在中脉与较大维管束的上下两侧有发达的厚壁组织与表皮细胞相连，增加了机械支持力。维管束均有 1 或 2 层细胞包围，形成维管束鞘，在不同光合途径的植物中，维管束鞘细胞的结构有明显的区别。在水稻、小麦等 C_3 植物中，维管束鞘由两层细胞构成，内层细胞小而壁厚，不含叶绿体，外层细胞大而壁薄，叶绿体与叶肉细胞相比，小而少。在玉米、甘蔗等 C_4 植物中，维管束鞘仅由一层较大的薄壁细胞组成，含有较大的叶绿体，叶绿体中没有或仅有少量基粒，但它积累淀粉的能力远远超过叶肉细胞中的叶绿体。C_4 植物维管束鞘与外侧相邻的一圈叶肉细胞组成"花环"状结构（图 2-57），在 C_3 植物中则没有这种结构存在。C_4 植物是高光效植物，这些结构特征与其光合效率高有关。

C_4 植物不仅存在于禾本科植物中，在其他一些双子叶植物和单子叶植物中也存在，如苋科、藜科植物。

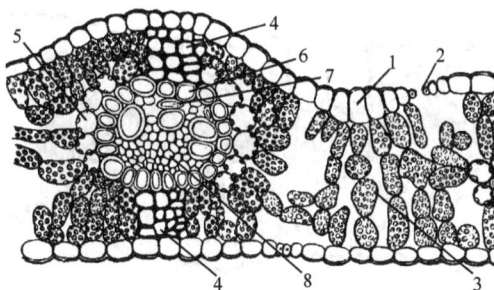

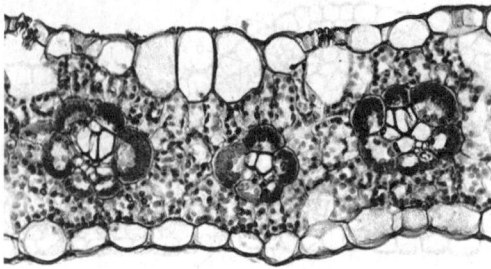

图 2-57　玉米叶植物叶的结构

（三）裸子植物叶的结构

裸子植物的叶多呈针形、披针形或鳞片状，少数植物的叶为大型羽状复叶，如苏铁。本节以松柏类的针形叶作为代表，介绍其结构特征。（图 2-58）。

松针叶生长在短枝上，为两针一束、三针一束或五针一束，前者横切面为半圆形，后两者横切面为三角形。松针叶的结

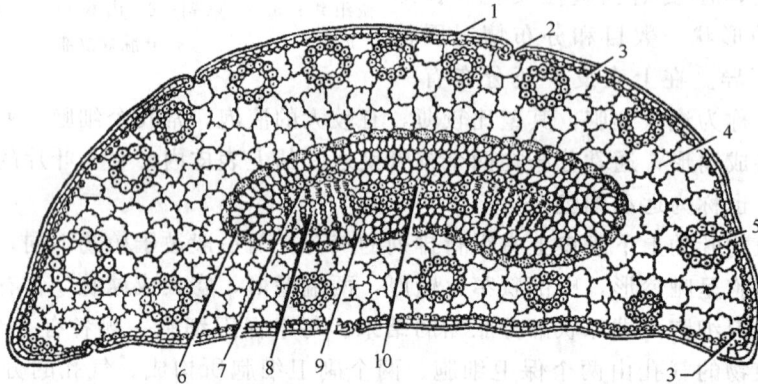

图 2-58　松针叶横切面，示裸子植物叶的结构
1. 表皮；2. 内陷气孔；3. 下皮层；4. 叶肉（细胞壁内皱）；5. 树脂道；6. 内皮层；7. 叶脉韧皮部；8. 叶脉木质部；9. 叶脉中的薄壁细胞；10. 叶脉中的厚壁细胞

构仍可分为表皮、叶肉组织和维管组织三部分。

1. 表皮

表皮是一层厚壁细胞，细胞腔很小，壁强烈木质化，外面覆盖有较厚的角质膜。气孔纵行排列，保卫细胞下陷到下皮层中，其上方有副卫细胞拱盖着，保卫细胞和副卫细胞的壁均有不均匀加厚，并木质化。表皮之内有下皮层（hypodermis），下皮层为 1 至多层木质化的厚壁组织。

2. 叶肉组织

叶肉组织中没有海绵组织和栅栏组织的分化，为排列紧密的绿色同化组织，其细胞壁内陷，形成皱褶，叶绿体多沿皱褶排列。这种排列扩大了叶绿体的分布面积，因而扩大了光合面积。叶肉细胞中常有树脂道分布，树脂道的数目多少和分布位置是松属植物鉴别种的依据之一。叶肉组织内方有一层细胞壁增厚并木质化的细胞，为内皮层。

3. 维管组织

在内皮层以内为维管组织，有一或两个维管束，木质部在近轴面，韧皮部在远轴面。包围在维管束外面的是一种特殊的维管组织，称为转输组织（transfusion tissue）。该组织由转输管胞和转输薄壁细胞构成，有助于叶肉组织与维管束之间的物质交流。

松柏类植物叶的外形和解剖结构都具有旱生叶的特点，与其顺利度过低温和干旱的冬季环境相适应。

三、叶的生态类型

长期生长在不同环境下的植物，其植物体各部分结构都会发生变化，这是植物对不同生境的适应。其中，植物的叶在结构上的变异性和可塑性是最大的。

植物受许多生态因子的影响，如水分、光照等。根据植物和水分的关系，可将它们分为旱生植物、中生植物和水生植物。旱生植物指的是长期生活在干燥气候与土壤条件下，能保持正常生命活动的植物；水生植物指的是长期生长在水中的植物；中生植物介于二者之间，指的是生长在气候温和、土壤湿度适中的植物。前面所讨论的几乎都是中生植物的结构特征，下面我们讨论一下旱生植物和水生植物叶的形态结构特征。

（一）旱生植物的叶

旱生植物的叶一般具有保持水分和防止蒸腾的明显特征，通常向着两个不同的方向发展，形成两种类型。一类是从外形上讲，叶片小而硬；从结构上讲，表皮细胞小，且外壁增厚，外壁外面有厚的角质层，表皮外常密生表皮毛，气孔下陷或局限在气孔窝内，表皮下面常有下皮层，形成复表皮。叶肉组织排列紧密，细胞间隙小，栅栏组织层次多，特别发达，甚至于上下两面均有栅栏组织分布，机械组织和输导组织发达。如夹竹桃等的叶（图 2-59）。

另一种类型是肉质植物，形成肉质叶，它们的共同特征是叶肥厚多汁，在叶肉内有发达的薄壁组织，储存了大量的水分，其细胞保持水分，以适应旱生的环境（图 2-60）。如马齿苋、景天、芦荟等。

（二）水生植物的叶

由于水生植物部分或完全生活在水中，环境中水分充足，但气体和光照明显不足。对于沉水叶，叶子完全生活在水中，环境中除气体不足外，光照强度显然也不够，因此，沉水叶从外形上讲，叶片常高度分裂，形成线形裂片，以增加叶的吸收面积；从结构上讲，沉水叶一般表皮细胞壁薄，角质膜薄或没有角质膜，也无气孔和表皮毛，但表皮细胞有叶绿体，所以，气体交换和光合作用均由表皮细胞进行；叶肉组织不发达，层次少，无栅栏组织和海绵组织的分化；胞间隙特别发达，形成通气组织，机械组织退化。如眼子菜等（图 2-61）。

对于浮水叶而言，叶漂浮在水面上，叶子的上表面直接受阳光的照射，下表面沉浸在水中。因此，其叶子的结构上半部具旱生叶的特征，即上表皮有气孔，外有厚的角质层，表皮下有数层排列紧密的栅栏组织；而叶子的下半部具水生叶的特征，即下表皮角质层薄，没有气孔，通气组织发达。如睡莲的叶（图 2-62）。除了沉水叶和浮水叶外，还有一类水生植物的叶挺出水面之上，为挺水叶，其叶子的结构除胞间隙发达或海绵组织所占比例较大外，与一般中生植物叶的结构差不多。

四、落叶

叶都有一定寿命，生活期终结时，叶便枯死。叶生活期的长短在各种植物中是不同的。一年生植物，在植株死亡时，叶也随着死亡，因此，一年生植物叶的生活期为一个生长季节。多年生植物有两种情况，一种是多年生草本植物和多年生落叶木本植物，这

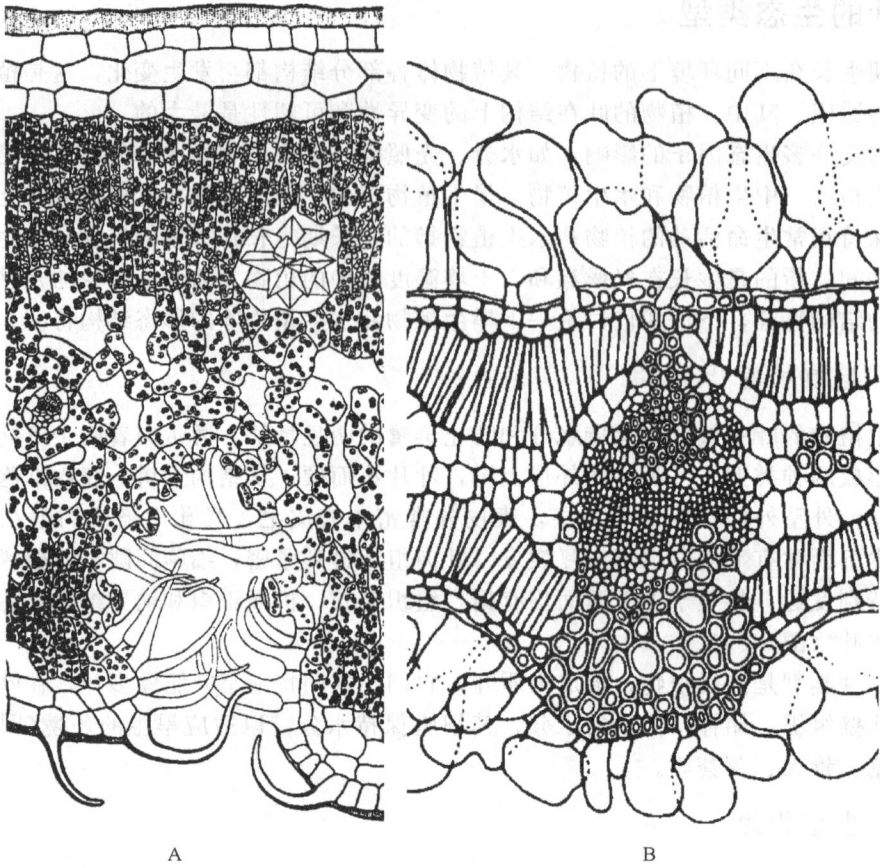

图 2-59　旱生植物叶横切面

A. 夹竹桃叶横切面，气孔局限在气孔窝内，表皮下面有下皮层，形成复表皮。叶肉组织排列紧密，细胞间隙小，多层栅栏组织；B. 灰毛浜藜叶横切面，具有发达的泡状表皮毛，表皮下面有下皮层，形成复表皮。上、下表皮内均有栅栏组织

些植物叶的生活期一般也为一个生长季节；另一种是常绿的木本植物，其叶的生活期一般较长，有的可长达几年。

　　叶枯死后，有的留在植株上，有的落叶。落叶是植物减少蒸腾、度过不良环境的一种适应。温带地区冬季干燥而寒冷，根吸水困难，叶脱落仅留枝干，以降低蒸腾；热带地区旱季到来时，同样需要落叶来减少蒸腾。常绿树四季常青，叶子也脱落，只是全树的叶不同时脱落而已，在新叶产生时，老叶逐渐脱落，因此就整棵树而言，终年常绿。

　　随着秋季的来临，气温持续下降，叶子的细胞中首先发生各种生理生化变化，许多物质分解被运回到茎中，叶绿素破坏，光合作用停止，而叶黄素和胡萝卜素不易被破坏，同时由于花青素的形成，使叶片由原来的绿色逐渐变为黄色或红色。与此同时，靠近叶柄基部的某些细胞进行分裂，产生数层小型细胞，这些细胞胞间层黏液化并解体，细胞间相互分离成游离状态，只有维管束还连在一起，这个区域称为离层。离层细胞的支持力量非常脆弱，这时叶片也已枯萎，稍受外力，叶便从此处断裂而脱落。叶脱落后，离层下面的细胞壁和胞间隙中均有木栓质形成，构成保护层，可以保护叶脱落后所暴露的表面，避免水分的丧失和病虫害的伤害。

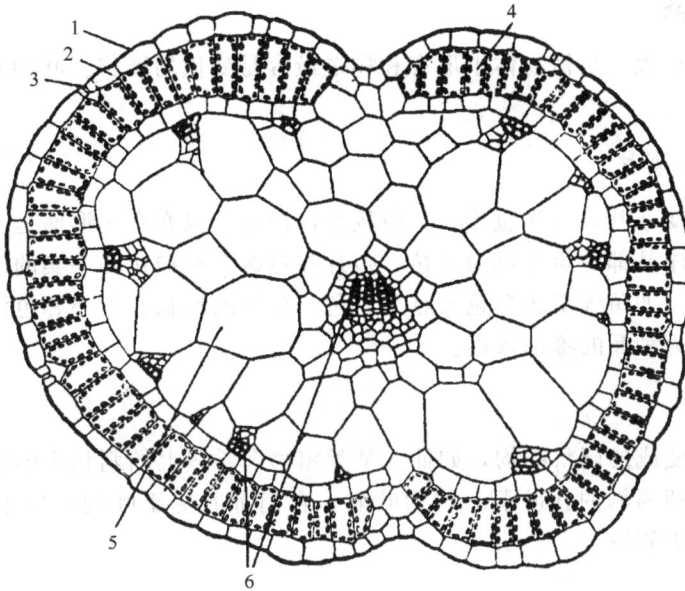

图 2-60　旱生植物叶横切面

1. 角质层；2. 表皮；3. 气孔；4. 光合组织；5. 储水组织；6. 叶脉

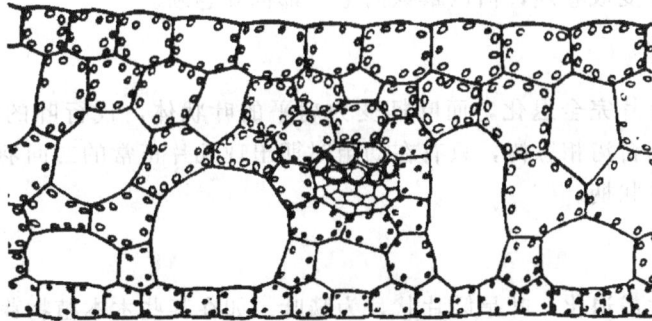

图 2-61　水生植物叶横切面

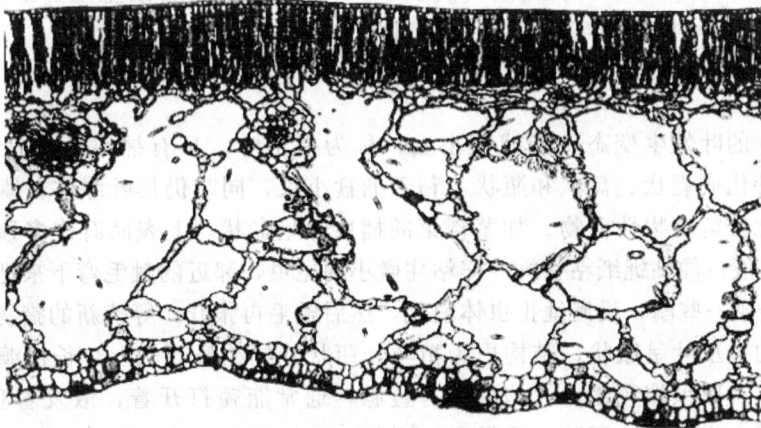

图 2-62　睡莲的叶横切面

五、叶的变态

叶的可塑性很大，是植物体中形态和构造最容易变化的器官。叶的变态较多，主要有以下类型。

（一）苞片和总苞片

生于花下的变态叶，称为苞片。一般较小，绿色，但亦有大形而呈各种颜色的。数目多而聚生在花序基部的苞片称为总苞。苞片和总苞有保护花和果实的作用，有些还有吸引昆虫的作用，如鱼腥草的总苞大且呈白色。苞片的形状、大小和色泽，因植物种类不同而异，可作为种属的鉴别依据。

（二）叶刺

由叶或托叶变成的刺状结构，如仙人掌类植物肉质茎上的刺和小檗属茎上的刺，以及刺槐、酸枣叶柄两侧的托叶刺，均为叶刺，它们都着生于叶的位置上，叶腋处有腋芽，腋芽可发育为侧枝。

（三）叶卷须

由叶或叶的一部分变成卷须，如豌豆和野豌豆羽状复叶先端的一些小叶片变成卷须，菝葜属的托叶变成卷须，借以攀缘向上，都称叶卷须。

（四）叶状柄

有些植物的叶片完全退化，而叶柄变为扁平的叶状体，代行叶的功能，称为叶状柄，如我国南方的台湾相思树，只有在幼苗时期出现几片正常的二回羽状复叶，以后小叶片退化，仅存叶状柄。

（五）鳞叶

叶的功能特化或退化，叶呈鳞片状，为鳞叶。如在某些木本植物芽的外围，由叶变态的鳞叶包围，起保护幼芽的作用，亦称芽鳞，一般褐色，具茸毛或黏液；另外，在地下茎如藕、荸荠的节上也生有膜质干燥的鳞叶，为退化叶；在鳞茎上，鳞叶肥厚多汁，含有丰富的储藏养料，如洋葱、百合的鳞叶。

（六）捕虫叶

少数植物的叶发生变态，能捕食小虫，称为捕虫叶。具有捕虫叶的植物叫食虫植物。捕虫叶特化成囊状、盘状和瓶状，利于捕食小虫，同时仍具叶绿体，既能进行光合作用又能消化分解动物性食物。如茅膏菜的捕虫叶呈盘状，上表面有许多顶端膨大的腺毛，能分泌黏液，像粘蝇纸粘苍蝇一样粘住微小的昆虫，邻近的触毛弯下来把昆虫紧紧的钉在叶上，分泌一些酶，慢慢地把虫体消化，然后触毛再张开，等待新的猎物（图2-63）。

猪笼草的捕虫叶呈瓶状，结构更为精巧，瓶状叶挂在长叶柄上，长柄缠绕在起支持作用的树枝上，瓶顶端有盖，盖的腹面有蜜腺，通常瓶盖打开着，散发着独特的气味，昆虫受到诱惑，为了到达蜜腺，不得不爬到瓶口，结果往往坠入瓶中，被瓶中的消化液消化并吸收（图2-64D）。

图 2-63　茅膏菜的捕虫叶

A. 触毛张开，等待猎物；B. 触毛合拢，捕捉猎物

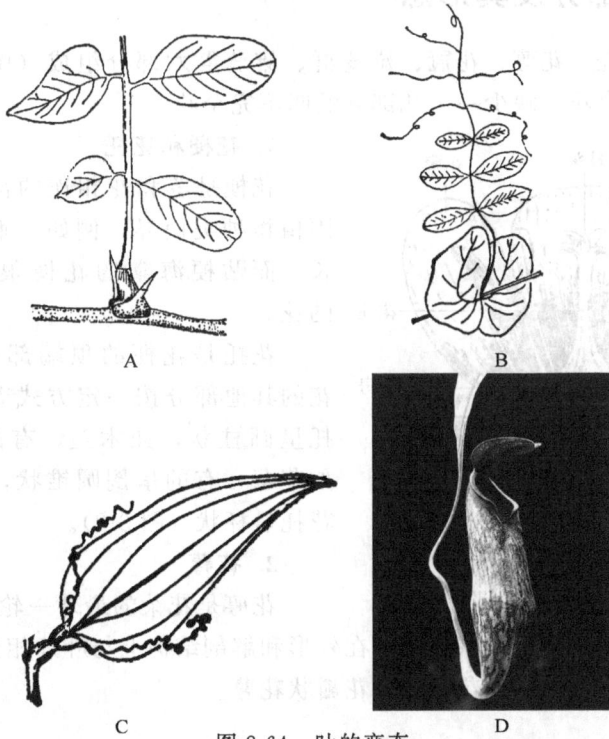

图 2-64　叶的变态

A. 洋槐的托叶刺；B. 豌豆羽状复叶先端的小叶片变成卷须；C. 菝葜的托叶变成卷须；D. 捕虫叶

第三章　种子植物的繁殖器官

植物生长发育到一定阶段，就开始形成花、果实和种子，换而言之，植物由营养生长阶段转变到生殖生长阶段。花、果实和种子称为被子植物的繁殖器官，下面将要讨论被子植物繁殖器官的形态结构和发育过程。

第一节　花的形态学特征

一、花的概念

自从德国诗人歌德（1790～1862）的"植物的变态"学说发表以来，植物学家认为花是一个变态的短枝，简单地说花是一种适应繁殖功能的变态的短枝。花的各个组成部分，如萼片、花瓣、雄蕊、雌蕊等都可看成是叶的变态，花梗、花托是茎的变态。这些变态的叶在花梗上着生的距离特别缩短，所以说花是一个节间特别缩短的枝条，其上着生各种变态的叶。实际上，茎和叶并没有直接发育成花和花的组成部分，但从系统进化的观点看，花的组成部分可能是与茎和叶同源的。

二、花的组成部分及其形态

花由花梗、花托、花萼、花冠、雄蕊群、雌蕊群六部分组成（图 3-1）。一朵花这几部分都有的叫完全花，缺少一至几部分的叫不完全花。

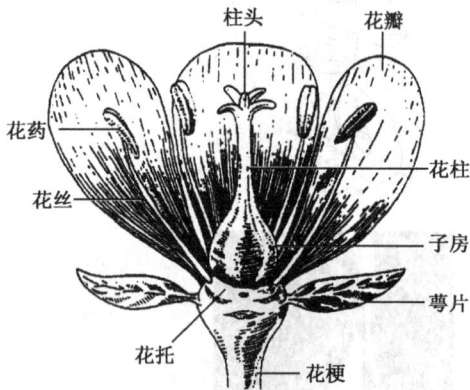

图 3-1　花的组成模式图

1. 花梗和花托

花梗是茎和花相连的部分。花梗的长短因植物种类而异，例如，垂丝海棠的花柄很长，而贴梗海棠的花梗很短，也有无花梗的花。

花托是花梗的顶端部分，通常略膨大，花的其他部分按一定方式着生其上。有的花托呈圆柱状，如木兰，有的膨大成圆锥状，如草莓，有的呈倒圆锥状，如莲，而月季的花托呈杯状（图 3-2）。

2. 花萼

花萼是花朵的最外一轮，通常由 3～5 个萼片组成。多数植物的花萼是绿色的，在外形和解剖结构上与叶片相似，但也有些植物的花萼具有鲜艳的色彩，这种花萼称为花瓣状花萼。

3. 花冠

花冠是位于花萼内轮的结构。多数植物的花具有鲜艳的颜色，由 3～5 个花瓣组成。

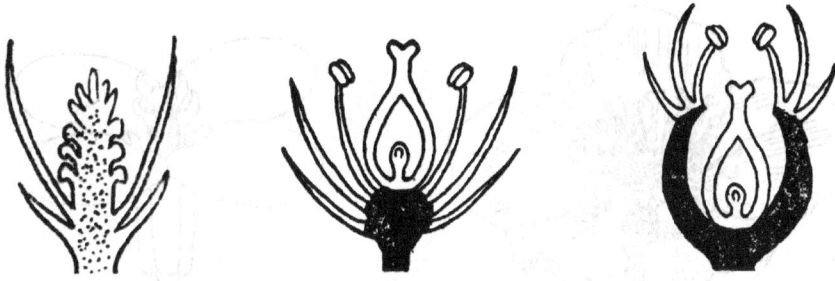

图 3-2 花托类型模式图

一般含花青素的花瓣呈现红、蓝、紫等颜色，有些植物的花瓣不含花青素，由于花瓣细胞间隙反射日光，使花呈白色。有的花瓣表皮细胞有乳头状突起使花瓣表面呈凹凸不平状，经光线折射后使花瓣呈现丝绒般美丽的光泽。花瓣基部常有分泌蜜汁的蜜腺。有些植物的花瓣细胞还能分泌挥发油，产生特殊的香味。所以花冠除具保护雌蕊、雄蕊的作用外，还有吸引昆虫传粉的作用。一朵花的花瓣各自分离的称离瓣花，如桃花。一朵花的花瓣相互联合的称合瓣花，如牵牛花。有的合瓣花只是下部联合上部仍分离，如丁香、茄的花。花冠的形状多种形态，如白菜、萝卜为十字形花冠，豆类为蝶形花冠，薄荷、金鱼草等为唇形花冠，牵牛花为漏斗形花冠、菊花有筒状花冠和舌状花冠等（图3-3）。

一朵花的花萼与花冠合称为花被。多数植物同时具有花萼与花冠，称双被花，有些植物只有花萼或花冠称单被花，如桑、栎。也有少数植物既无花萼也无花冠称为无被花，如杨、柳、胡桃等。

4. 雄蕊群

雄蕊群是一朵花中所有雄蕊的总称，由多枚雄蕊组成，位于花冠之内。一般着生在花托上呈螺旋状或轮状排列，也有的雄蕊花丝基部着生于花冠上。雄蕊由花丝和花药两部分组成。

花丝具支持花药的作用，花药生于其顶端。花丝的长短因植物种类而异，一般同一朵花中的花丝等长，但有些植物同一花中花丝长短不等。十字花科植物，每朵花有六个雄蕊，分二轮，外轮二雄蕊花丝较短，内轮四雄蕊花丝较长，称为四强雄蕊。唇形科和玄参科的每朵花中有四个雄蕊，花丝二长二短，称二强雄蕊。

花药是雄蕊的主要部分，呈囊状结构，通常由四个或两个花粉囊组成，分为两半，中间由药隔相连。花粉囊中产生花粉粒，花粉粒成熟后，花粉囊自行开裂，花粉粒由裂口处散出。

雄蕊也有分离与联合的变化。多数植物的雄蕊是分离的，有的植物花药完全分离而花丝联合成一束，称单体雄蕊，如棉、山茶。有的花药完全分离花丝联合成二束，称二体雄蕊，如蚕豆、菜豆。花丝联合三束的称三体雄蕊，如小连翘。花丝联合成四束以上的称多体雄蕊，如金丝桃。有的雄蕊花丝分离而花药联合，称聚药雄蕊，如菊科、葫芦科的雄蕊（图3-4）。

5. 雌蕊群

雌蕊群是一朵花中雌蕊的总称，位于雄蕊之内，着生在花托的中央。每一雌蕊由柱

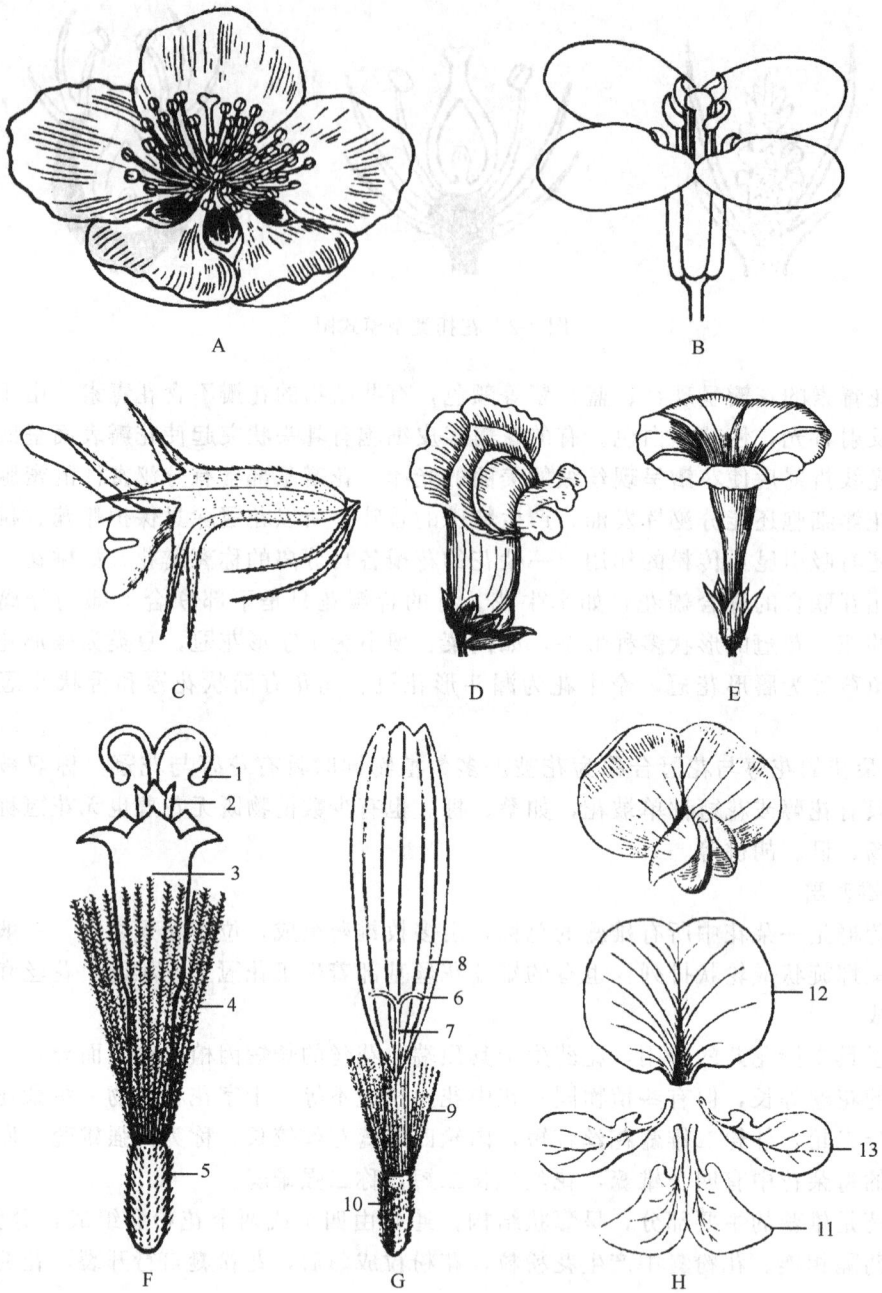

图 3-3　花冠类型

A. 桃花；B. 十字花冠；C、D. 唇形花冠；E. 漏斗形花冠；F. 菊科筒状花；G. 菊科舌状花；H. 蝶形花冠
1. 柱头；2. 聚药雄蕊；3. 筒状花冠；4. 花萼；5. 被花筒包被的下位子房；6. 柱头；7. 花柱；8. 舌状花冠；
9. 花萼；10. 被花筒包被的下位子房；11. 龙骨瓣；12. 旗瓣；13. 翼瓣

头、花柱和子房三部分组成。雌蕊的基部膨大叫子房，着生在花托上。雌蕊的顶端称为柱头，接柱头与子房的细长部分叫花柱。雌蕊也是由叶变态而成，称这种变态的叶为心皮，所以说心皮是组成雌蕊的单位，心皮卷合成雌蕊（图 3-5）。

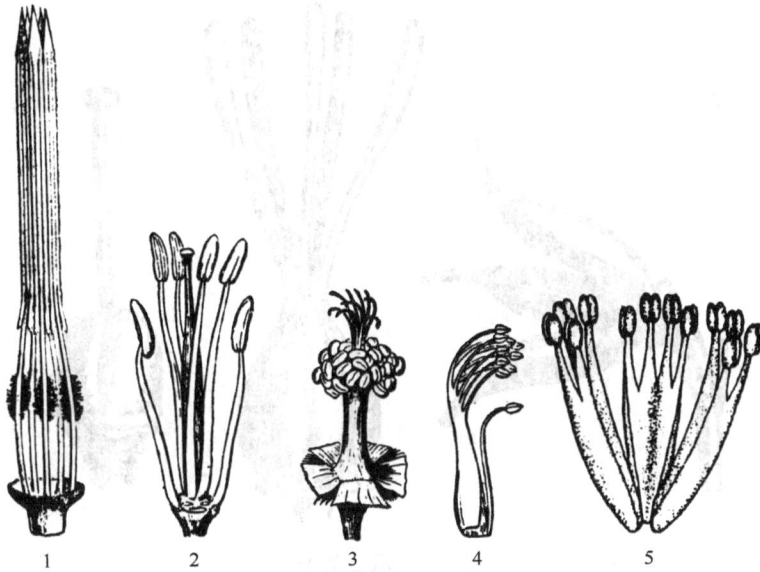

图 3-4 雄蕊类型

1. 聚药雄蕊；2. 四强雄蕊；3. 单体雄蕊；4. 二体雄蕊；5. 多体雄蕊

植物种类不同，组成雌蕊的心皮数目也有变化。有的植物的雌蕊是由一个心皮组成的叫单雌蕊，如大豆、蚕豆等。多数植物的雌蕊是由两个或两个以上心皮组成，这些心皮可以是分离的，结果形成几个雌蕊称为离生雌蕊，如草莓、牡丹。也可以是两个或两个以上心皮联合共同形成一个雌蕊叫合生雌蕊，或称做复雌蕊，如棉、番茄等多数被子植物。合生雌蕊可以是子房、花柱和柱头全都结合；也可以是只有子房结合，其他两部分分离或子房与花柱结合，柱头分离（图 3-6）。

心皮的边缘相当于叶缘部分叫腹缝线，心皮的背部相当于叶的中脉部分叫背缝线。腹缝线与背缝线处均可见到有维管束。单心皮卷合成雌蕊时是由腹缝线相接，合生雌蕊的每个心皮也是由腹缝线相接，这种情况可以在子房横切面上根据维管束来判断。

柱头是雌蕊的顶端，是接受花粉的地方，通常膨大或扩展成各种形状。柱头的表皮细胞可延伸成乳头状、短毛或长茸毛状。有的柱头成熟时表皮细胞分泌水分、糖类、脂类、激素、酶等物质，故柱头表面湿润，为湿润型柱头。有的柱头成熟时表皮细胞不分泌上述物质，为干燥型柱头。

花柱是连接柱头与子房的部分，多为细长管状，长短依各种植物不同而异。玉米的花柱特别长即玉米穗上的须，而小麦、水稻的花柱则特别短。

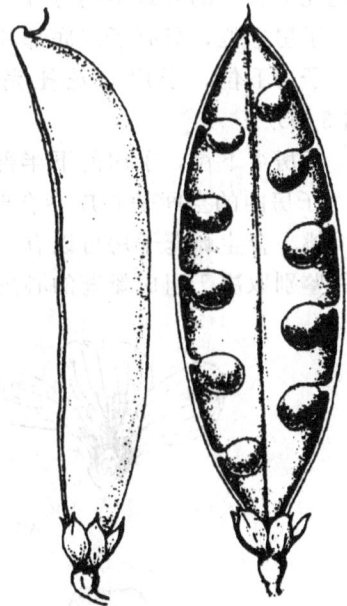

图 3-5 豌豆的果实，示心皮的演变

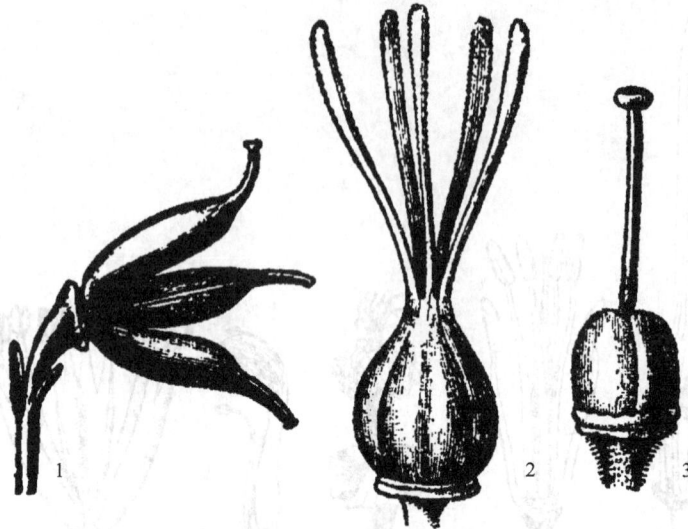

图 3-6　雌蕊类型

1. 离心皮雌蕊；2. 子房结合，花柱、柱头分离；3. 子房、花柱、柱头结合（合生雌蕊）

　　子房是雌蕊基部膨大的部分，由子房壁、胎座和胚珠组成。子房着生在花托上，依在花托上着生的方式不同可分为三种类型。

　　子房上位，只有子房底部和花托相连，如油菜、桃（图 3-7A，B）。

　　子房下位，子房与花托完全结合，子房被包围在花托之内，如瓜类、向日葵（图 3-7D）。

　　子房半下位，子房的下半部与花托结合，上半部露于花托之外，如太平花（图 3-7C）。子房内的空间是心皮卷合时留下的，叫子房室。单雌蕊子房只有一个子房室，如豆、桃。合生雌蕊子房可以有一个子房室，也可以是几个子房室。合生雌蕊的子房室数目的鉴别取决于组成雌蕊的心皮数目及其接合方式。如各心皮以边缘连接，全部心皮均

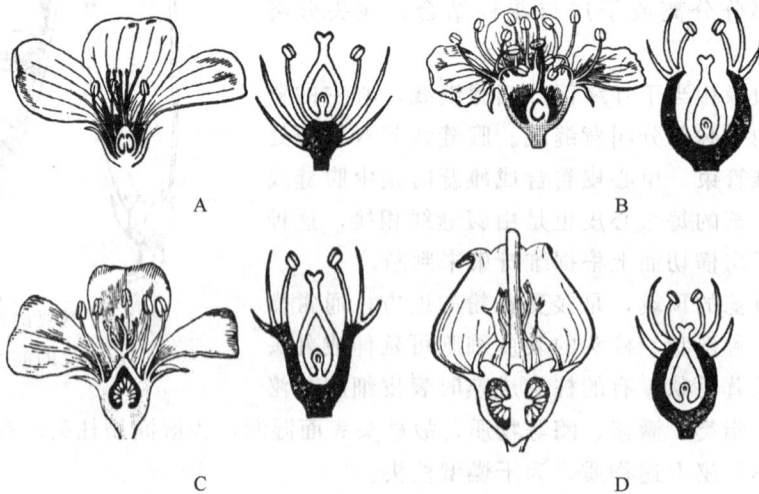

图 3-7　子房位置类型

A. 子房上位；B. 子房上位；C. 子房半下位；D. 子房下位

为子房的壁，则只有一个子房室，如三
色堇；各心皮边缘向内卷入，在子房中
央部分连接，则心皮的一部分是子房壁，
一部分是子房内的隔膜，这样就形成多
个子室，如棉。多室子房的子房室数目
一般与组成子房的心皮数目相等。但也
有例外，如石竹原为多室，后由于隔膜
消失成为一室，白菜原为一室，因产生
假隔膜而成假二室。

　　在心皮腹缝线上形成肉质突起，胚
珠着生于其上，胚珠着生的位置就是胎
座（图 3-8）。由于心皮数目和心皮结合
方式的不同，而使胎座有下列几种类型
（图 3-9）。

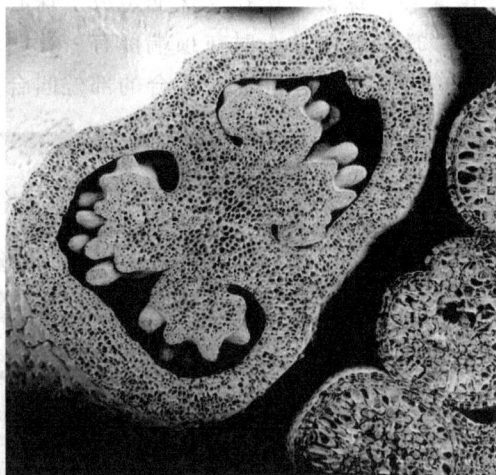

图 3-8　子房横切面照片，
示胚珠着生位置（胎座）

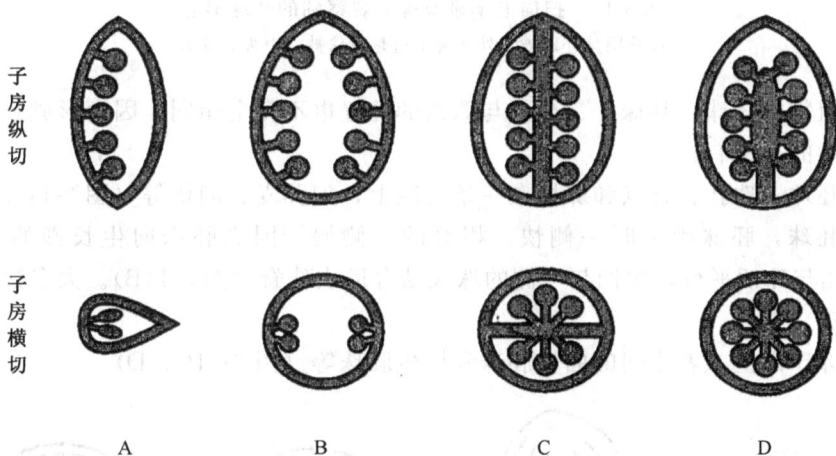

子
房
纵
切

子
房
横
切

A　　　　　　　　B　　　　　　　　C　　　　　　　　D

图 3-9　胎座类型
A. 边缘胎座；B. 侧膜胎座；C. 中轴胎座；D. 特立中央胎座

　　边缘胎座，一室的单子房，胚珠沿腹缝线着生叫边缘胎座，如大豆。

　　侧膜胎座，一室的复子房，胚珠沿相邻的两心皮的腹缝线着生，在边缘成若干纵行
叫侧膜胎座，如紫花地丁。

　　中轴胎座，多室的复子房，各心皮在中央结合成中轴，隔膜完整，胚珠着生在中轴
上叫中轴胎座，如百合、苹果等。

　　特立中央胎座，多室复子房的隔膜和中轴上部均消失，只剩中轴的下部，胚珠生于
其上叫特立中央胎座，如石竹。

　　此外还有的植物胚珠着生在子房的基底，叫基生胎座，如向日葵。有的胚珠着生在
子房顶端，叫悬垂胎座或顶生胎座，如桑。

　　胚珠是种子的前身，着生在胎座上，子房中所含胚珠的数目因植物种类不同而异。

胚珠由珠心、珠被、珠孔、珠柄组成。珠心是发生在胎座上的一团胚性细胞，其外由珠被包围。珠被包围珠心时在顶端留有一孔叫珠孔。胚珠基部有一柄叫珠柄，连接胚珠与胎座。珠被、珠心在胚珠中汇合的部位叫合点（图 3-10）。

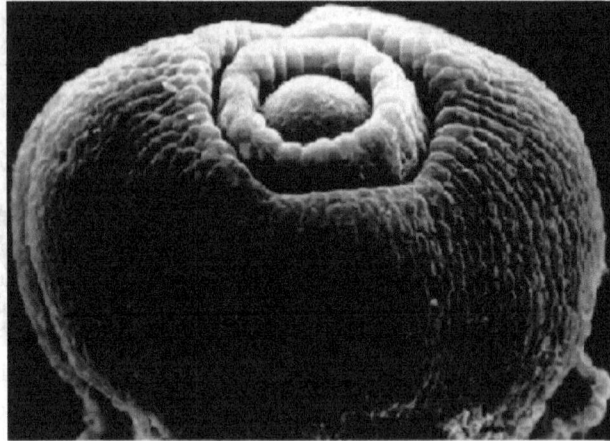

图 3-10　扫描电子显微镜下观察到的胚珠形态
最外层是外珠被，外珠被里边是内珠被，中央是珠心

　　不同植物的胚珠，其珠孔、合点与珠柄的位置也不完全相同，因而形成胚珠的不同形态。胚珠的类型有：

　　直生胚珠，珠孔、合点和珠柄在一条直线上，如荞麦、胡桃等（图 3-11A）。

　　倒生胚珠，胚珠生长时一侧快，相对的一侧慢，因之胚珠向生长慢的一侧弯曲180°，珠孔与珠柄平行，珠柄与一侧的珠被结合形成珠脊（图 3-11B）。大多数被子植物具倒生胚珠。

　　还有介于以上二者之间的曲生胚珠和横生胚珠等（图 3-11C、D）。

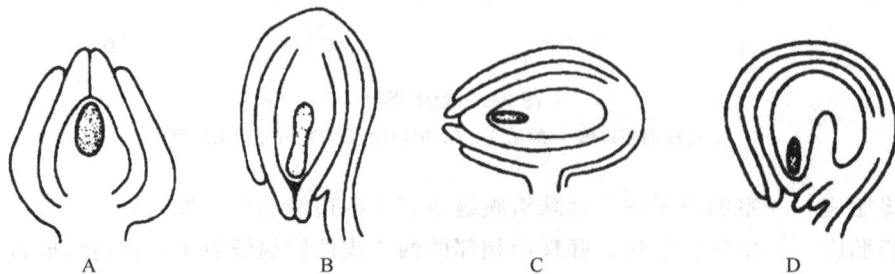

图 3-11　胚珠着生类型
A. 直生胚珠；B. 倒生胚珠；C. 横生胚珠；D. 曲生胚珠

三、禾本科植物的花

　　禾本科属单子叶植物，小麦、水稻、玉米都属禾本科植物。禾本科植物的花，在结构上基本相似，现以小麦为例说明。

　　小麦的花集中着生在麦穗上。麦穗有一主轴，其周围生出许多小穗，每个小穗基部有两片坚硬的颖片。颖片内有几朵花，其中，基部的 2 或 3 朵能正常发育结实，上部的几朵往往是发育不完全的不育花。每朵能育花的结构是：外边有二片鳞片状的薄片称为稃片，外边的一片叫外稃，里面的一片叫内稃。有的小麦品种外稃的中脉明显延长成芒。外稃里面有二片小形突起，称为浆片。一些植物学家认为，外稃相当于花苞片，内稃和浆片是由花被退化而成。开花时，浆片吸水膨胀，使内外稃撑开，露出花药和柱头。小麦的雄蕊有三个，花丝细长，花药较大，成熟开花时常悬垂花外。雌蕊一个，有二条羽毛状柱头承受飘来的花粉，花柱很短，子房一室（图 3-12）。

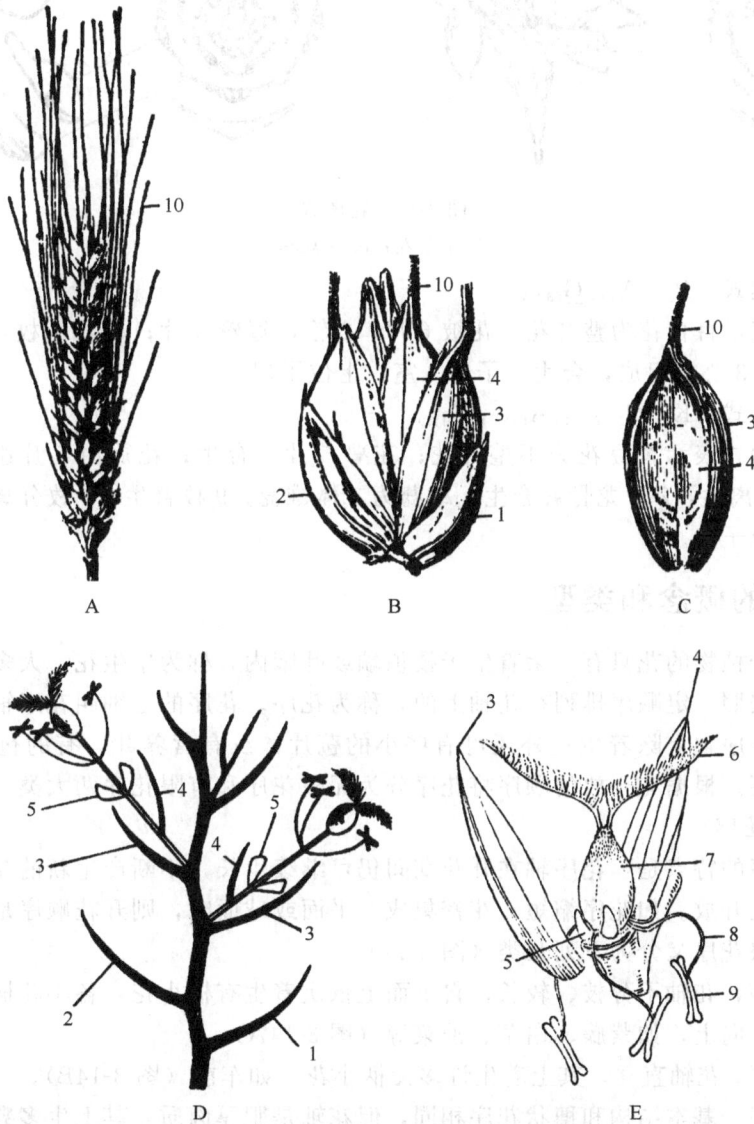

图 3-12　小麦花的形态结构

A. 小麦复穗状花序；B. 小麦小穗；C. 一朵小麦花；D. 小麦小穗图解；E. 一朵小麦花图解
1. 第一颖片；2. 第二颖片；3. 外稃；4. 内稃；5. 浆片；6. 羽状柱头；7. 子房；8. 花丝；
9. 花药；10. 芒

四、花图式和花程式

花的结构可用一定的图案或规定的符号来表示。用图案表示花的结构叫花图式。用规定的符号表示花的结构叫花程式。现以百合花和蚕豆花的花图式和花程式为例说明之（图 3-13）。

图 3-13　花图式
A. 百合花；B. 蚕豆花

百合花程式：$P_{3+3}A_{3+3}\underline{G}_{(3:3)}$

花程式表示百合花为整齐花；花被 6 片，2 轮，每轮 3 片；雄蕊 6 枚，2 轮，每轮 3 枚；雌蕊群 3 心皮组成，合生，子房 3 室，上位子房。

蚕豆花程式：$K_{(5)}C_{1+2+(2)}A_{(9)+1}\underline{G}_{(1:1)}$

蚕豆花程式表示蚕豆花为不整齐花；花萼 5 片，合生；花冠由 5 片组成，1 片旗瓣，2 片翼瓣离生，2 片龙骨瓣合生；雄蕊为二体雄蕊，9 枚合生，1 枚分离；雌蕊 1 心皮 1 室，上位子房。

五、花序的概念和类型

有些被子植物的花只有一朵着生于枝顶端或叶腋内，称为单生花。大多数植物的花是由多朵花按照一定顺序排列在花轴上的，称为花序。花序的主轴叫花序轴，可以分枝或不分枝，花序轴上除着生花外还可有些小的苞片，没有营养叶，有的苞片密集成总苞，如向日葵。根据花开放的顺序将花序分为无限花序和有限花序两大类。

1. 无限花序

无限花序的特点是：花序轴在开花期间仍可继续生长，不断产生新的花。花开放顺序是由下向上开放。如花序缩短，花密集成一平面或球面时，则开花顺序是由周缘向中央开放。无限花序又分为下列几类（图 3-14）。

总状花序，花轴不分枝、较长，自下而上依次着生有柄小花，各小花柄等长，开花的顺序是由下向上，如紫藤、白菜、油菜等（图 3-14A）。

穗状花序，花轴直立，其上着生许多无柄小花，如车前（图 3-14B）。

肉穗花序，基本结构和穗状花序相同，但花轴是肥厚肉质，其上生多数单性无柄小花，如玉米、香蒲的雌花序。有的植物在肉穗花序外面包有一大型苞片，称为佛焰苞，如马蹄莲、半夏等，这种花序又叫佛焰花序（图 3-14C）。

柔荑花序，花序轴生许多无柄或具短柄的单性小花（雄花或雌花），花被有或无，花轴可以下垂也可以直立，开花后一般整个花序脱落，如杨、柳、榛等（图 3-14E）。

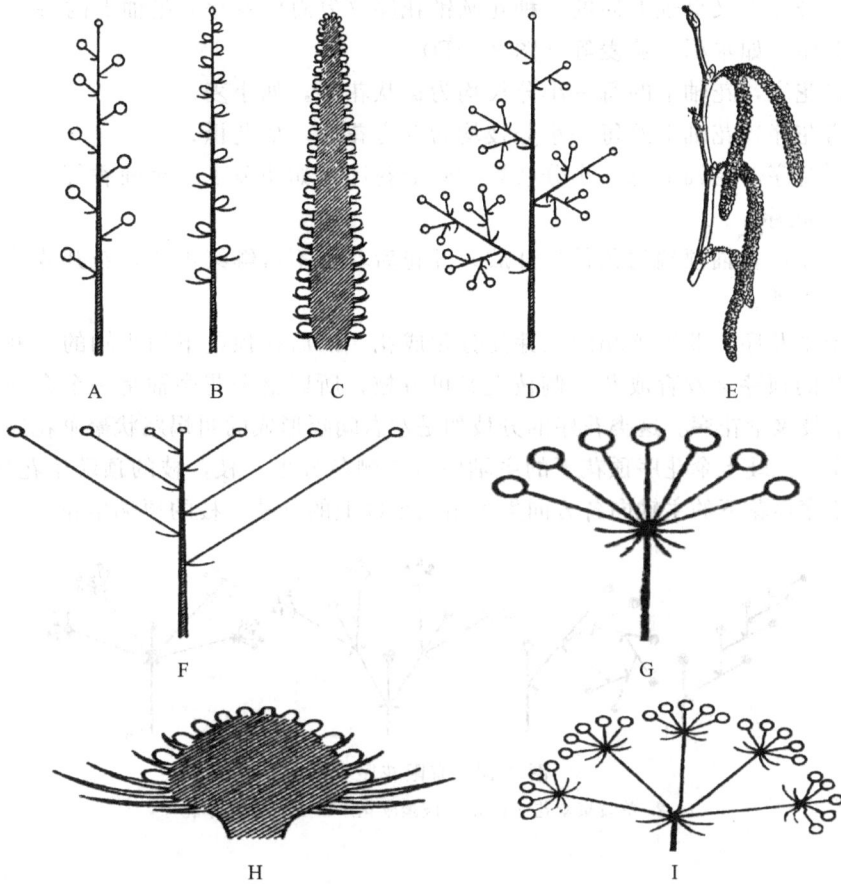

图 3-14　无限花序类型

A. 总状花序；B. 穗状花序；C. 肉穗花序；D. 复总状花序（圆锥花序）；E. 柔荑花序；
F. 伞房花序；G. 伞形花序；H. 头状花序；I. 复伞形花序

伞房花序，与总状花序的区别是各小花的花柄长短不一致，下部小花花柄长，越近上部小花的花柄越短，最终上下各层小花基本排列在同一平面上，如梨、苹果的花序，小花开放的顺序是由外向内（图 3-14F）。

伞形花序，花轴缩短，大多数花着生在花轴顶端，每朵小花的花柄基本等长，而使各小花在花轴顶端排列呈圆球形，小花开放顺序是由外向内，如葱、人参等（图 3-14G）。

头状花序，花轴极度缩短、膨大成扁形，苞叶密集成总苞，如向日葵、菊等（图 3-14H）。

隐头花序，花轴凹陷，很多无柄小花生在凹陷的腔壁上，如无花果。在无花果花序的内腔壁上，小花单性，花完全包围在凹陷的花轴内（图 3-15）。

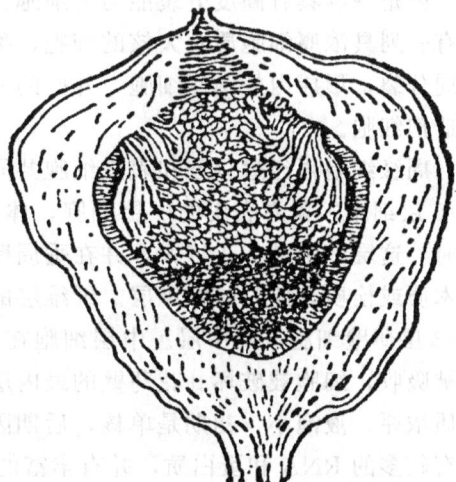

图 3-15　无花果的隐头状花序

还有一分枝上又呈现上述的一种花圆锥花序（复总状花序）花轴上的每一小分枝均为一总状花序，如水稻、燕麦等（图 3-14D）。

复穗状花序，花轴上的每一小分枝均为穗状花序，如小麦。

复伞房花序，花轴上的每一小分枝均为伞房花序，如花楸。

复伞形花序，花轴上每一小分枝均为伞形花序，如胡萝卜、小茴香等。

2. 有限花序

有限花序，花轴顶端的花首先开放，开花后花轴不再继续生长，花开放顺序是由上向下或由内向外。

单歧聚伞花序，花轴顶端的顶芽先分化成花，以后在顶花下面主轴的一侧形成一侧枝，此侧枝的顶芽又发育成花，侧枝上又可分枝，所以整个花序轴是一个合轴分枝，这种类型叫单歧聚伞花序。这类花序的分枝如是左右间隔形成的叫蝎尾状聚伞花序，如委陵菜、唐菖蒲。二歧聚伞花序顶花下的主轴向着二侧各分生一枝，枝的顶端生花（图 3-16）。多歧聚伞花序顶花下的主轴向各方向生长出三个以上的分枝，枝的顶端生花。

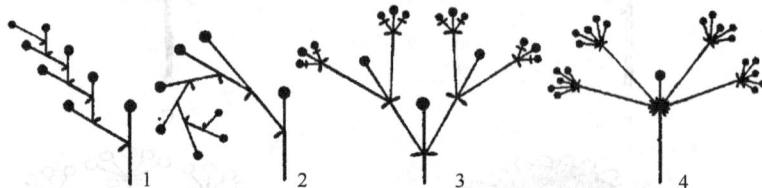

图 3-16　有限花序类型
1、2. 单歧聚伞花序；3. 二歧聚伞花序；4. 多歧聚伞花序

第二节　雄蕊的发育和花粉粒的形成

一、花药的发育及构造

雄蕊原基的顶端部分发育成花药，横切面呈一四棱状，最外面的一层为表皮，表皮之内是一群具有高度分裂能力的细胞。随着花药逐渐长大，在花药四角的表皮细胞下各有一列具浓厚细胞质及大核的细胞，称为孢原细胞。孢原细胞分裂能力强，经过一次平周分裂，形成内外两层细胞，外面的一层叫周缘细胞，与表皮靠近，里面的一层细胞叫造孢细胞。

周缘细胞再经过分裂和表皮细胞共同组成花药的壁。一般是周缘细胞经过分裂形成3～5 层细胞。紧靠表皮的一层细胞，体积较大，在发育的早期叫药室内壁。到花药成熟时，这层细胞进一步增大，并在垂周壁和内切向壁上出现不均匀的次生加厚，其性质是木质或栓质，此时叫纤维层。纤维层的壁加厚有助于花粉囊的开裂。纤维层内通常有1～3 层薄壁细胞，叫中层。中层细胞在初期时，细胞内储有淀粉，在花药发育过程中常被吸收，细胞被破坏。花药壁的最内层是绒毡层，其细胞特点是体积较大近柱形、细胞质浓厚、液泡小，初期是单核，后期因核分裂不形成新壁而具双核或多核。细胞内还含有较多的 RNA 和蛋白质，并有丰富的油脂和类胡萝卜素等。绒毡层对花粉粒的发育有重要的营养和调节作用。在花粉粒成熟时绒毡层细胞内的营养物质多已被吸收利用

（图 3-17），所以绒毡层对花粉粒的发育极为重要。如果绒毡层发育不正常，则可导致花粉粒败育。

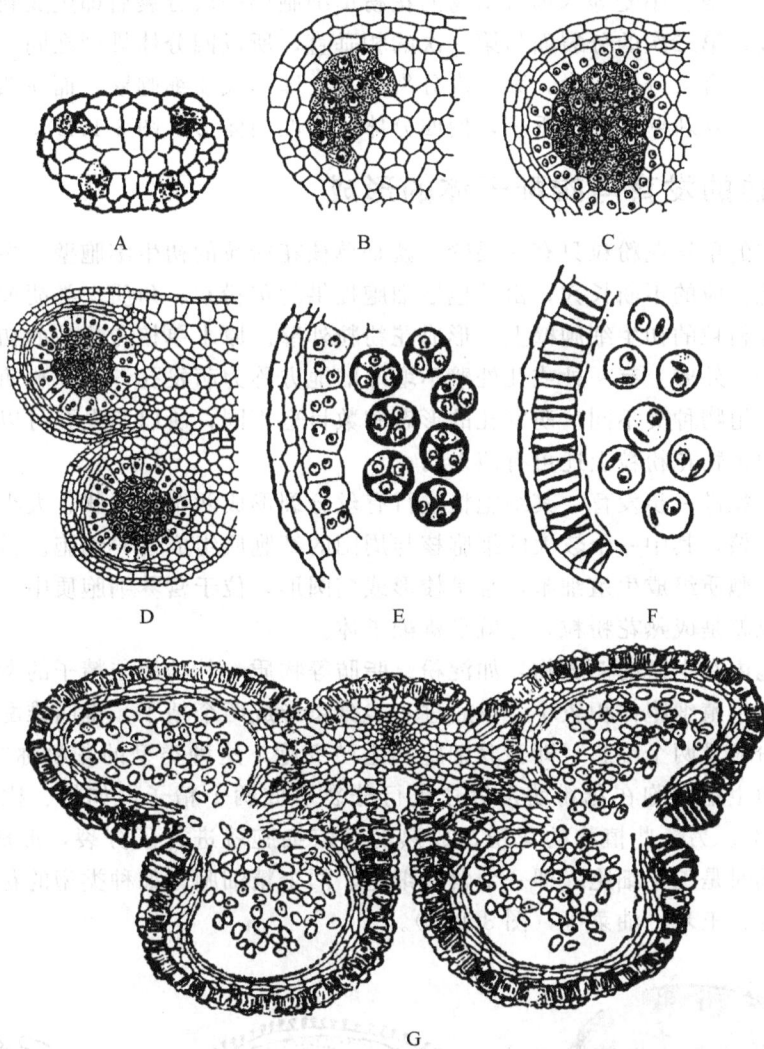

图 3-17　花药的发育和小孢子的形成

A. 幼嫩花药横切面，在花药四角的表皮细胞下各有一列孢原细胞。孢原细胞经过一次平周分裂形成周缘细胞和造孢细胞；B、C. 周缘细胞再经过分裂和表皮细胞共同组成花药的壁。造孢细胞不断进行细胞分裂增加数目；D. 花药壁形成，包括表皮、药室内壁、中层和绒毡层。同时形成 4 个花粉囊，在花粉囊内充满花粉母细胞；E. 花粉母细胞经过减数分裂形成四分孢子；F. 小孢子发育成二细胞花粉，花药壁的中层和绒毡层解体；G. 成熟花药

通常一个花药有四个花粉囊，在药壁发育过程中，花粉囊内的造孢细胞进一步发育，不断进行细胞分裂和体积长大，充满在花粉囊内。然后随花粉囊的长大，造孢细胞形成花粉母细胞。

二、小孢子的形成

花粉母细胞经过减数分裂，形成四个子细胞，开始四个子细胞集结在一起叫四分孢

子。四分孢子分离后形成四个小孢子（单核花粉粒）。

　　由于花粉母细胞形成的四个小孢子，在排列上常随新壁产生方式的不同而异，因此有两种类型。水稻、小麦等禾本科植物的花粉母细胞第一次分裂后即生成新壁，出现一个二分体阶段，第二次的分裂面与第一次的相垂直，所以四分体排列在同一平面上。棉等双子叶植物没有二分体阶段，第一次分裂后不立即形成新细胞壁，而在四分体形成时同时产生新壁，且新壁不互相垂直，使四分体成为四面体形（图 3-17E）。

三、花粉粒的发育与雄配子体的形成

　　最初形成的单核花粉粒只有一层壁，就是单核花粉粒的初生细胞壁，主要由果胶质组成。随着花粉粒的不断长大，由绒毡层细胞提供的孢粉素、角质、类胡萝卜素等物质附着到单核花粉粒的初生细胞壁上，形成花粉粒外壁。原来单核花粉粒的初生细胞壁称为花粉粒内壁。外壁上有一处或几处壁不增厚的地方称为萌发孔，是花粉萌发时花粉管生长的地方。植物种类不同，萌发孔的形态和数目也不同，所以萌发孔可以是植物分类的依据。有的植物花粉粒上还可有萌发沟。

　　单核花粉粒进一步发育，其细胞核进行有丝分裂形成两个在形状、大小和功能上均不相同的细胞核，其中一个较大的细胞核与周围的细胞质组成营养细胞。另一较小的核与其周围的细胞质组成生殖细胞，常呈梭形或椭圆形，位于营养细胞质中。这种由两个细胞的花粉粒就是成熟花粉粒，也就是雄配子体。

　　营养细胞内有丰富的储藏物，如淀粉、脂肪等物质，其功能与精子的发育和花粉管的萌发有关。生殖细胞体积较小，以后进一步分裂形成两个精子，也叫雄配子。多数植物的成熟花粉粒具两个细胞，即营养细胞和生殖细胞，这种类型的花粉称二胞型花粉。二胞型花粉的生殖细胞在花粉萌发后才进行分裂形成两个精子，如棉、桃、茶、橘等（图 3-18A，B）。另一些植物的花粉在成熟前生殖细胞就进行了分裂，形成两个精子，所以花粉成熟时是三个细胞，即一个营养细胞、两个精细胞，如种类型的花粉称三胞型花粉，如小麦、玉米、油菜等（图 3-18C）。

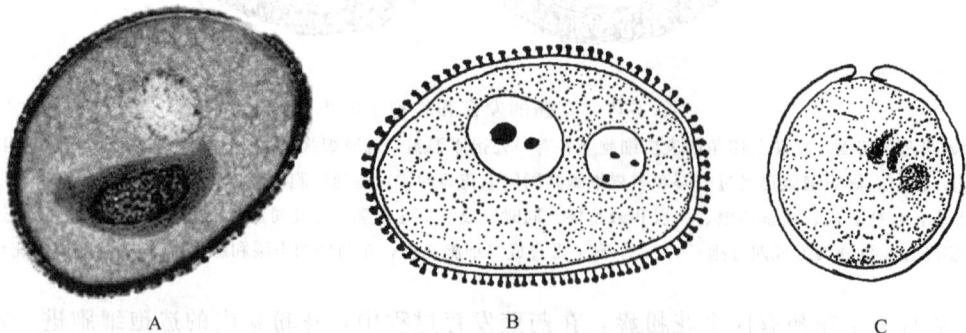

图 3-18　二胞型花粉和三胞型花粉
A、B. 二胞型花粉；C. 三胞型花粉

　　多数植物的花粉是单个的，如以上的例子，但有少数植物的花粉粒不是单个的，如杜鹃、香蒲的花粉是四分体的，四个花粉始终结合在一起，还有的植物是许多花粉粒黏着成花粉块，如兰科、萝摩科植物。

　　由于花粉外壁中含有孢粉素，孢粉素是一种能抗酸碱破坏、能抵抗外界不良环境的物质，所以地层中存在的古代花粉仍有完整的外壁保留，因此可根据花粉来判断古代植物的种类，进而鉴定地质年代。在地质调查、找矿、石油勘探及化石植物鉴定等方面，都要借助于孢粉分析。对花粉和孢子的分析研究已发展成为一专门的学科（孢粉学）。

　　注：①过去一直认为花粉中的精子只是一个细胞核，没有细胞的结构，经过多年的研究，尤其是用电子显微镜等新工具及技术研究后，发现精子核的外围有它自己的细胞膜、细胞质及细胞器，这些都与营养细胞的有区别，由此确认精子是一没有细胞壁的细胞。②生殖细胞形成的两个精子的形态及大小这一问题，过去认为二者完全一样，近年来通过电镜研究发现，两个精子形态及大小基本一致，如棉；但在白花丹、甘蓝等植物中发现，两个精子在形态大小和所含细胞器种类方面均有不同，这种现象称为精子的二型性。③近来在有些植物中发现，两个精细胞与营养细胞核在一段时期内是相互联系的，将营养核与两个精细胞联系在一起形成的复合体称为"雄性生殖单位"。不过雄性生殖单位在被子植物中并不是普遍存在的，目前只在白花丹、甘蓝等少数植物中发现。

四、花粉败育和雄性不育

　　花粉发育过程中由于受种内在和外界因素的影响，有时花粉没有得到正常发育，不能起到生殖作用，这种现象叫花粉败育。引起花粉败育的原因是多方面的，可以是遗传的、生理的等内因，也可以是由于温度、湿度、光照、水分、营养等外界环境条件的不适合，如水稻花粉母细胞减数分裂时遇低温，则形成大量的败育花粉，玉米、小麦在花粉母细胞减数分裂期遇到干旱也会产生大量的败育花粉。

　　在正常的自然条件下，个别植物体也有花粉不能正常发育的现象，叫雄性不育。这种现象的原因是由于花药或花粉不育。常见的情况是花药退化、花药内不产生花粉粒或产生败育的花粉。利用雄性不育这一特性，可以在人工杂交育种中免去人工去雄的操作，节省大量人力，所以农业生产上需要选育这样的品种用于杂交育种工作。

第三节　胚珠的发育和胚囊的形成

一、胚珠的发育

　　胎座首先产生一团由胚性细胞组成的突起，称为珠心。珠心形成后，从其基部形成珠被原基，逐渐向上扩展而将珠心包围起来，形成珠被。多数植物的胚珠有二层珠被，近珠心的是内珠被，其外为外珠被。有些植物的胚珠只有一层珠被，如向日葵。珠被在珠心顶端部位留一小孔为珠孔。

二、胚囊的发育

　　在珠心发育早期各部细胞均匀一致，不久在近珠孔处的表皮下出现一个体积较大、细胞质浓厚、细胞核大的细胞，这就是孢原细胞。有些植物的孢原细胞可以直接成为大孢子母细胞，如向日葵。有些植物中孢原细胞进行一次平周分裂，形成一个周缘细胞和一个造孢细胞。周缘细胞靠近表皮，之后加入珠心组织。造孢细胞在周缘细胞之下，一般直接发育成大孢子母细胞。也有的植物孢原细胞多于一个，但最终只有一个继续发育成大孢子母细胞（图 3-19，1～3）。

　　大孢子母细胞经过减数分裂，形成染色体减半的 4 个大孢子（图 3-19，4）。4 个大孢子一般成直线排列，也有其他排列形式的，如 T 形排列等。4 个大孢子中，近珠孔的 3 个退化，远珠孔的 1 个成为功能大孢子（图 3-19，5、6），进一步发育成胚囊。功能大孢子可以看做是单核胚囊，也就是雌配子体的开始。功能大孢子吸收珠心的营养，体积逐渐增大，最后占据珠心相当大的部分，在长大过程中核进行 3 次连续的有丝分裂，形成 8 个细胞核（图 3-19，7～9）。每次细胞分裂时不伴随细胞质分裂和形成新壁，8 个核游离于同一细胞中，珠孔端和合点端各 4 个核。进一步发育时，珠孔端的 3 个核及其周围的细胞质各被一壁包围，形成 3 个细胞，其中，较大的一个是卵细胞即雌配子，其余 2 个是助细胞，这 3 个细胞合称卵器。合点端的 3 个核也形成 3 个细胞，这 3 个细胞的形态结构及功能均相同，称反足细胞。原来在珠孔端和合点端的各一核移到细胞中央部位，通常较靠近卵器，称极核，2 个极核与周围的细胞质组成中央细胞。至此成为 8 核 7 细胞的成熟胚囊，即雌配子体（图 3-19，图 3-20）。

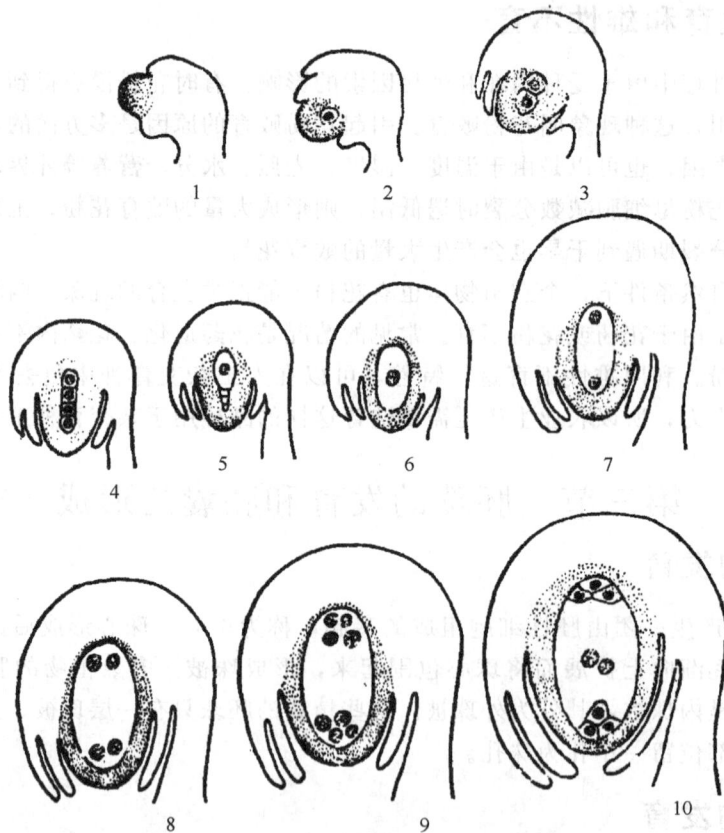

图 3-19　胚珠的发育和胚囊的形成

1. 卵器

（1）卵细胞，是胚囊中最重要的部分，是雌配子，受精后进一步发育成下一代的新个体。卵细胞常为梨形，体积较助细胞大，细胞内有大液泡，通常液泡在细胞的珠孔端，细胞核在近合点端的细胞质中，核较大，细胞壁的有无各种植物不同。现知棉、玉米等的卵细胞壁是珠孔端较厚，向合点端逐渐变薄至无壁只具质膜；而荠菜的卵细胞则全有壁只是合点端的壁不连续。卵细胞壁的这些特点是对精细胞进入卵的适应。卵细胞壁具有传递细胞的特征，卵细胞中的细胞器及营养物质含量较少，代谢活性较低。

　　（2）助细胞，与卵细胞呈"品"字形排列在胚囊的珠孔端，细胞中也有大液泡，但液泡在细胞中的位置常在合点端，细胞核在珠孔端，可以根据此特点在显微镜下区分助细胞和卵细胞。助细胞的壁比较特殊，珠孔端壁很厚，且有向细胞腔内伸出的不规则指状突起，称为丝状器。助细胞中的细胞器等较卵细胞多，代谢活动较卵细胞高。助细胞的寿命较短，受精时或受精后多被破坏，其主要功能是诱导花粉管进入胚囊。

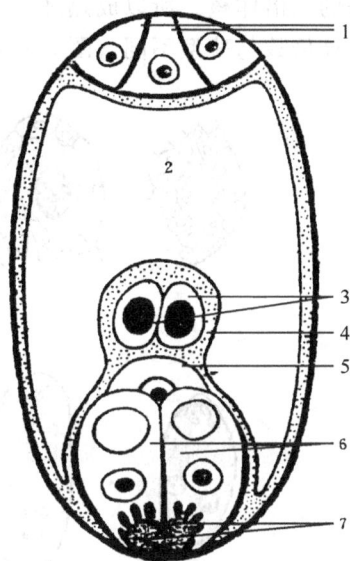

图 3-20　成熟胚囊的结构模式图
1. 反足细胞；2. 中央细胞的大液泡；3. 极核；4. 中央细胞的细胞质；5. 卵细胞；6. 助细胞；7. 丝状器（指状突起的细胞壁）

2. 反足器

反足细胞通常是短命的，多在受精前后不久退化。反足细胞中细胞器丰富，代谢活性高，反足细胞的壁也有传递细胞的特征。其功能是运送从合点端吸收的养料进入胚囊。反足细胞的形态和数目变化较大，一般是 3 个，但有的植物反足细胞可以进行分裂而成多数，如小麦、水稻等。

3. 中央细胞

中央细胞中也有大液泡，极核位于靠近卵器的细胞质中，细胞中含有丰富的细胞器，代谢活跃。中央细胞与卵及反足细胞间都有胞间连丝相通。中央细胞的壁在近卵器的部分或没有或是间断的，靠胚囊两侧的壁有内突，具传递细胞的特征。

这种类型的胚囊首先在蓼科植物中发现，故叫蓼型胚囊，大多数植物都是蓼型胚囊。有些植物是由 2 个大孢子参加胚囊的形成，另外，2 个大孢子退化，成熟胚囊的结构与蓼型胚囊相同，如葱，称为葱型胚囊。还有些植物的 4 个大孢子都参加胚囊的形成，如百合、贝母，成熟胚囊结构基本上与蓼型胚囊相同，称为贝母胚囊。以上 3 大类又分别称为单孢型、双孢型和四孢型胚囊。

附：贝母型胚囊的发育，现以百合为例说明。百合的 4 个大孢子都参加胚囊的形成，没有退化的大孢子。4 个大孢子成一直列排在胚囊中，大孢子之间无壁。稍后，1 个大孢子靠近珠孔端，其余 3 个近合点端。这 3 个大孢子融合成一个大的三倍染色体的核，这时胚囊中有 2 个核，1 个近珠孔端的核染色体是单倍体，另一个近合点端的染色体为三倍体。以后这 2 个核各进行 2 次有丝分裂，形成在珠孔端有 4 个单倍染色体的核，和合点端有 4 个三倍染色体的核。进一步发育，珠孔端的 3 个核形成卵器，合点端的 3 个三倍染色体的核形成反足器。极核是一个由珠孔端来的单倍体核和另一个由合点端来的三倍体核。所以成熟胚囊从形态结构上看时虽与蓼型相同，但极核与反足细胞的染色体倍数与蓼型不同（图 3-21）。

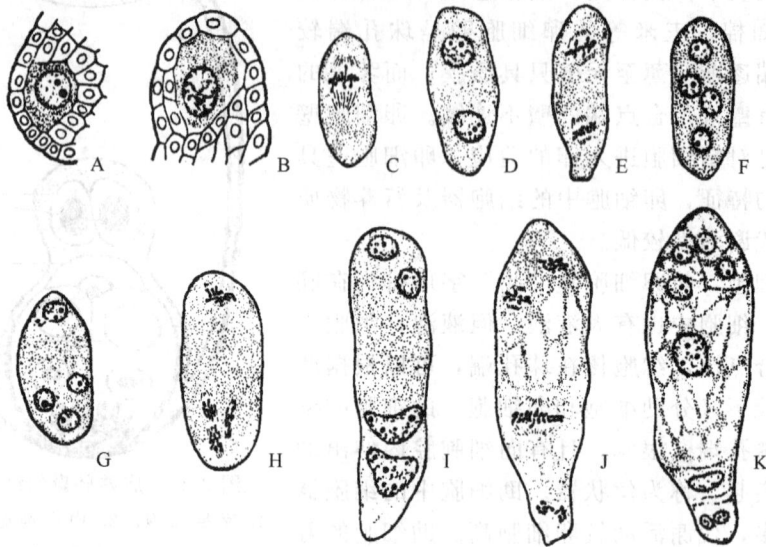

图 3-21　贝母型胚囊的发育过程

　A. 孢原细胞；B. 孢原细胞直接发育成一个大孢子母细胞；C～F. 大孢子母细胞减数分裂，形成 4 个单倍体核；G. 4 个大孢子核排列在胚囊两端，珠孔端 1 个，合点端 3 个；H. 3 个大孢子核融合成一个三倍染色体的核；I. 大孢子核分裂完成，一个近珠孔端的核染色体是单倍体，另一个近合点端的染色体为三倍；J. 核分裂；K. 形成 8 核胚囊，珠孔端 4 个核为单倍体，中、下方（合点端）4 个核为三倍体

第四节　开花、传粉与受精

一、开花

　　当花药成熟，花粉囊将要开裂时，花萼、花冠展开，露出雌蕊、雄蕊，这一现象称开花。各种植物开花的习性不同。一、二年生植物一般生长几个月后就能开花，一生中只开一次花，种子成熟后整个植物枯萎。多年生植物要生长发育到一定年龄后才能开花，各种植物第一次开花的年龄相差很大，这些植物达到开花年龄后则每年按时开花并延续多年，如桃树在定植后 3～5 年，柑橘 6～8 年，桦木 10～12 年，椴树 20～25 年。竹也是多年生植物，但一生中仅开一次花，开花后植株就死去。

　　每种植物在某地的开花期虽因气候等外界条件的影响稍有些变化，但大体是一定的，如华北地区杨树在 3 月中开花、小麦在 5 月上旬至中旬开花、桃 4 月中下旬开花等。植物的开花时间是观察物候要记载的内容之一，根据对某一地区多年物候观察记载的分析，可以预测该地区气候的变化。不同植物的开花季节不同，早春开花的木本植物多为先叶开花，这类植物的花芽是前一年夏、秋季形成的，如玉兰、连翘、桃、杨等。多数植物是春天先长出叶后才开花，这些植物的花芽多为当年形成的。

　　花期的长短，各种植物很不一致。短的一般数日，如桃、杏、苹果等，特短的如昙花，只有几小时，因此用"昙花一现"来形容某些事物出现时间的短暂。花期长的如棉，可延续 80~90 天。有些热带植物几乎终年开花，如可可树、桉树等。至于每朵花的花期也各有不同，如棉开花后第二天下午就凋萎，而菊花、兰花的花期较长，最长可达 2 个月之久。

二、传粉

在花被开放时，花药也开裂散放花粉。花药开裂的方式有多种，最普通的是纵裂，当花粉成熟后，由于水分减少、花药壁收缩，这时具有径向增厚的纤维层细胞由于胞壁各部吸湿性不同，使花药从结合较薄弱的地方裂开，花粉散出。花粉粒从花药散出后，通过一定的媒介力量，主要是风力，昆虫等，被传送到雌蕊柱头上，这个过程称为传粉作用。传粉的方式可分为自花传粉和异花传粉两大类。

1. 自花传粉和异花传粉

自花传粉，是指雄蕊的花粉落在同一朵花的雌蕊柱头上。自然界有少数植物是自花传粉，如碗豆、大麦、小麦、大豆、芝麻等。在农业上同一植株内的传粉和同一品种内传粉也都叫自花传粉。自花传粉植物的花一定是两性花、雌雄蕊应是同时成熟，但具两性花的植物不一定都进行自花传粉。闭花受精现象是典型的自花传粉，它是指在未开花时已完成受精作用，这类植物的花粉粒多半是在花粉囊里面萌发，花粉管穿过花粉囊壁伸向柱头生长完成受精。所以严格地说中间没有传粉现象，如大豆、落花生等。闭花受精是植物的一种适应，它可弥补植物在环境条件不适于开花传粉时的不足而完成生殖过程。但长期自花传粉会使后代的生活力减退。

异花传粉是指一朵花的花粉落到另一朵花的柱头上。在农业生产中指不同品种间的传粉，而在林业生产上指不同植株间的传粉。自然界的多数植物是异花传粉，异花传粉和自花传粉相比是一种进化的方式。因为异花传粉是不同花间，尤其是不同植株间的配子配合，后代的生活力、适应性均较强，故在进化过程中被选择，成为大多数植物的传粉方式。

异花传粉植物的花，在结构和生理上有一些防止自花传粉的适应性。①单性花植物，尤其是雌雄异株植物。②有的植物虽有两性花，但雌雄蕊不同时成熟，以使自花不能受粉，雄蕊先熟的如莴苣，雌蕊先熟的如甜菜。③一朵花中的雌雄蕊异长或异位，如报春花、连翘都有两种花：一为花柱长花丝短的长柱花，一为花丝长花柱短的短柱花，传粉时只有长柱花的花粉落在短柱花的柱头上，或短柱花的花粉落在长柱花的柱头上才能萌发。④花粉落在自花柱头上不能萌发。

2. 风媒花和虫媒花

异花传粉的植物必须借助各种外力的帮助，才能把花粉传送到其他花的柱头上，传送花粉的媒介有风、昆虫、鸟和水等，其中，风媒和虫媒最为普遍。植物在花的结构上有特殊的适应。

风媒花一般花被很小，不具鲜艳的颜色，甚至花被完全退化成无被花，无蜜腺及香味，花粉量大，花粉粒细小光滑，干燥而轻，易于被风吹送。由于风媒花的花粉能落在柱头上的机会少，所以风媒花产生大量花粉是一种适应。风媒花多为先叶开花，这样花粉散出后不为枝叶所阻挡而有利于传播。小麦、水稻等植物具有细长的花丝，花药受风力振动而散出花粉。

　　虫媒花一般具有鲜艳美丽的花被，有芳香或其他气味，有蜜腺。花的颜色和味道是引诱昆虫传粉的适应，花粉粒通常较大，表面有突起或花纹，花药开裂时花粉不易被风吹散，常黏集成块，便于黏附于昆虫体上，花粉量较风媒花少。适应昆虫传粉的另一特点是白昼开花的花多为红、黄等鲜艳颜色，夜间开花的花多为白色，便于夜间活动的昆虫识别。虫媒花多为两性花，在有一定数量昆虫存在的条件下，两性花的传粉机会较单性花多一倍。传粉的昆虫种类很多，如蜂、蝶、蛾、蚁、蝇等。

　　风媒花和虫媒花都不是绝对的，有的虫媒植物如椴树、油茶也可以借风力传送花粉。其他传粉方式有鸟媒、水媒等，水生植物像金鱼藻、黑藻等都是借水力来传粉的。

　　3. 自花传粉和异花传粉的生物学意义

　　大量的生产实践和科学实验证明，自花传粉的栽培植物，多年自花传粉后就会退化成无栽培价值的植物，可见自花传粉有害，异花传粉有益是自然界的规律。自花传粉既然有害，为什么在自然选择中能被保留下来呢？这是由于植物的自花传粉是在缺乏异花传粉的条件下，植物繁殖的特殊适应。达尔文指出："很显然，对生物来说，用自体受精的方法来繁殖种子，总比完全不繁殖或很少繁殖来得好些。"所以自花传粉在某种情况下，仍然是生物学上有利的特性。如早春太冷或风雨太多影响了昆虫活动时，自花传粉就比严格的异花传粉植物有一定的优越性。

三、受精作用

　　传粉作用完成后，花粉粒在适合的柱头上萌发，生长出花粉管，其内产生两个精细胞，花粉管伸长进入胚珠的胚囊内释放出两个精细胞。两个精细胞分别与卵和极核融合，这种两性配子融合的过程叫受精作用。

（一）花粉的萌发与生长

　　花粉粒落到柱头上后，花粉粒内壁从萌发孔处向外突出，形成花粉管，这一过程叫花粉的萌发。落到柱头上的花粉粒是多种多样的，并不是落到柱头上的花粉都能萌发，只有同种的或亲缘关系较近种的花粉才能萌发，亲缘关系远的种则不能萌发。选择生物学上最适宜的交配是生物长期进化过程中形成的一种维持种的稳定性和种的繁殖的适应现象，有重要的生物学意义。

　　花粉落到柱头上后，首先，从周围吸收水分使花粉膨胀，在酶的作用下，内壁从萌发孔向外突出成细长的花粉管，花粉中的细胞质流入花粉管内。花粉管不断伸长生长，生殖细胞和营养细胞进入花粉管的前端，然后，细胞花粉中的生殖细胞在花粉管中分裂一次形成两个精细胞（图 3-22）。最后，细胞花粉的生殖细胞在花粉管萌发前已形成两个精细胞，花粉管萌发、伸长后，精细胞移至其前端。花粉管具有顶端生长的特性，它的生长只限于前端的 $3\sim5\ \mu m$ 处。

　　花粉管穿过柱头后通过花柱到达子房。花柱的结构有两大类型，多数植物的花柱是实心的。这类花柱的中央是由薄壁细胞组成，这些细胞内含有丰富的细胞器，细胞排列疏松，称为引导组织。花粉管经过花柱时由于酶的作用，把引导组织的细胞壁部分溶解，花粉管从其间通过，如棉。也有的实心花柱中无引导组织，则在花柱中的薄壁细胞间通过。另一些植物花柱是空心的。这类花柱中空形成花柱道，花柱道内表面有一层具

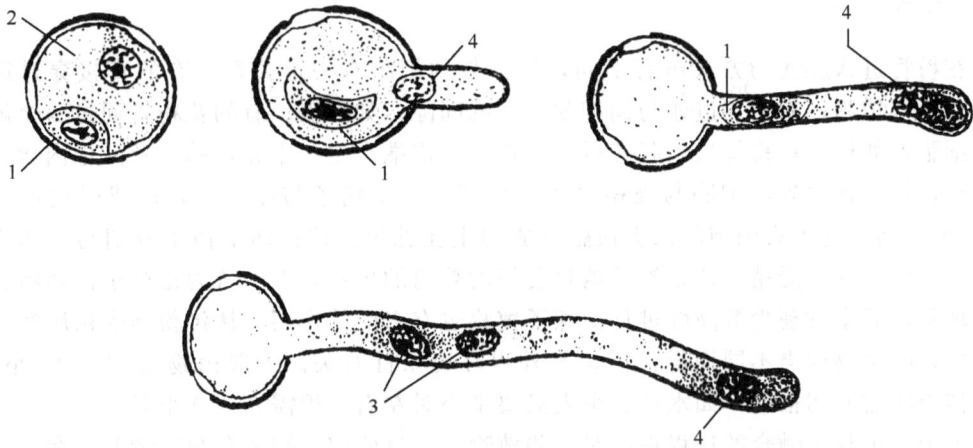

图 3-22　花粉管的萌发与生长过程
1. 生殖细胞；2. 营养细胞的细胞质；3. 精子（精细胞）；4. 营养细胞的细胞核

分泌性质的细胞叫通道细胞。无论哪种花柱类型，花柱都能为花粉管的生长提供营养物，并能引导花粉管向子房生长。

　　花粉管经过花柱进入子房到达胚珠及胚囊。多数植物花粉管由珠孔进入胚珠，这种类型叫珠孔受精（图 3-23）。也有的植物从合点进入胚珠，叫合点受精，如榆。更少数植物是花粉管横穿珠被进入胚囊，叫中部受精，如南瓜。近年的研究认为，助细胞具有吸引花粉管向胚囊生长的功能。

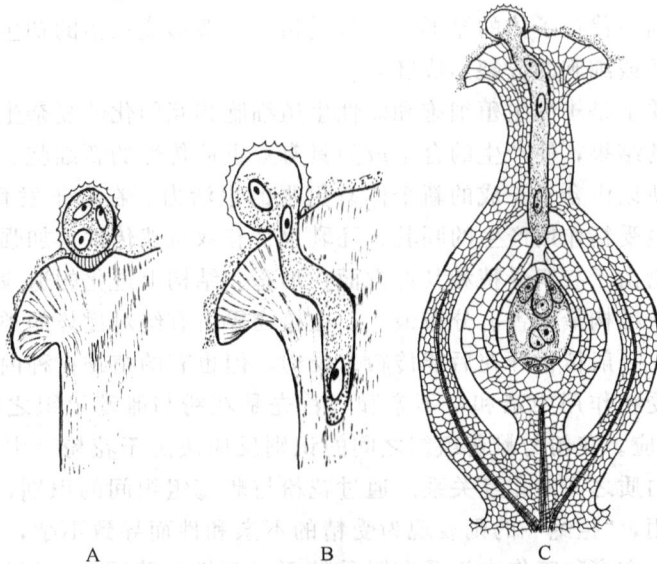

图 3-23　花粉管的萌发与生长过程
A. 花粉粒落到雌蕊柱头上；B. 花粉管的萌发，并沿花柱向下生长；C. 花粉管进入胚珠

（二）受精作用

　　花粉管进入胚囊的方式虽有不同，但都与助细胞有一定关系。有的直接穿过助细胞，如兰科植物；有的穿过卵与助细胞之间的间隙，如荞麦；有的花粉管通过一个解体的助细胞，如棉。花粉管进入胚囊后，花粉管的末端产生一小孔，精子及其他内含物注入胚囊，精子被放到卵细胞与极核之间的位置。一个精子与卵融合，形成受精卵（合子），另一精子与中央细胞的二极核融合成初生胚乳核。这种两个精子分别与卵和极核受精的现象称为双受精。这是被子植物受精的普遍的现象，以前认为是被子植物特有的受精现象，后来发现少数高度进化的裸子植物也有双受精作用。从传粉到受精所经的时间长短，因植物种类不同而异，但也和外界环境条件有关。一般植物需 12～48 小时，有些植物所需时间很短，如水稻、小麦只要半小时左右，棉需 8～10 小时。

　　关于精子与卵融合的过程现已对一些植物进行过研究，结果有两种情况。在一些植物如棉、荠菜、玉米等植物的精卵融合中看到的是精子细胞质不进入卵细胞，只有精子核进入卵细胞与之融合，而在另一些植物，如矮牵牛的精子核及细胞质均与卵融合。精卵融合的具体过程从已观察的一些植物看，首先是精子进入卵细胞与卵核接近，然后精核膜与卵核膜融合，精子核物质通过核膜融合处进入卵核，以后精子的染色质与卵的染色质融合，最后雄性核仁与雌性核仁融合。

　　精子与极核融合方面的研究资料更少，其推测和精、卵融合过程相近。至于二极核何时融合，各种植物不同，有的植物二极核先融合然后再与精子融合，有的植物的二极核和精子同时融合。

　　双受精过程中，一般来说卵的受精先于极核的受精，但受精后的发育，则多是受精卵晚于受精极核。受精卵即合子是新一代孢子体的第一个细胞，它经过一段休眠后继续发育形成胚——新一代孢子体的雏形。极核受精后一般形成三倍的初生胚乳核，基本上不经休眠就进行核或细胞的分裂形成胚乳。

　　受精作用实质上是雄性生殖细胞和雌性生殖细胞相互同化的复杂生理过程，是这两个细胞相互同化的结果，使产生的合子成为具有双重遗传性的新细胞。因为精子和卵之间存在着差异，所以由合子长成的新个体有更强的生活力。在合子发育成胚的过程中，其营养来源是经过受精作用产生的胚乳，胚乳也带有双重遗传性，加强了胚的生活力和适应力。被子植物由于有双受精和其他方面在形态、结构上进化的适应，使它们成为地球上适应性最强、结构最完善、分布最广、在植物界占有绝对优势的类群。

　　自然情况下，一般植物开花后能传粉、受精，但也有的植物在种内和种间出现受精不亲和现象。在受精作用中亲和与不亲和，首先是花粉与雌蕊组织之间的"认可"或"拒绝"的识别反应。花粉与雌蕊组织之间的识别反应决定于花粉壁中蛋白质和柱头乳突细胞表面的蛋白质之间的相互关系。通过花粉与雌蕊组织间的识别，"认可"的则可亲和完成受精作用，"拒绝"的则表现为受精的不亲和性而导致不孕，这是育种工作中常常遇到的困难。在育种工作中为了克服受精不亲和性的障碍，人们经过不断的实验，创造了混合花粉受粉、营期受粉等人工辅助受粉方法，并取得了一定的效果。

（三）无融合生殖和多胚现象

　　有些植物除正常的精卵结合的有性生殖外，还有胚囊里的卵不经受精，或助细胞、反足细胞甚至珠心细胞及珠被细胞直接发育成胚的现象，这种现象称为无融合生殖。其中卵细胞不经受精直接发育成胚的叫孤雌生殖，如蒲公英、早熟禾。在百合中有的胚是由助细胞或反足细胞发育而成，在柑橘中有的胚是由珠心或珠被发育来的。

　　一般情况下，被子植物的胚珠中只有一个胚囊，胚囊中只有一个卵，所以受精后只有一个胚。但有的植物种子里有两个以上的胚，这种现象叫多胚现象，最常见的是柑橘。产生多胚现象的原因可能是在卵受精发育成胚的同时，助细胞、反足细胞、珠心细胞等也发育成胚。也可能由一个受精卵分裂成多胚，或一个胚珠中有多个胚囊所致。

第五节　种　子

　　被子植物受精作用完成后，胚珠发育成种子，子房（有时还有花被、花托参与）发育成果实。种子中的胚由合子发育而成，胚乳由受精极核发育形成，胚珠的珠被发育成种皮。

　　裸子植物的种子，因为胚珠外面没有包被，所以胚珠发育成种子后是裸露的；被子植物的胚珠是包在子房内，卵细胞受精后，子房发育为果实，胚珠发育为种子，因此种子受到果实的包被。种子外有无包被，是种子植物中的裸子植物和被子植物两大类群的重要区别之一。由于果实和种子的形成，植物在地球上更广泛的散布成为可能。广泛的散布对于植物种族的繁荣具有十分重大的意义。

一、种子的形成

　　受精作用完成后，受精卵发育成胚，受精的极核发育成胚乳，胚珠的珠被发育成种皮。大多数植物的珠心部分，在种子形成过程中被吸收利用而消失，也有少数种类的珠心继续发育，直到种子成熟，成为种子的外胚乳。种皮、胚、胚乳三者共同构成了种子。种子就是发育成熟的胚珠。因此，种子的结构包括胚、胚乳和种皮三部分。虽然不同植物种子的大小、形状以及内部结构颇有差异，但它们的发育过程，却是大同小异的。

（一）胚的发育

　　种子里的胚是由卵经过受精后形成合子发育来的。卵细胞受精后，便产生一层纤维素的细胞壁，进入休眠状态。合子静止期的长短因植物种类的不同而各异，水稻4～6小时；小麦为16～18小时；也有需2～3天的，如棉；有的延长到几个月，如茶、秋水仙等。在静止期内合子细胞经历了显著的变化，例如，完整细胞壁的形成，细胞核的体积增大，内质网的含量增多，线粒体嵴增多，核糖体增多并聚集成多核糖体，以及质体内淀粉粒的增大与增多等。另外，有些合子细胞的体积还发生了变化，有的体积缩小，有的增大。所有这些变化都可以说明合子即将开始活跃的代谢活动。合子经过一定时间的静止期后发育成胚。

　　合子的细胞核与细胞器都分布在近合点的一端,在近珠孔的一端只分布着少量细胞器和一个大液泡,所以合子细胞是一个高度极性化的细胞。由于极性现象的存在,使合子细胞的第一次细胞分裂(横分裂)所产生的两个子细胞虽然具有相同的遗传信息,但含有不同的细胞质结构,因此两个子细胞将来的发展方向也是不同的。这说明细胞质对细胞遗传信息的表达方式具有重要的作用。合子细胞第一次分裂形成两个细胞,一个靠近珠孔端,称为基细胞;另一个远珠孔的,称为顶端细胞。顶端细胞是胚的前身,而基细胞只具营养性,不具胚性,以后成为胚柄。两细胞间有胞间连丝相通。这种细胞的异质性,是由合子的生理极性所决定的。合子经多次分裂,逐步发育为种子的胚。一般情况下,胚发育的开始,较迟于胚乳的发育。胚在没有出现分化前的阶段,称原胚。由原胚发展为胚的过程,在双子叶植物和单子叶植物间是有差异的。

　　胚柄在胚的发育过程中随着胚体的发育,胚柄逐渐被吸收而消失。过去对胚柄的认识只是认为它把胚伸向胚囊内部合适的位置以利胚在发育中吸收周围的养料,近年来从胚柄细胞的亚显微结构以及不同植物胚柄的有无、长短等方面的差异,有人认为胚柄细胞还可能从它的周围吸收营养转运到胚体供其生长发育,以及作为重要养分和调节胚体生长物质的供应源。

1. 双子叶植物胚的发育

　　以荠菜胚的发育为例来说明双子叶植物胚的发育过程(图 3-24)。荠菜胚发育时,合子进行一次不均等的横向分裂,形成上、下两个细胞,靠近珠孔端的是基细胞,远离珠孔的是顶端细胞。基细胞略大,经连续横向分裂,形成一列由 6~10 个细胞组成的胚柄,这些细胞之间有胞间连丝沟通。电子显微镜观察胚柄细胞壁有内突生长,犹如传递细胞,细胞内含有未经分化的质体。顶端细胞先要进行一次纵分裂,形成左、右两个并列的细胞,随后这两个子细胞各进行一次纵分裂(第二次的分裂面与第一次的垂直),成为 4 个细胞,即四分体时期;四分体的各个细胞再横向分裂一次,成为 8 个细胞的球状体,即八分体时期。八分体的各细胞先进行一次平周分裂,再经过各个方向的连续分裂,成为一团组织,胚成为球形,这称为球形胚。球形胚两侧的细胞分裂较快,因而产生两个侧生突起,胚成为心脏形,这叫做心形胚。以后由于心形胚的两个突起分裂生长较快,迅速发育,成为 2 片子叶,又在子叶间的凹陷部分逐渐分化出胚芽。与此同时,球形胚体下方的胚柄顶端一个细胞,即胚根原细胞,和球形胚体的基部细胞也不断分裂生长,一起分化为胚根。胚根与子叶间的部分即为胚轴。这一阶段的胚体,在纵切面看,多少呈心脏形。不久,由于细胞的横向分裂使子叶和胚轴延长,而胚轴和子叶由于空间地位的限制也弯曲成马蹄形。

　　胚发育时,胚柄将胚推向胚乳的内部使之从胚乳中获得发育所必需的营养。另外,在胚发育的初期,近珠孔端的一个胚柄细胞体积特别增大,发育成一个膨大细胞,称为吸器。吸器近珠孔的一端与其两侧的细胞壁向细胞腔内生出许多突起,因此吸器具有从胚珠组织中吸收营养物质并通过胚柄将其转运至正在发育着的胚的作用。胚柄只存留一定时期,随着胚的发育成熟,胚柄也就退化消失。至此,一个完整的胚已经形成。

2. 单子叶植物胚的发育

　　单子叶植物胚的发育,以禾本科的小麦为例说明(图 3-25)。小麦合子的第一次分

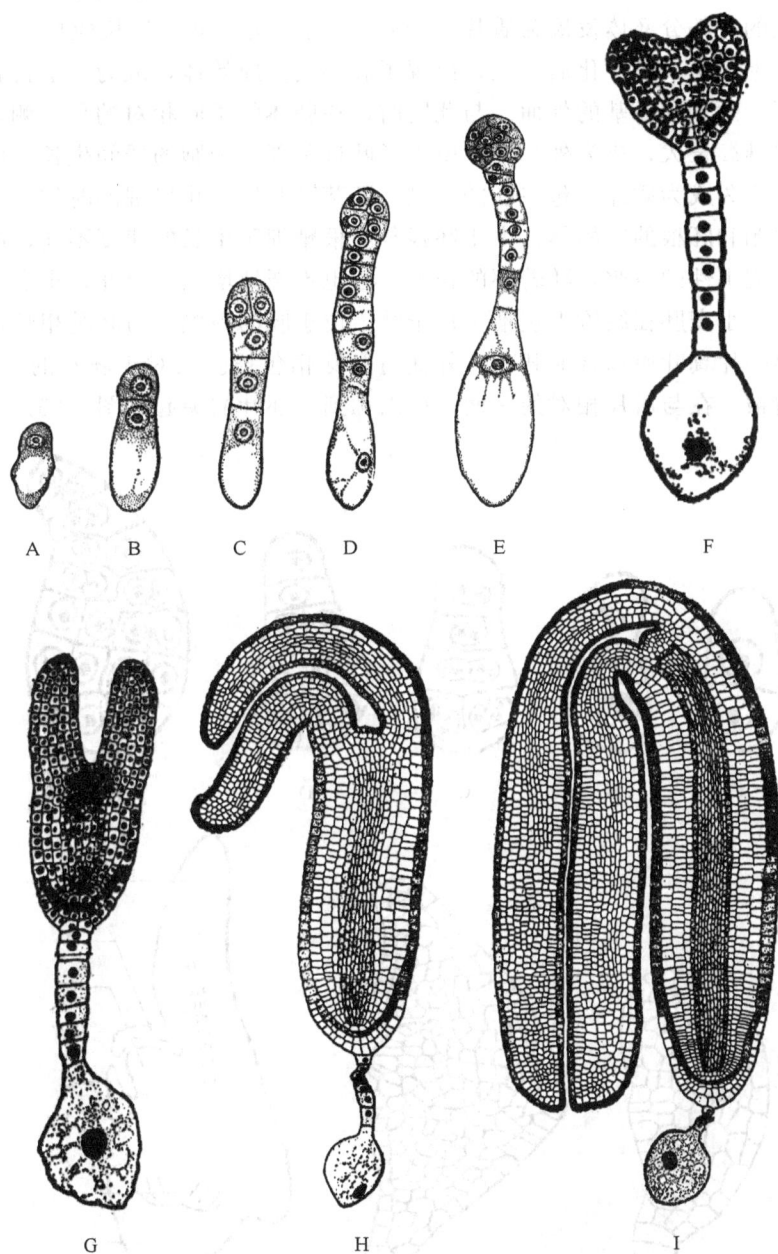

图 3-24　荠菜胚的发育过程

A. 合子；B. 第一次横分裂；C～E. 基细胞分裂形成胚柄，上端的细胞分裂形成头形胚；

F. 心形胚；G. 鱼雷形胚；H. 手杖形胚；I. 马蹄形的成熟胚

裂是斜向的，分为 2 个细胞，接着 2 个细胞分别各自进行一次斜向的分裂，成为 4 个细胞的原胚。以后，4 个细胞又各自不断地从各个方向分裂，形成许多细胞。到 16～32 个细胞时，胚呈现棒状，上部膨大，为胚体的前身，下部细长，分化为胚柄，整个胚体周围由一层原表皮层细胞所包围。棒状胚的珠孔端是胚柄，胚柄与胚体间无明显的分界。不久后，在棒状胚体的一侧出现一个小形凹刻，就在凹刻处形成胚体主轴的生长点，凹刻以上的一部分胚体发展为盾片（子叶）。由于这一部分生长较快，所以很快突出在生长点之上。生长点分化后不久，出现了胚芽鞘的原始体，成为一层折叠组织，罩在生长点和第一片真叶原基的外面。与此同时，在胚体的子叶相对的另一侧，形成一个新的突起，并继续长大，成为外胚叶。由于子叶近顶部分细胞的居间生长，所以子叶上部伸长很快，不久成为盾片，包在胚的一侧。胚芽鞘开始分化出现的时候，就在胚体的下方出现胚根鞘和胚根的原始体，由于胚根与胚根鞘细胞生长的速度不同，所以在胚根周围形成一个裂生性的空腔，随着胚的长大，腔也不断地增大。至此，小麦的胚体已基本上发育形成。小麦胚在结构上包括一片子叶，位于胚的内侧，与胚乳相贴近。茎顶的生长点以及第一片真叶原基合成胚芽，外面有胚芽鞘包被。相对于胚芽的一端是胚根，外有胚根鞘包被。在与盾片相对的一面，可以见到外胚叶的突起（图 3-25）。

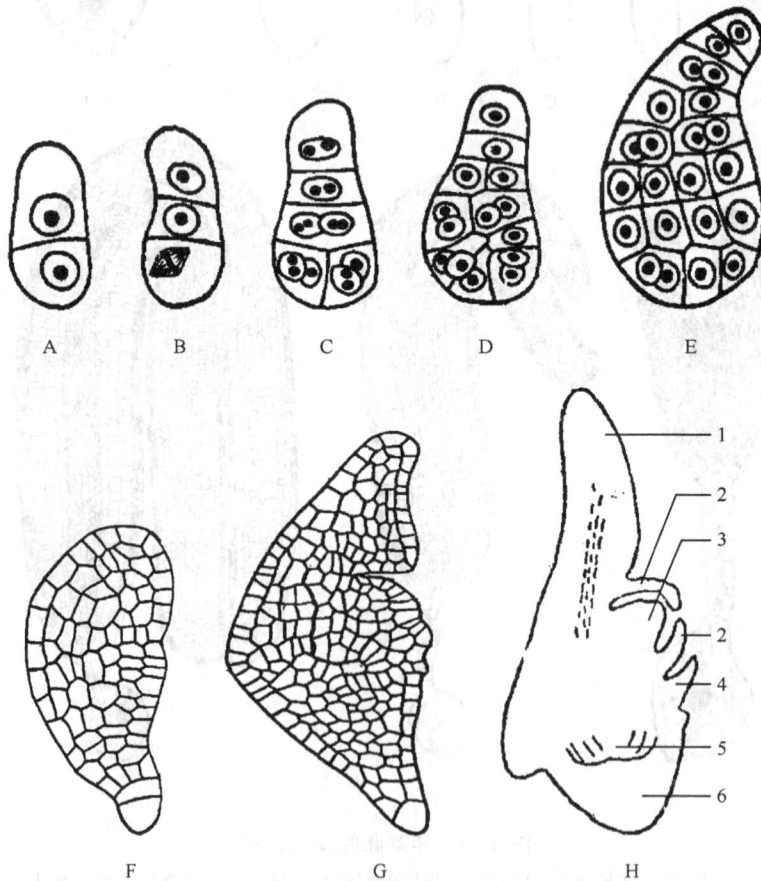

图 3-25　小麦胚的发育过程

A. 合子的第一次斜向分裂；B～D. 细胞不断分裂，形成棒状胚；E、F. 棒状胚上部膨大，为胚体的前身，下部细长，分化为胚柄，胚柄与胚体间无明显的分界；G. 棒状胚体的一侧出现一个小形凹刻，在凹刻处形成胚体主轴的生长点，凹刻以上的一部分胚体发展为盾片（子叶）；H. 成熟胚

1. 盾片（子叶）；2. 胚芽鞘；3. 胚芽；4. 外胚叶；5. 胚根；6. 胚根鞘

（二）胚乳的发育

胚乳是被子植物种子储藏养料的部分，由两个极核受精后发育而成，所以是三核融合的产物。极核受精后，不经休眠，就在中央细胞发育成胚乳。胚乳的发育，一般有核型、细胞型和沼生目型三种方式。以核型方式最为普遍，而沼生目型比较少见，只出现在沼生目植物的胚乳发育中。

1. 核型胚乳

多数植物胚乳的发育为核型方式。胚乳发育时，初生胚乳细胞的核在最初的一段发育时期细胞核分裂多次，形成很多游离的核，不伴随细胞壁的形成，各个细胞核保留游离状态，分布在同一细胞质中，这一时期称为游离核的形成期。游离核的数目常随植物种类而异，多的可达数百以至数千个，才过渡到细胞时期，如胡桃、苹果等。少的仅 8 或 16 个核，最少的甚至只有 4 个核，如咖啡。随着游离核数的增加，游离核和原生质逐渐由于中央液泡的出现，被挤向胚囊的四周，在胚囊的珠孔端和合点端较为密集，而在胚囊的侧方仅分布成一薄层。游离核的分裂以有丝分裂方式进行为多，也有少数出现无丝分裂，特别是在合点端分布的核。

胚乳核分裂进行到一定阶段，即向细胞时期过渡，这时在游离核之间形成细胞壁，进行细胞质的分隔，即形成胚乳细胞，整个组织称为胚乳。一般情况下，细胞壁的形成是从胚囊的珠孔端胚体的周围向着胚囊的合点端，从胚囊的边缘向中央推进。胚乳细胞在发育的后期积累淀粉、蛋白质、脂肪等营养物质。在小麦等禾本科植物的胚乳组织的最外层或数层细胞中是富含蛋白质的糊粉层，这层细胞在种子萌发时分泌水解酶，水解胚乳中储存的物质。

核型胚乳发育的植物种类里，有的是全部游离核都转为胚乳细胞；也有仅胚囊的周围形成一二层细胞，而中央仍保持游离核状态；或是细胞只限于在胚囊的珠孔端形成；仅少数种类是不形成细胞的。多数双子叶植物和单子叶植物属此类型（图3-26）。

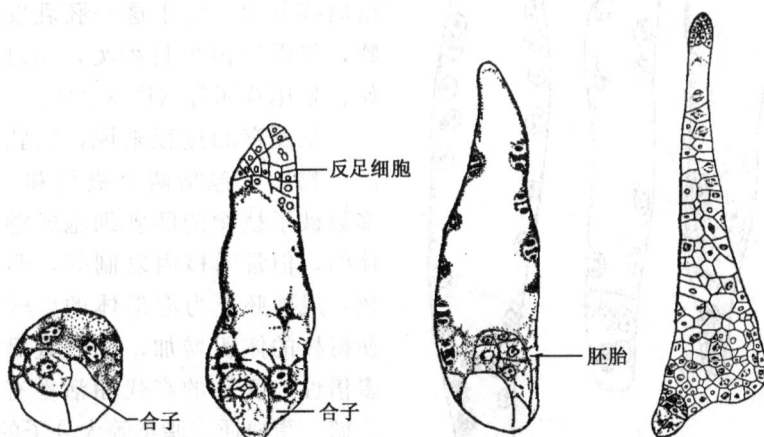

图 3-26 小麦胚乳发育过程——示核型胚乳发育

2. 细胞型胚乳

细胞型胚乳的发育不同于前者的地方，是在核第一次分裂后，随即伴随细胞质的分裂和细胞壁的形成，以后进行的分裂均属细胞分裂，所以胚乳自始至终是细胞的形式，不出现游离核时期，整个胚乳为多细胞结构。大多数合瓣花类植物属于这一类型，如烟草、番茄、芝麻等（图 3-27）。

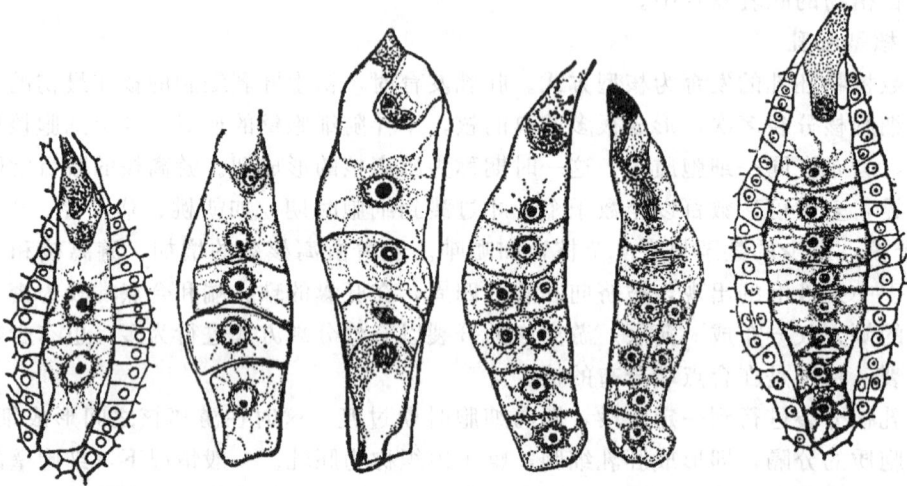

图 3-27　细胞型胚乳的发育

3. 沼生目型胚乳

沼生目型胚乳的发育，是核型胚乳和细胞型胚乳的中间类型。这类胚乳的初生胚乳核第一次分裂将胚囊分为两室（细胞），即珠孔室和合点室。珠孔室比较大，这一部分的核进行多次游离核分裂，在发育的后期形成细胞壁，形成细胞结构，完成胚乳的发育。合点室核的分裂次数较少，并一直保持游离状态。合点室的核也可能不再进行游离核分裂。属于这一胚乳发育类型的植物，仅限于沼生目种类，如刺果泽泻、慈姑、独尾草属等（图 3-28）。

从发育的过程来说，胚乳是三核融合的产物，它包括两个极核和一个精子核。多数被子植物的胚乳细胞或游离核是三倍体的，但常因核内复制等，形成多倍体的核，成熟胚乳为混倍体的。核内的多倍性使得核的体积增加，核仁数目增多，这种多倍性与胚乳的高代谢活性有关，有利于多糖、蛋白质、脂类等大分子的合成转运与储藏。胚离体培养和其他一些研究结果表明，胚乳对发育中的胚有一定作用：胚乳可以产生多种植物激素，对胚的分化有一定的

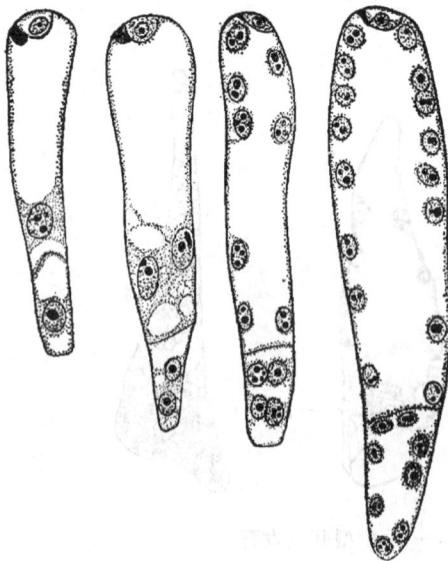

图 3-28　独尾草属胚乳发育——示沼生目型胚乳

影响；胚乳对胚的渗透压调节有一定的作用；胚乳还是中后期胚胎发育的主要营养源。

种子中胚乳的养料，有的经储存后，到种子萌发时才为胚所利用的，这类种子有胚乳，称为有胚乳种子。如前面提到过的禾本科植物种子、蓖麻种子等。但另有一些植物，随着胚的形成，养料随即被胚吸收，储存到子叶里，所以种子成熟时已无胚乳存在，这些是无胚乳种子，如豆类、瓜类的种子。

一般植物种子，在胚和胚乳发育过程中，要吸收胚囊周围珠心组织的养料，所以珠心一般遭到破坏而消失。但少数植物种类里，珠心始终存在，并在种子中发育成类似胚乳的另一种营养储藏组织，称为外胚乳。外胚乳具胚乳的作用，但来源与胚乳不同。有些植物的种子只有外胚乳，没有三倍体的胚乳（真正的胚乳），如苋属、石竹属、甜菜等；有些植物的种子既有外胚乳，也有胚乳，如胡椒、姜等。

被子植物中的兰科、川蕈草科、菱科等植物，种子在发育过程中极核虽也经过受精作用，但受精极核不久退化消失，并不发育为胚乳，所以种子内不存在胚乳结构。

（三）种子的形成

种子的外表一般为种皮所包被。种皮是由胚珠的珠被细胞经过复杂的成熟变化发育而成。种皮是由胚珠的珠被随着胚和胚乳发育的同时一起发育而成的。珠被有一层的，也有两层的。若胚珠只有一层珠被时，这一层珠被在种子的发育过程中通常被破坏吸收一部分，只有剩留下的部分发育成为种皮，如番茄。若胚珠有两层珠被时，通常内珠被被破坏吸收，只有外珠被发育成为种皮，如丝瓜，或外珠被的内层也被破坏吸收，只有外珠被的外层发育成为种皮，如大豆。但也有些植物种类的两层珠被同时都被保留下来，共同发育成为种皮，例如，棉的种皮就是由两层珠被共同发育成的。珠被形成种皮后，珠孔仍然存留着，在成熟的种子上如果仔细观察时仍可见到珠孔，但有些植物的种子在胚珠或种皮的发育过程中珠被的顶端完全愈合，没有留下一个管孔，在这种情况下种皮上就没有珠孔了。

种子成熟后，从珠柄与种子的连接处断离，使种子与母体脱离。珠柄断离后在种子的种皮上留下一个疤痕，此即种脐。倒生胚珠的种脐与珠孔很靠近，其珠柄与一部分相邻接的珠被愈合形成一条棱状的脊，它将来发育成为种子的种脊。有些植物种子的种脊发育较好，因而明显，如蓖麻，有些植物种子的种脊不甚发育，因而种脊不明显。

有些植物在种子的形成过程中从种脊上生出一种小的突起物，叫做脊突，例如着生在菜豆种子种脊上的一对小瘤形突起物就是脊突。有些植物在种子的形成过程中从胚珠的外珠被的顶端生出一种海绵状突起物围绕着珠孔，叫种阜。很多大戟科植物的种子具有种阜。有些植物在种子的形成过程中从胚珠的珠柄上生出一圈突起物围绕着胚珠向上生长，最后把胚珠或多或少地包被起来，这种构造叫做假种皮。假种皮通常肉质化并且常具有鲜艳颜色，例如，龙眼和荔枝的可食部分就是假种皮。假种皮具有帮助种子借动物散布的作用。还有些植物在种子的形成过程中从胚珠的珠被上生出毛状或翅状附属物，这些构造都具有帮助种子借风力散布的作用。

二、种子的结构

不同植物所产生的种子在大小、形状、颜色、纹饰和内部结构等方面有着较大的差别。大者如椰子的球形种子，其直径可达 15～20 cm；小的如油菜、芝麻、烟草、兰花的种子。种子的形状，差异也较显著，有肾形的如大豆、菜豆种子；圆球形的如油菜、豌豆种子；扁形的如蚕豆种子；椭圆形的如落花生种子。种子的颜色也各有不同，有纯为一色的，如黄色、青色、褐色、白色或黑色等；也有具纹饰的，如蓖麻的种子。正因为种子的外部形态如此多样化，所以利用种子外形的特点以鉴别植物种类，已受到植物分类工作者的重视。

种子的结构

植物种子一般都由胚、胚乳和种皮三部分组成，少数种类的种子还具有外胚乳结构。

1. 胚

胚是构成种子的最主要部分，是新生植物的雏体，胚由胚根，胚芽，胚轴和子叶四部分组成（图 3-29）。

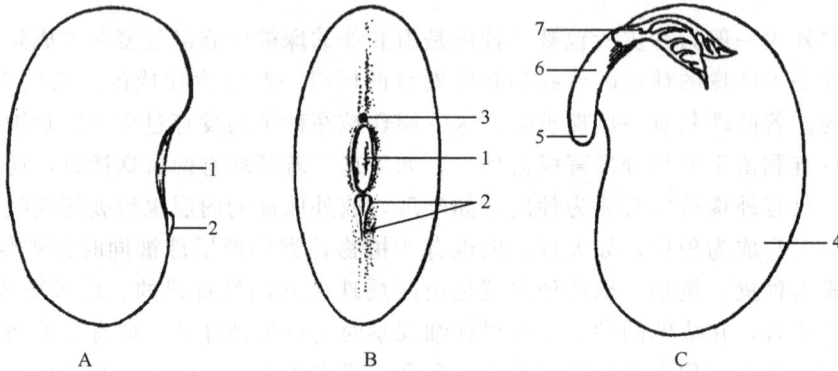

图 3-29　大豆种子形态结构——示双子叶无胚乳种子结构

A. 种子侧面观；B. 种子种孔面观；C. 种子剖面观

1. 种脐；2. 种脊；3. 种孔（珠孔）；4. 子叶；5. 胚根；6. 胚轴；7. 胚芽

胚根一般为圆锥形。胚芽常呈现雏叶的形态、胚轴介于胚根和胚芽之间，同时又与子叶相连，一般极短，不甚明显。胚根和胚芽的顶端都有生长点，由胚性细胞组成，这些细胞体积小、细胞壁薄、细胞质浓厚、核相对比较大。当种子萌发时，这些细胞能很快分裂、长大，使胚根和胚芽分别伸长，突破种皮，长成新植物的主根和茎、叶。同时，胚轴也随着一起生长，不同情况成为幼根或幼茎的一部分。一般由子叶着生点到第一片真叶的一段称为上胚轴，着生点到胚根的一段称为下胚轴。

子叶是植物体最早的叶，在不同植物的种子中变化较大，不同植物种子的子叶在数目上、生理功能上不全相同。种子内的子叶数有二片的，也有一片的。有二片子叶的植物，称为双子叶植物，如豆类、瓜类、棉、油菜等。只有一片子叶的，称为单子叶植物，如水稻、小麦、玉米、洋葱等（图 3-30）。双子叶植物和单子叶植物是被子植物中的两大类，它们不但在种子的子叶数上有差别，而且在其他器官的形态结构上也有较显著的区别。

种子植物中的另一类植物——裸子植物，种子的子叶数不一定，有二片的，如桧

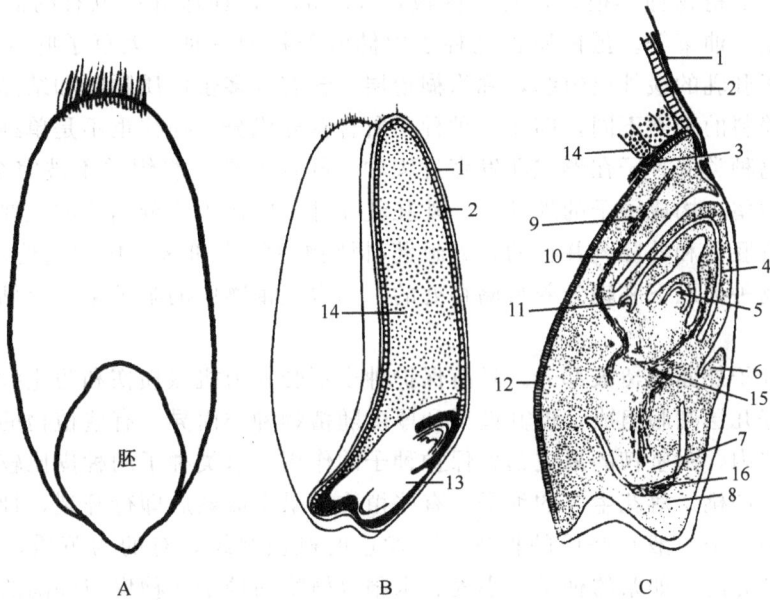

图 3-30　小麦种子（籽粒）——示单子叶有胚乳种子结构

A. 种子表面观；B. 种子纵切面观；C. 种子纵剖面胚放大图

1. 果皮和种皮；2. 糊粉层；3. 被挤压破坏的胚乳细胞；4. 胚芽鞘；5. 胚芽生长点；
6. 外胚叶；7. 胚根；8. 胚根鞘；9. 盾片（子叶）；10. 第一片幼叶；11. 腋芽；12. 上皮
层；13. 胚；14. 胚乳；15.（极短的）胚轴；16. 胚根至胚根鞘之间的间隙

柏、银杏，也有数片的，如松、云杉、冷杉等。子叶的生理作用也是多样化的，有些植物种子的子叶里储有大量养料，供种子萌发和幼苗成长时利用，如大豆、落花生的种子；有些种子的子叶在种子萌发后露出土面，进行短期的光合作用，如陆地棉、油菜等的种子；另有一些种子的子叶成薄片状，它的作用是在种子萌发时分泌酶物质，以消化和吸收胚乳的养料，再转运到胚里供胚利用，如小麦、水稻、蓖麻等种子。

2. 胚乳

胚乳是种子集中储藏养料的地方。也有成熟种子不具胚乳的，这类种子在生长发育时，胚乳的养料被胚吸收，转入子叶中储存，所以成熟的种子里胚乳不再存在，或仅残存一干燥的薄层，不起营养储藏的作用。有胚乳种子的胚乳多少，不同植物种类并不相同，例如，蓖麻、水稻等种子的胚乳肥厚，占有种子的大部分体积（图 3-31）。豆科植物如田菁种子，胚乳成为一薄层，包围在胚的外面。种子植物中的兰科、川蕙草科、菱科等植物，种子在形成时不产生胚乳。

种子中所含养分随植物种类而异，主要是糖类、油脂和蛋白质，以及少量无机盐和维生素。糖类包括淀粉、糖和半纤维素等几种，其中，淀粉最为常见。不同种子淀粉的含量不同，有的较多，成为主要的储藏物质，如小麦、水稻，含量往往可达 70％左右；也有的含量较少，如豆类种子。种子中储藏的可溶性糖分大多是蔗糖，这类种子成熟时含有甜味，如玉米、栗等。以半纤维素为储藏养料的植物种类并不很多，这类植物的种子中胚乳细胞壁特别厚，是由半纤维素组成的，种子在萌发时，半纤维素经过水解成为简单的营养物质，为幼胚吸收利用，如海枣、葱属、咖啡、天门冬、柿等。种子中以油脂为储藏物质的植物种类很多，有的储藏在胚乳部分，如蓖麻；也有的储藏在子叶部分，如落花生、油菜等。蛋白质也是种子内储藏养料的一种，大豆子叶内含蛋白质较多。小麦种子胚乳的最外层组织，称为糊粉层，含有较多蛋白质颗粒和结晶。不同植物的种子所含养料的种类不同，即使一种种子所含营养成分，往往也不是单纯的一种。

少数植物种类的种子在形成和发育过程中，胚珠的珠心组织并不被完全吸收消失，而有一部分残留，构成种子的外胚乳。外胚乳在种子中作为养分储藏的主要场所，如甜菜种子；也有胚乳和外胚乳并存的，如睡莲科植物中的芡和这一科的其他属种。另外，也有少数植物种类以下胚轴为养料储存处的，如水生植物中的眼子菜、慈姑等。

3. 种皮

种皮是种子外面的覆被部分，具有保护种子不受外力机械损伤和防止病虫害入侵的作用，常由好几层细胞组成，但其性质和厚度随植物种类而异。有些植物的种子成熟后一直包在果实内，由坚韧的果皮起着保护种子的作用，这类种子的种皮比较薄弱，成薄膜状或纸状，如桃、落花生等的种子。有些植物的果实成熟后即行开裂，种子散出，裸露于外，这类种子一般具坚厚的种皮，有发达的机械组织，有的为革质，如蚕豆、大豆；也有成硬壳的，如茶的种子。小麦、水稻等植物的种子，种皮与外围的果皮紧密结合，成为共同的保护层，因此种皮很难分辨出来，组成种皮的细胞，常在种子成熟时死去。坚厚种皮的表皮层细胞，壁部常有木质化或角质化等变化。种皮的表皮层也有形成表皮毛的，如棉的种子。

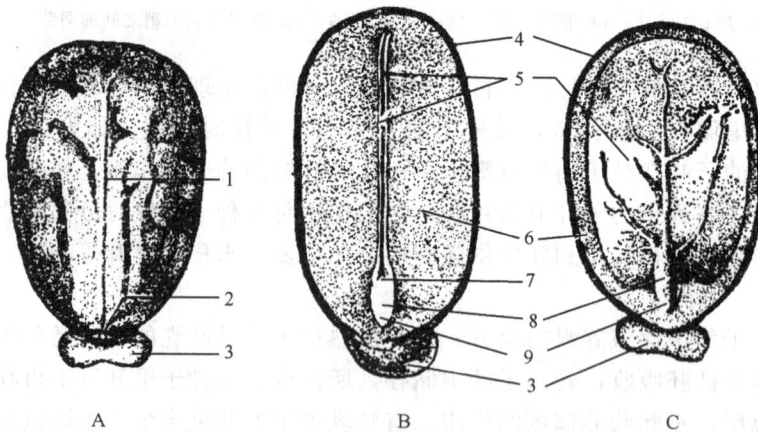

图 3-31　蓖麻种子——示双子叶有胚乳种子结构

A. 种子外形表面观；B. 与子叶垂直的种子正中纵切；C. 与子叶平行的种子正中纵切

1. 种脊；2. 种脐；3. 种阜；4. 种皮；5. 子叶；6. 胚乳；7. 胚芽；8. 胚轴；9. 胚根

第六节　果　　实

一、果实的形成

受精作用后胚珠经过一系列的变化发育成种子，同时整个子房也经过一系列的变化发育成为果实。花各部的变化主要为：花萼、花冠一般枯萎脱落，雄蕊和雌蕊的柱头及花柱也都凋谢，仅子房或是子房以外其他与之相连的部分，迅速生长，逐渐发育成果实。

果实的形成，一般与受精作用有密切关系，但也有不经受精，子房就发育成果实的，像这样形成果实的过程称单性结实。单性结实的果实里不含种子，所以称这类果实为无子果实。但是有的植物在自然状况或人为控制的条件下，虽不经过受精，子房也能发育为果实，这样的果实里面不含种子。单性结实有自发形成的，称为自发单性结实，突出的例子是香蕉。香蕉的花序是穗状花序，花序总轴上部是雄花，下部是雌花，雌花可不经传粉、受精而形成果实。其他在自然条件下能进行单性结实的有葡萄的某些品种、柑橘、柿、瓜类等，这些栽培植物的果实中不含种子，品质优良，是园艺上的优良栽培品种。单性结实在园艺生产上具有一定的意义。无籽果实吃起来或用于制造果酱都是比较方便的，如西瓜等。

二、果实的形态结构和类型

（一）果实的形态结构

果实的形态是多种多样的，有的大如西瓜，有的小如芝麻；有的为长条形，有的为球形，有的为葫芦形等，并且构造也很复杂。果实的性质和结构也是多种多样的，这与花的结构，特别是心皮的结构，以及受精后心皮及其相连部分的发育情况，有很大关系。

子房原是由薄壁细胞构成，在发育成果实时，将进一步分化为各种不同的组织，分化的性质随植物种类而异，这是果实分类的依据。

严格地说，果皮是指成熟的子房壁，如果果实的组成部分，除心皮外，尚包含其他附属结构组织的，如花托等，则果皮的含义也可扩大到非子房壁的附属结构或组织部分。果皮通常可分为三层结构，最外层是外果皮，中层是中果皮，内层是内果皮。三层果皮的厚度不是一致的，视果实的种类不同而异。有些果实里，三层果皮分界比较明显，如肉果中的核果类；也有分界不甚明确，甚至互相混合，无从区别的。

外果皮可由一层外表皮细胞构成（由子房壁的外表皮层发育而来），如豌豆、蚕豆等，也可由数层细胞构成。在后一种情况下，外果皮除含有外表皮细胞层外，还含有外表皮细胞层里面的一层或几层细胞。位于外表皮细胞层里面的细胞层通常为厚角组织细胞，如桃、杏等，也可能是厚壁组织细胞，如菜豆、大豆等。很多植物外果皮的表皮层上分布着有开闭能力的气孔，也有些植物的外果皮上生有各种附属物，如毛、翅、钩等，这些附属物都有帮助果实散布的作用。

中果皮是果皮的较厚部分（由子房壁的内、外表皮层之间的组织发育而来）。有的中果皮内含有大量肉质多汁的薄壁组织细胞，有的含有较多量的厚壁组织细胞。在前一种情况下形成了肉质果。在后一种情况下形成了干燥皮质或木质的干果。维管束都分布在中果皮内。

内果皮多半是由一层内表皮细胞构成的（由子房壁的内表皮层发育而来），如番茄，但也可由多层细胞构成。在后一种情况下，内果皮除含有内表皮细胞层外，还含有内表皮细胞层外面的几层细胞。这几层细胞通常为厚壁组织细胞，如桃核、杏核的硬壳都是内果皮。有些植物内果皮的表皮层上分布着气孔，不过分布在这里的气孔总是张开着的，已经失去了关闭的能力。

（二）果实的类型

果实的类型可以从不同方面来划分。果实的果皮单纯由子房壁发育而成的，称为真果，多数植物的果实是这一情况。除子房外，还有其他部分参与果实组成的，如花被、花托以至花序轴，这类果实称为假果，如苹果，瓜类、凤梨等。另外，一朵花中如果只有一枚雌蕊，以后只形成一个果实的，称为单果。如果一朵花中有许多离生雌蕊，以后每一雌蕊形成一个小果，相聚在同一花托之上，称为聚合果，如莲、草莓、悬钩子等（图 3-32）。如果果实是由整个花序发育而来，花序也参与果实的组成部分，这就称为聚花果，也称复果，如桑、凤梨、无花果等（图 3-32）。

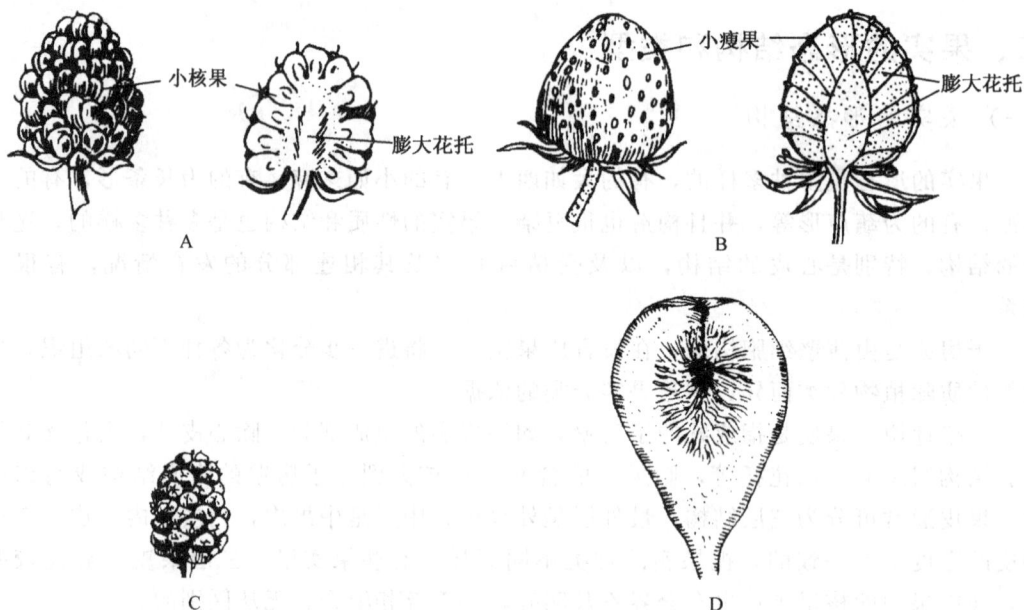

图 3-32　聚合果和聚花果

A. 悬钩子属聚合果；B. 草莓聚合果；C. 桑的聚花果；D. 无花果的聚花果

如果按果皮的性质来划分，有肥厚肉质的，称肉果（fleshy fruit）；也有果实成熟后，果皮干燥无汁的，称干果。肉果和干果又分为若干类型。

1. 肉质果

果实成熟后，果壁内含有大量的薄壁组织和少量的厚壁组织，薄壁组织细胞内含有大量的水分，因此果皮都是肉质化的。尚未成熟的肉质果为绿色并多带有酸味和涩味，这是因为果肉细胞内含有叶绿体和有机酸与鞣质之故。果实成熟过程中常出现一系列生理变化，如糖类由淀粉转化成可溶性糖；有机酸氧化变成糖类；单宁也氧化或成为不溶状态，从而增加了果实的甜味，减少酸味和涩味；叶绿体转变为有色体，质体中的叶绿素破坏，细胞液出现花青素，使果实的颜色有所转变；果肉细胞中产生某些挥发性脂类物质，使果实变香；果肉细胞的胞间层由于果胶酶的作用而溶解，使果肉软化，成为色、香、味三者兼备的可食用部分。

肉果又可按果皮来源和性质不同而分为以下五类：

1）浆果

浆果是肉果中最为习见的一类，为含有多粒种子的肉质果，由上位子房或下位子房发育而成。内果皮甚薄，如葡萄、柿子、香蕉等。有些浆果的胎座特别发达，且肉质化，如番茄、茄子等。

番茄是由上位子房发育而成的浆果，外、中、内三层果皮明显。外果皮由一层外表皮层细胞和外表皮层细胞里面的 3 或 4 层厚角组织细胞构成，形成了果实的皮。外果皮之内为中果皮，中果皮肉质化，由多层大型的薄壁组织细胞构成。内果皮甚薄，由一层内表皮层细胞构成。胎座特别发达，肉质化，由薄壁组织细胞构成，番茄果实的肉质食用部分，主要是由发达的胎座发展而成。在番茄果实的发育过程中胎座围绕着胚珠的珠柄向外突出生长，最后几乎充满了子房腔室的全部空间，并将种子完全包被起来（图3-33）。

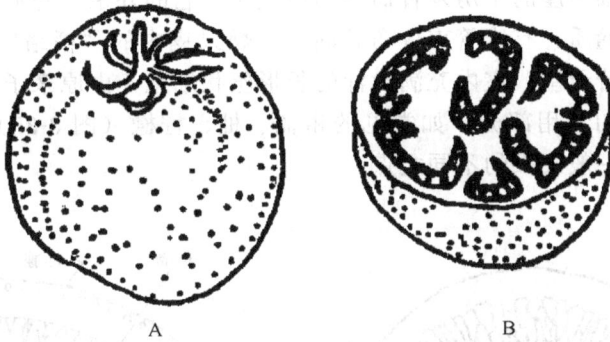

图 3-33　番茄的浆果
A. 果实外形；B. 果实横切面

2）瓠果

由下位子房发育而成的肉质果，果实多具有一硬的外皮。瓠果的外果皮与花筒愈合，没有明显的外果皮，中果皮特别发达，肉质化，内果皮甚薄，由一层内表皮细胞构成，如西瓜、葫芦、南瓜等（图3-34）。在瓠果的发育过程中，中果皮生入果实的中心，填满了子房的腔室并包被着胎座和种子。当果实成熟后，有些瓠果的内果皮形成一透明的薄膜包被着种子，如西瓜、西葫芦等（图3-34）。果实具有一硬的外皮是瓠果与一般浆果的不同之点。

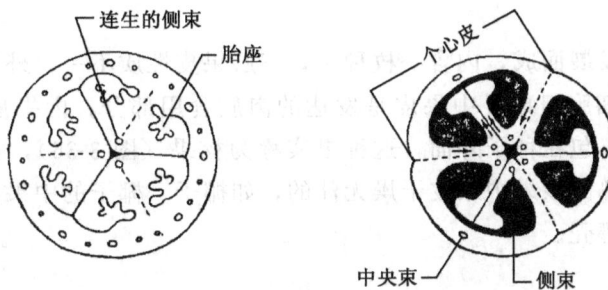

图 3-34　西瓜果实横切面示意图

　　瓠果是葫芦科植物的果实类型，长时期以来植物学研究者认为瓠果是由具有侧膜胎座的下位子房发育而成的。这种看法曾引起了争论，因为在下位子房的中心分布着木质部在外，韧皮部在内的维管束。维管束之所以发生这种木质部和韧皮部在位置上的颠倒，合理的解释是，位于子房中心的维管束都是心皮侧壁内的边缘维管束，由于心皮侧壁的向内折合，其边缘到达了子房的中心，因此使心皮侧壁内的边缘维管束发生了木质部和韧皮部在位置上的颠倒。侧膜胎座的心皮侧壁虽然也可以发生不同程度的向内折合，但其边缘并未到达子房的中心，所以侧壁内的边缘维管束是外韧式的，并不发生木质部和韧皮部在位置上的颠倒。因此有人认为葫芦科植物的胎座并不是侧膜胎座，而是一种特殊的中轴胎座，它与模式的中轴胎座所不同的是，这种中轴胎座从子房的中心向外突出生长，一直到达子房壁后又弯向两旁，才着生胚珠，所以它看起来很像是侧膜胎座。

　　3）柑果

　　由多心皮具中轴胎座的子房发育而成的肉质果，它的外果皮坚韧革质，有很多油囊分布。中果皮疏松髓质，有维管束分布其间，干燥果皮内的"橘络"就是这些维管束。内果皮膜质，分为若干室，室内充满含汁的长形丝状细胞，由原来子房内壁的毛茸发育而成，是这类果实的食用部分，如常见的柑橘、柚、柠檬（图3-35）等。果实的外果皮革质化是柑果与一般浆果的不同之点。

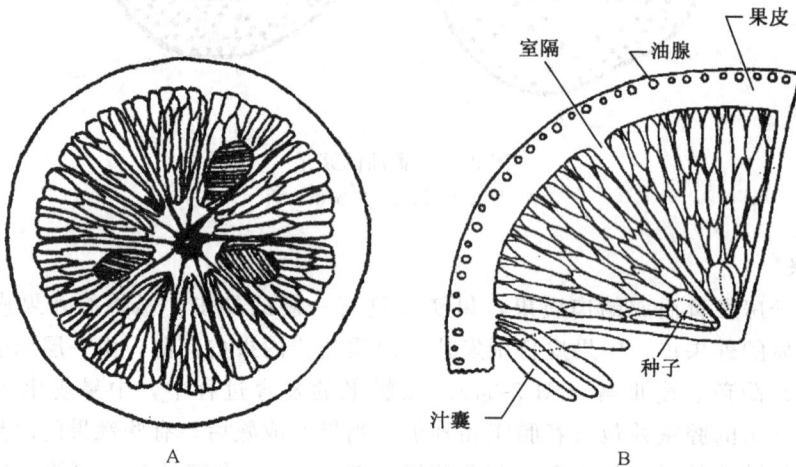

图 3-35　柑橘
A. 果实横切面；B. 果实横切面部分放大图

　　4）核果

　　通常由单雌蕊发展而成，内含一枚种子，三层果皮性质不一，外果皮极薄，由子房表皮和表皮下几层细胞组成；中果皮是发达的肉质食用部分；内果皮的细胞经木质化后，成为坚硬的核，包在种子外面，这种果实称为核果（图3-36），如桃、梅、李、杏等的果实。也有成熟的核果中果皮干燥无汁的，如椰子。椰子的中果皮成纤维状，俗称椰棕，内果皮即为椰壳。

　　5）梨果

　　这类果实多为具子房下位花的植物所有。果实由花筒和心皮部分愈合后共同形成，

图 3-36　核果

A. 樱桃；B. 桃果实——示核果结构

所以是一类假果。外面很厚的肉质部分是原来的花筒，肉质部分以内才是果皮部分。外果皮和花筒之间，以及外果皮和中果皮之间，均无明显界限可分。内果皮由木质化的厚壁细胞所组成，所以比较清楚明显。梨、苹果等是这类果实的典型代表（图 3-37）。

2. 干果

果实成熟以后，果皮干燥，有的果皮能自行开裂，为裂果；有的即使果实成熟，果皮仍闭合不开裂的，为闭果。根据心皮结构的不同，又可区分为如下几种类型。

1）荚果

荚果是单心皮发育而成的果实，成熟后，果皮沿背缝和腹缝两面开裂，如大豆、豌豆、蚕豆等；有的虽具荚果形式，但并不开裂，如落花生、合欢、皂荚等；也有的荚果呈分节状，成熟后也不开裂，而是节节脱落，每节含种子一粒，这类荚果，称为节荚，如决明、含羞草、山麻黄等；有的荚果螺旋状，外有刺毛，如苜蓿的果实，或圆柱形分节，作念珠状，如槐的果实（图 3-38）。

2）蓇葖果

蓇葖果是由单心皮或离生心皮发育而成的果实，成熟后只由一面开裂。有沿心皮腹缝开裂的，如梧桐、牡丹、芍药、八角茴香等的果实。也有沿背缝开裂的，如木兰、白玉兰等（图 3-39）。

3）蒴果

蒴果是由合生心皮的复雌蕊发育而成的果实，子房有一室的，也有多室的，每室含种子多粒。这类果实较为普遍，成熟时按三种方式开裂：①纵裂，裂缝沿心皮纵轴方向分开，又可分为：室间开裂，即沿心皮腹缝相接处裂开，开裂时由二相邻心皮组合的子房隔膜同时分开，如秋水仙、马兜铃、薯蓣等；室背开裂，沿心皮背缝处开裂，如棉、紫花地丁等；室轴开裂，即果皮虽沿室间或室背开裂，但子房隔膜与中轴仍相连，如牵牛、萝萝、曼陀罗等。②孔裂，果实成熟后，各心皮并不分离，而在子房各室上方裂成小孔，种子由孔口散出，如罂粟、金鱼草、桔梗等。③周裂，由合生心皮一室的复雌蕊组成，心皮成熟后沿果实的上部或中部作横裂，果实成盖状开裂，如马齿苋、车前等（图 3-40）。

4）角果

角果是由 2 心皮组成的雌蕊发育而成的果实。子房 1 室，后来由心皮边缘合生处向

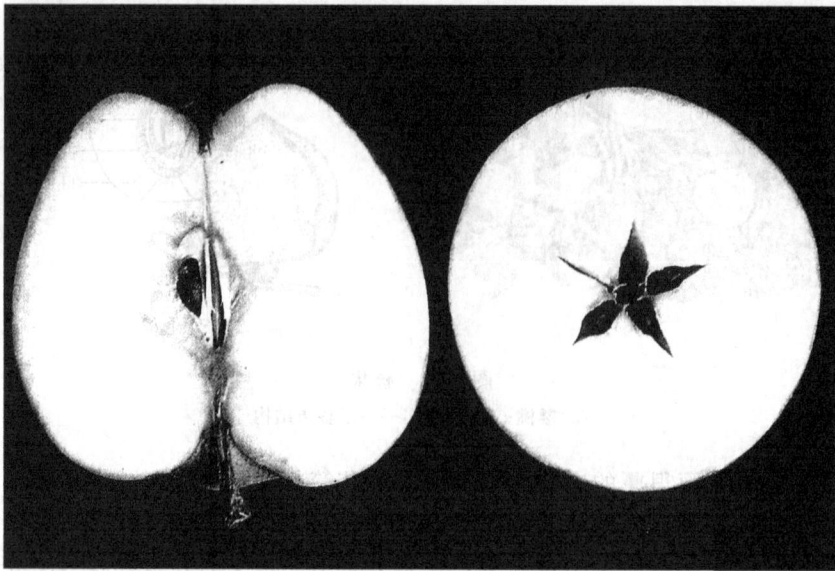

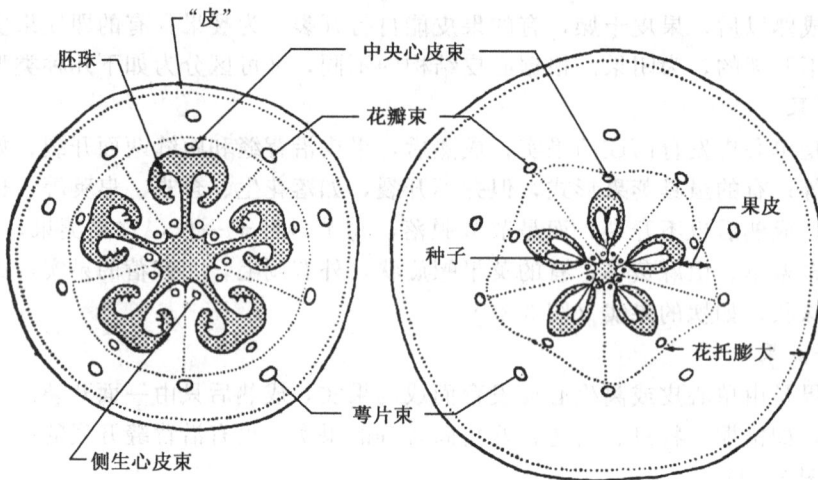

图 3-37　苹果果实
A. 苹果果实纵切和横切照片；B. 苹果果实横切示意图

中央生出隔膜，将子房分隔成 2 室，这一隔膜，称为假隔膜。果实成熟后，果皮由基部向上沿 2 腹缝裂开，成 2 片脱落，只留假隔膜，种子附于假隔膜上。十字花科植物多具这类果实。角果有细长的，长超过宽许多倍，称为长角果，如芸苔、萝卜、甘蓝等；另有一些短形的，长宽几乎相等，称为短角果，如荠菜等（图 3-41）。

　　5）瘦果

　　由 1～3 心皮构成的小型闭果；果皮坚硬，果内含 1 枚种子，成熟时果皮与种皮仅在一处相连，易于分离。如白头翁（1 心皮构成）、向日葵、蒲公英（2 心皮构成）、荞麦（2 心皮构成）（图 3-42A）等。

图 3-38　四种豆目植物的果实，示荚果

6）颖果

颖果的果皮薄，革质，只含一粒种子，果皮与种皮紧密愈合不易分离。果实小，一般易误认为种子，是水稻、小麦、玉米等禾本科植物的特有果实类型（图 3-42B，C）。

7）翅果

翅果的果实本身属瘦果性质，但果皮延展成翅状，有利于随风飘飞，如榆、槭、臭椿等植物的果实（图 3-42D）。

8）坚果

坚果是外果皮坚硬木质，含一粒种子的果实。成熟果实多附有原花序的总苞，称为壳斗，如栎、榛和栗等果实。通常一个花序

图 3-39　八角茴香的果实，示蓇葖果

中仅有一个果实成熟，也同时有二、三个果实成熟的，如栗，包在它们外面带刺的壳（常三四粒包在一个共同的壳内），是由花序总苞发育而成（图 3-43）。

图 3-40　蒴果
A. 棉；B. 罂粟

图 3-41　十字花科植物的果实
A. 油菜的长角果；B. 荠菜的短角果

9）双悬果

双悬果是由 2 心皮的子房发育而成的果实。伞形科植物的果实，多属这一类型。成熟后心皮分离成两瓣，并列悬挂在中央果柄的上端，种子仍包于心皮中，以后脱离。果皮干燥，不开裂，如胡萝卜、小茴香的果实（图 3-43）。

10）胞果

亦称"囊果"，是由合生心皮形成的一类果实，具 1 枚种子，成熟时干燥而不开裂。果皮薄，疏松地包围种子，极易与种子分离，如藜、滨藜、地肤等的果实。

三、果实和种子对传播的适应

被子植物用以繁殖的特有结构——种子，是包在果实里受果实保护的，同时，果实的结构也有助于种子的散布。果实和种子散布各地，扩大后代植株的生长范围，有利于繁荣种族。

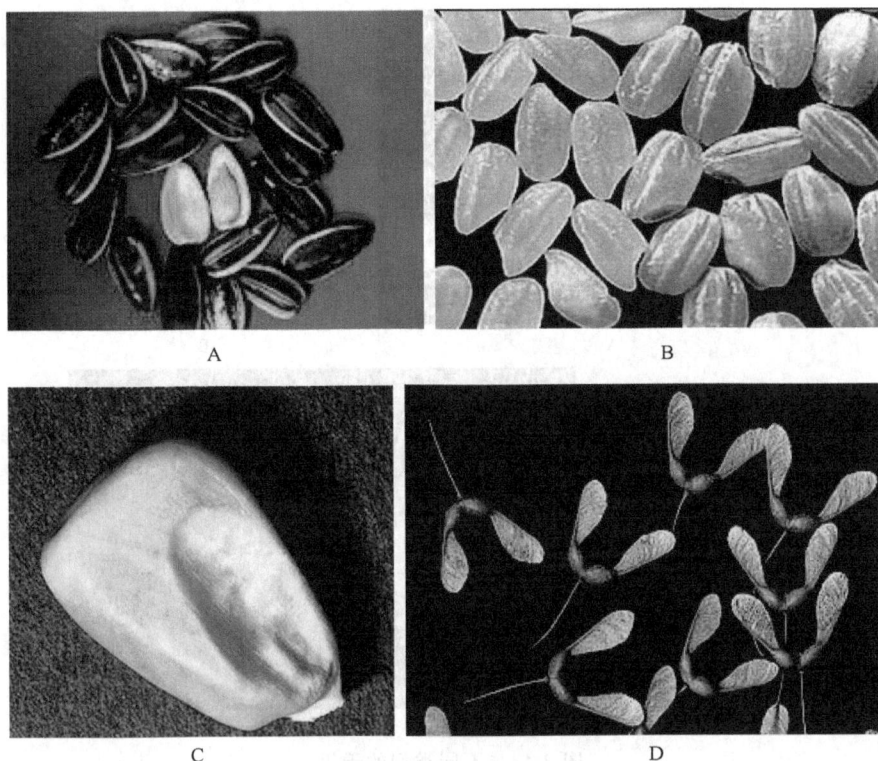

图 3-42　不同类型的干果

A. 向日葵的瘦果；B. 水稻的颖果；C. 玉米的颖果；D. 槭的翅果

　　植物传播果实和种子的方式很多，主要依靠风力、水力、动物和人类的携带，以及通过果实本身所产生的机械力量。果实和种子因散布的方式不同，其结构上的变态很多。有的适于风力的传播，有的适于水力，也有的适于动物和人类的携带。

(一)　对风力散布的适应

　　风是种子和果实散布的常见方式。多种植物的果实和种子是借助风力散布的，它们一般细小质轻，能悬浮在空气中被风力吹送到远处，如兰科植物的种子小而轻，可随风吹送到数公里以外的范围内分布；其次是果实或种子的表面常生有絮毛、果翅，或其他有助于承受风力飞翔的特殊构造。如棉、柳的种子外面都有细长的绒毛（棉絮和柳絮），蒲公英果实上长有降落伞状的冠毛，白头翁果实上带有宿存的羽状柱头，槭、榆等的果实以及松、云杉等种子的一部分果皮和种皮铺展成翅状，又如酸浆属的果实有薄膜状的气囊，这些都是适于风力吹送的特有结构。

(二)　对水力散布的适应

　　一般水生植物和沼泽地带的植物，果实和种子往往借水力传送。沟渠边常密生杂草，其种子散落水中，顺流而传播，种子既可为水湿润，所停落处的土壤也是湿润的，是种子萌发的良好环境。其他杂草如苋属、藜属及酸模属的种子，可以漂浮水面，传播到远处。

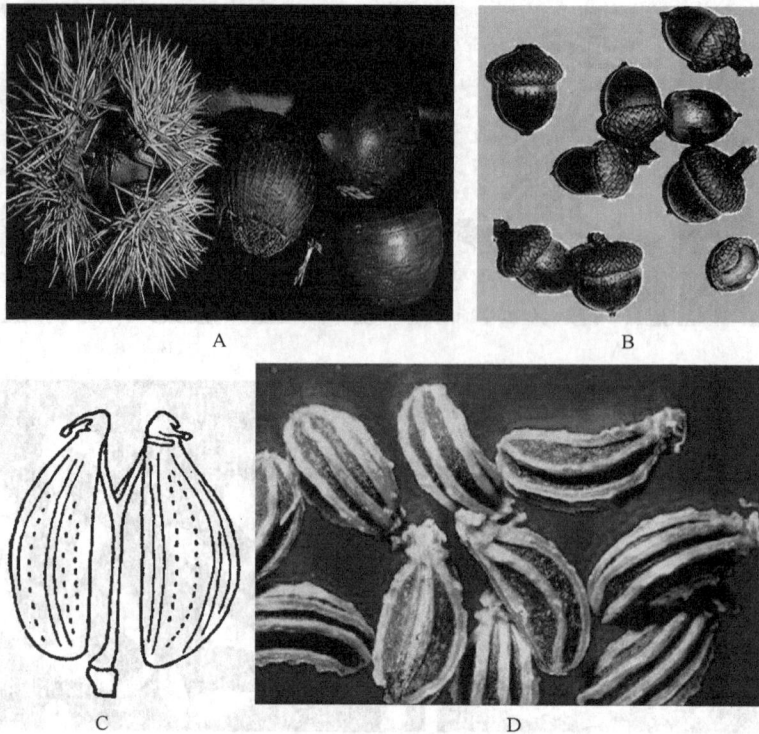

图 3-43　不同类型的干果
A、B. 山毛榉科植物坚果　C、D. 双悬果

　　陆生植物中的椰子，它的果实也是靠水力散布的。椰果的中果皮疏松，富有纤维，适应在水中飘浮；内果皮又极坚厚，可防止水分侵蚀；果实内含大量椰汁，可以使胚发育，这就使椰果能在咸水的环境条件下萌发。热带海岸地带多椰林分布，与果实的散布是有一定关系的。莲的果实，俗称莲蓬，呈倒圆锥形，组织疏松，质轻，飘浮水面，随水流到各处，同时把种子远布各地。

（三）对动物和人类散布的适应

　　适于动物和人类传播的，其果实上常有芒，可附于物体或人类衣服上，如禾本科植物。有些植物的果实和种子外面生有刺毛、倒钩或有黏液分泌，能挂在或黏附于动物的毛、羽，或人们的衣裤上，随着动物和人们的活动无意中把它们散布到较远的地方，如窃衣、鬼针草、苍耳、蒺藜、猪殃殃和丹参、独行草等。

　　鸟兽等动物也可作为传播媒介。如鸟类吞食果实后，果皮部分被消化吸收，但由于坚韧种皮的保护，其消化液不伤害种子的萌发能力，残留的种子即随鸟兽的粪便排出，散落各处，如果条件适合，便能萌发。

　　果实中的坚果，常是某些动物的食料，特别如松鼠，常把这类果实搬运去，埋藏地下，除一部分被吃掉外，留存的就在原地自行萌发。又如蚂蚁对一些小型植物的种子，也有类似的传播方式。

　　人类的活动也是植物果实和种子散布的重要因素。栽培植物的引种，农产品的交易与贸易，常夹带各类杂草的种子，广为传播。同样，多种植物的果实也是人类日常生活中的辅助食品，在取食时往往把种子随处抛弃，种子借此取得了广为散布的机会。

（四）靠果实本身的机械力量使种子散布的适应结构

有些植物的果实常因果皮各层细胞含水量的变更，其干燥收缩程度不同，在急剧开裂时，产生机械力或喷射力量，使种子散布开去。干果中的裂果类，果皮成熟后成为干燥坚硬的结构，由于果皮各层厚壁细胞的排列形式不一，随着果皮含水量的变化，容易在收缩时产生扭裂现象，借此把种子弹出，分散远处。常见的大豆、蚕豆、凤仙花等果实有此现象，所以大豆、油菜等经济植物的果实，成熟后必须及时收获，不然，干燥后自行开裂，把种子散布在田间，遭受损失。喷瓜的果实成熟时，在顶端形成一个裂孔，当果实收缩时，可将种子喷到远处（图 3-44）。

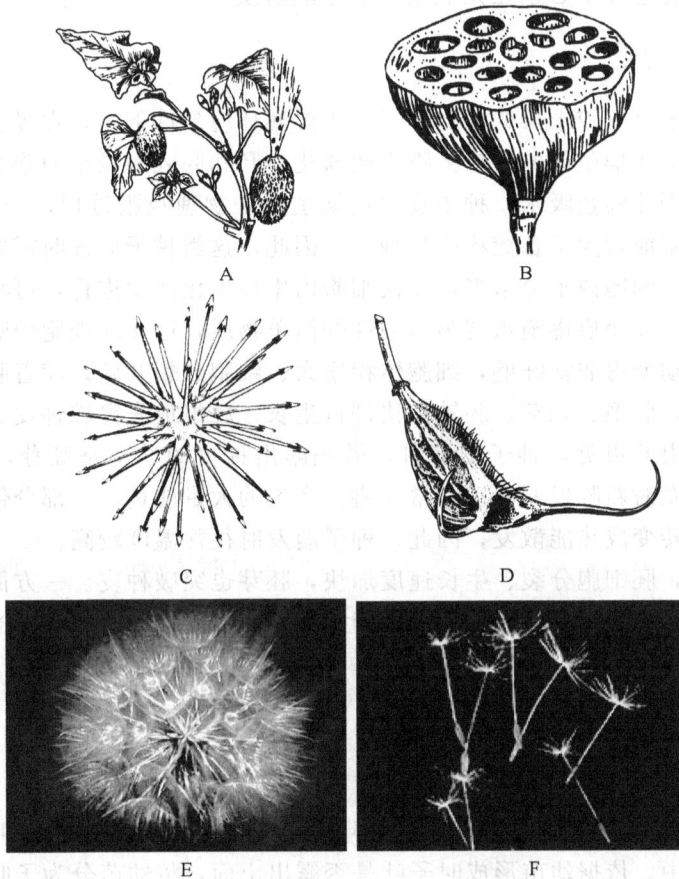

图 3-44　果实散布的适应结构
A. 喷瓜的果实；B. 莲的花托（莲蓬）；C、D. 果实上有芒或倒钩，能挂在
动物身上；E、F. 蒲公英果实上长有降落伞状的冠毛，能随风吹散

第七节　种子萌发和被子植物的生活史

成熟的种子在适宜条件下萌发，形成具有根、茎、叶的植物体，经过一段时间的营

养生长以后，在一定部位形成花芽，发育成花。花有雌、雄生殖器官，分别形成大、小孢子和雌、雄配子。经过开花、传粉和受精作用后，子房发育成果实，胚珠发育成新一代种子。种子中孕育的胚是新生一代的雏体。像这样，种子植物一般从一粒种子开始至新一代种子形成所经历的周期，称为种子植物的生活史或生活周期。

一、种子萌发

在适合的环境条件下，种子由新陈代谢活动较弱的休眠状态经过一系列生理生化方面变化逐渐恢复到较旺盛的状态，种子内的胚开始生长发育，逐渐形成幼苗，这一过程叫种子萌发，俗称种子发芽。适合的环境条件一般是指充足的水分、充足的氧气和适宜的温度。有些植物种子萌发时还需要一些特殊的环境条件，如有的种子必须在黑暗环境中才能萌发，而有些种子必须在光照条件下才能萌发。

（一）种子萌发的过程

多数植物种子是比较干燥的，当种子处于湿润环境条件下时，在吸胀作用下，水分进入种子内。原来干燥坚硬的种皮因吸水而软化，胚和胚乳因吸水而膨胀，直至细胞水分达到饱和，种子才停止吸水。种子吸水初期主要是物理吸胀过程，一般含蛋白质多、油脂多的种子吸胀能力大于含淀粉多的种子，因此，这类种子萌发时需要更多水分。

种子吸胀后，细胞内水分增多，促使细胞内生理生化活动进行，可将储藏在子叶或胚乳中的大分子营养物质逐渐水解为可溶性的简单物质，运往胚细胞中吸收利用。胚细胞的新陈代谢活动变得非常旺盛，细胞体积增大、细胞分裂开始。随着胚细胞数量的增多和体积的增大，胚根、胚芽、胚轴很快进行生长。胚根最先突破种皮，种子萌发，生产上称为露白。由此可见，种子发芽时，最先露出种皮的并不是胚芽，而是胚根。另外，由于种子萌发时新陈代谢活动非常旺盛，产生的大量能量，一部分供给胚的生长发育利用，一部分转变成热能散发，因此，种子萌发时往往温度较高。

种子萌动后，胚细胞分裂、生长速度加快，胚芽也突破种皮。一方面，胚轴伸长把胚芽或胚芽连同子叶一起推出土面，向上生长形成茎叶系统，成为光合作用的重要器官。另一方面，胚根向下生长形成主根，并进一步形成根系，至此，胚发育成为幼苗，完成种子萌发过程。

（二）幼苗的类型

不同植物的种子萌发时，其胚轴不同部位的生长速度不同，有的子叶露出土面，而有的子叶留于土中，依据幼苗形成时子叶是否露出土面，将幼苗分为子叶出土幼苗和子叶留土幼苗两种类型。

1. 子叶出土幼苗

当种子萌发时，胚根最先突破种皮，伸入土中形成根系。然后，下胚轴加速伸长，由于下胚轴生长时两侧生长速度不同，下胚轴弯曲成倒钩状突出土面，有利于保护子叶和胚芽不受土壤摩擦损伤。下胚轴出土面后伸直，并把子叶带出土面。之后，下胚轴停止生长或生长缓慢，发育成茎的最下部分。子叶出土不久展开，并见光后转绿进行光合作用。子叶将储藏的和光合作用生产的营养物质运送到根、茎和芽供其生长，直到营养物质消耗尽，子叶才干枯脱落。此时，上胚轴和芽已发育成茎和叶，形成幼苗（图3-45）。

2. 子叶留土幼苗

当种子萌发时，胚根最先突破种皮，伸入土中形成根系。下胚轴不伸长，因此，子叶一直留在土中，直到营养物质消耗尽解体。上胚轴加速伸长，把芽带出土面，并进而发育成茎和叶，形成幼苗（图3-46）。

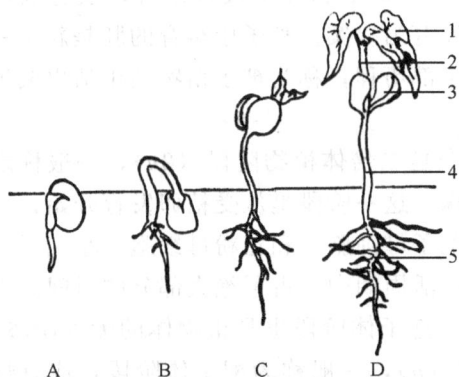

图 3-45　子叶出土幼苗形成过程

A. 胚根突破种皮；B. 下胚轴伸长；C. 下胚轴伸长，子叶托出土面；D. 真叶展开，胚根继续发育成根系，最后形成幼苗

1. 真叶；2. 上胚轴；3. 子叶；4. 下胚轴；5. 根系

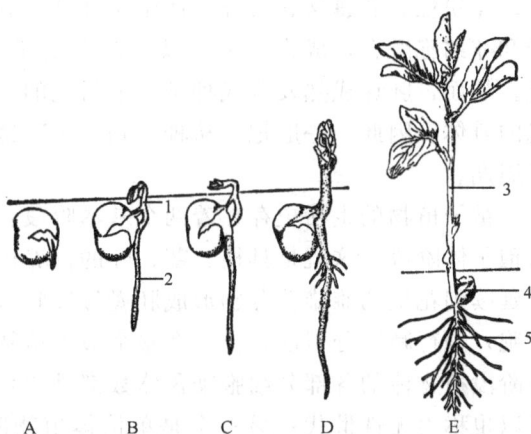

图 3-46　蚕豆种子萌发过程，示子叶留土幼苗

A. 胚根突破种皮；B～D. 上胚轴伸长，子叶留在土中，真叶托出土面；E. 上胚轴伸长，真叶展开，形成系形成

1. 上胚轴；2. 胚根；3. 幼苗茎叶系统；4. 留在土中的子叶和种皮；5. 根系

玉米种子萌发时，胚根鞘最先突破种皮和果皮，不久胚根突破胚根鞘进入土中。之后，胚芽鞘露出土面并纵裂，露出包被于其中的真叶。在种子萌发过程，胚轴并不伸长，因此，子叶一直留在土中（图3-47）。

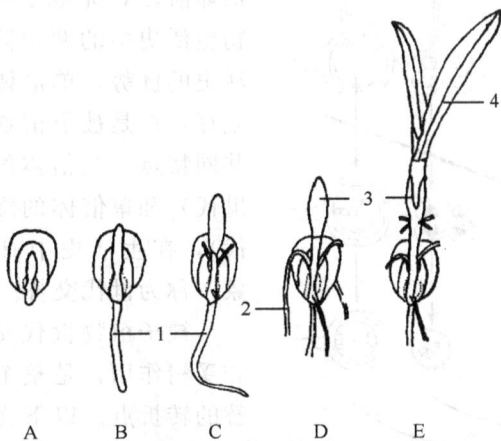

图 3-47　玉米子叶留土幼苗生长发育过程

A. 胚根鞘最先突破种皮和果皮；B. 胚根突破胚根鞘进入土中；C、D. 胚芽鞘露出土面并露出包被于其中的真叶；E. 形成幼苗

1. 胚根；2. 不定根；3. 胚芽鞘；4. 真叶

二、被子植物的生活史

被子植物的生活史，一般可以从一粒种子开始。种子在形成以后，经过一个短暂的休眠期，在适合的环境条件下，便萌发为幼苗，并逐渐长成具根、茎、叶的植物体。经过一段时期的营养生长发育以后，转变为生殖生长。一部分顶芽或腋芽不再发育为枝条，而是转变花芽，发育花朵。由雄蕊的花药产生花粉粒，雌蕊子房的胚珠内形成胚囊。花粉粒和胚囊又各自分别产生雄性精子和雌性的卵细胞。经过传粉、受精，1个精子和卵细胞融合，成为合子，以后发育成胚；另1个精子和2个极核结合，发育成胚乳。从而，胚珠成熟发育成种子。最后花的子房发育为果实。种子中孕育的胚是新生一代的雏体。因此，一般把"从种子到种子"这一全部历程，称为被子植物的生活史或生活周期。

被子植物的生活史存在着两个基本阶段：一个是二倍体植物阶段（$2n$），一般称之为孢子体阶段，这就是具根、茎、叶的营养体植株。这一阶段是从受精卵发育开始，一直延续到花里的雌雄蕊分别形成胚囊母细胞（大孢子母细胞）和花粉母细胞（小孢子母细胞）进行减数分裂前为止，在整个被子植物的生活周期中，占了绝大部分的时间。这一阶段植物体的各部分细胞染色体数都是二倍的。孢子体阶段也是植物体的无性阶段，所以也称为无性世代；另一个是单倍体植物阶段（n），一般称为配子体阶段，或有性世代。这就是由大孢子母细胞经过减数分裂后，形成的单核期胚囊（大孢子），和小孢子母细胞经过减数分裂后，形成的单核期花粉细胞（小孢子）开始，一直到胚囊发育成含卵细胞的成熟胚囊，和花粉成为含2个（或3个）细胞的成熟花粉粒，到双受精过程为止。被子植物的这一阶段占有生活史中的时期很短，而且不能脱离二倍体植物体而生存。由精卵融合生成合子，使染色体又恢复到二倍数，生活周期重新进入到二倍体阶段，完成了一个生活周期。被子植物生活史中的两个阶段，二倍体占整个生活史的优势，单倍体只是附属在二倍体上生存，这是被子植物和裸子植物生活史的共同特点。二倍体的孢子体阶段（或无性世代）和单倍体的配子体阶段（或有性世代），在生活史中有规则地交替出现的现象，称为世代交替。

被子植物世代交替中出现的减数分裂和受精作用，是整个生活史中两个世代交替的转折点。以下为被子植物生活史和世代交替的模式图（图3-48）。

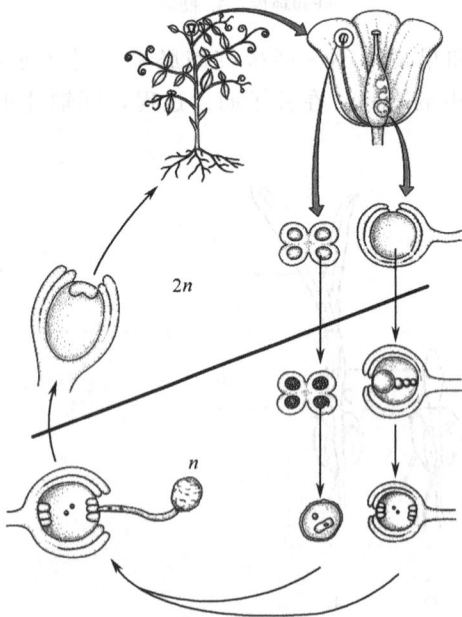

图3-48　被子植物生活史和世代交替的模式图

第二篇　植物系统与分类学

引　言

　　植物系统与分类学是研究植物起源、演化过程、识别植物并揭示植物间亲缘关系的科学。严格地讲，植物系统学和植物分类学的内涵并不完全相同。植物系统学侧重于研究的植物起源、演化过程和揭示植物间的亲缘关系。而植物分类学更注重植物的识别和命名。但由于研究植物分类时，不可能不考虑其演化地位，同样，研究植物系统演化时也首先要认识植物，因此，植物系统学和植物分类学相互渗透，没有截然的分界。

一、植物分类的方法

　　认识地球上存在的植物，为其定名，并进行系统的、科学的分类，是研究植物的首要一步。但是，对植物如何为植物命名、如何进行分类，则经历了一个漫长的认识和发展过程。

　　19 世纪中期以前，人们仅以植物的形态、习性或用途等某一个或少数几个性状作为分类的依据，根本不考虑植物间的亲缘关系和演化关系。又如，我国明朝著名的药学家李时珍（1518～1593）在他的巨著《本草纲目》中，将收集的千余种植物依据外形和用途分成为草、谷、菜、果、木五个部。又如，世界著名的瑞典分类学家林奈（Corol Linnaeus，1707～1778），根据雄蕊的有无、数目的多少和着生的情况，把植物分成 24 纲，包括有一雄蕊纲、二雄蕊纲等。如他把具单性花又为雌雄同株的玉米和松树同放在一类，显然这是很不科学的。用这种分类方法建立的分类系统，称为人为的分类系统。由于这种分类系统没有或很少考虑植物界演化的过程和植物间的亲缘关系，因此，在现代科学研究中已不再应用。不过，人们有时为了某种应用上的需要，至今还在一些部门使用某种人为的分类系统，如在经济植物学或野生植物学资源的调查和利用上，往往以粮食植物、油料植物、药草植物、纤维植物、香料植物等进行分类。

　　自从达尔文的进化理论在 19 世纪后期产生以后，人们开始在进化论思想的引导下对生物进行分类，试图建立能反映植物演化历史和植物间亲缘关系的分类系统，这种分类系统称为自然的分类系统。为建立自然的分类系统，人们尽可能多地应用现代自然科学的先进手段，从比较形态学、比较解剖学、古生物学、植物化学、植物生态学、细胞学等不同的角度研究植物，力求建立能反映出植物界的亲缘关系和演化过程的分类系统。国际上第一个有代表性的自然分类系统是由德国的植物学家恩格勒（Engler）和勃兰特（Prant）于 1892 年在《植物自然分科志》中提出的。后来，前苏联学者塔赫他间（Takhtajan）、美国的学者克郎奎斯特（Cronquist）等先后于 1954 年、1958 年发表了被子植物的分类系统。这些系统基本上是建立在科学的、进化理论的基础上的，比之前的人为的分类系统前进了许多。但由于植物界的发生发展史长达 30 多亿年，植物演化过程极为复杂，许多演化进程人们还不知道。因此，目前距离建立起一个真正完全符合自然发展规律的系统还相当遥远。今天，人们所讲的"自然的分类系统"，仅仅是与 19 世纪以前建立的人为分类系统比较而言，相对较客观地反映植物演化历史和植物间亲缘关系。

二、植物分类的单位和阶层系统

植物分类的单位主要是界（kingdom）、门（division）、纲（class）、目（order）、科（family）、属（genus）、种（species），其中，种是分类的基本单位。关于物种的概念，现在尚没统一观点。多数人认为：种是具有一定的自然分布区和一定的生理、形态特征的生物群。在同一种中的各个个体不仅具有相同的遗传性状，而且都可彼此交配产生后代。但一般则不能与不同种的个体杂交，即或杂交，也不能产生有生殖能力的后代，这就是生殖隔离。这在动物界中是很明显的，不过在植物界中远缘杂交的现象则常有发生。种是生物进化过程中从量变到质变的一个飞跃，是自然选择的历史产物。

把各个分类等级按照其高低和从属关系顺序地排列起来，这就是分类的阶层系统。即按界、门、纲、目、科、属、种的顺序排列成的系统。由若干个亲缘关系密切的种构成高一级的属，再由若干个相近的属组成更高一级的科，依此类推，构成一个多等级的阶层系统。每种植物都可在分类阶层系统中表示出它的分类地位及其从属关系。

界（kingdom）
　门（division）
　　纲（class）
　　　目（order）
　　　　科（family）
　　　　　属（genus）
　　　　　　种（species）

三、植物的命名

由于世界之广，国家、民族和语言之多，往往出现对同一种植物有各种不同的名

称。如我国对玉蜀黍（*Zea mays* L.），有的地方叫做玉米，有的叫苞谷，还有的叫做棒子等。又如番茄（*Lycopersicon esculentum* Mill.），我国南方就称番茄，而北方叫西红柿，英语称 tomato 等。这种现象称之为同物异名。与此相反，还有另一种混乱现象，即同名异物，如我国不同地区都称为白头翁的植物达 16 种之多。由此可见，这种名称上的混乱不仅造成了对植物的开发利用和分类的混乱，而且也对于国际国内的学术交流造成了困难。因此，对于每种植物给以统一的、全世界都承认和使用的科学名称是非常必要的。

经过各国植物学家的反复探讨，瑞典的生物学家林奈在 1753 年发表的《植物种志》中比较完善

林奈（Corol Linnaeus，1707～1778）

地创立和使用了双名法，即用两个拉丁文字给植物命名的方法。这种命名法很快得到了各国植物学家的赞同，后来经过多次国际植物学会议讨论通过，并反复修改，使其更加完善，对命名中的一系列问题作了明确规定，制定了国际植物命名法规，为各国植物学工作者共同遵守。这样，植物命名中的混乱现象逐渐得到了解决，极大地推动了植物分类学的发展。

双名法的组成、书写形式和有关规定简介如下：

（1）每种植物的种名必须由两个拉丁词或拉丁化形式的词构成。第一个词为属名，第二个词为种加词。

（2）属名一般用名词单数，若用其他文字或专有名词时，则必须使其词尾变成拉丁语法上的单数。种加词一般用形容词，并要求和属名一致。

（3）双名法的书写形式是：属名的第一个字母必须大写，种加词都是小写。此外，还要求在种加词后写上命名人的姓氏缩写。如小麦的名称应书写为（*Trilicum aestivum* L.），其中，L. 即为林奈（Linnaeus）名的缩写。如果是个变种，其拉丁名称应在种名之后写上变种（varietas）的缩写"var."，还要写上变种的种加词，后面再写上定名人名的缩写。如蟠桃，它是桃的一个变种，其拉丁名称是 *Prunus persica* var. *compressa* Bean. 由于变种的名称是由属名＋种加词＋变种加词三个词组成的，所以称之为三名。关于植物命名中的更详细的一些规定，可见《国际植物命名法规》。

第四章 藻类植物

第一节 藻类植物特征

藻类（algae）植物是一群原始的绿色植物。在日常生活中除海带、紫菜外，我们知道的其他藻类植物并不多。然而，化石资料表明，在距今35亿～33亿年前，蓝藻就在地球上出现了，其他各类真核藻类在距今15亿～13亿年前相继出现。目前已知地球上的藻类约有3万多种。藻类在自然界中分布甚广，绝大多数藻类生活在淡水或海水中，也有的生于潮湿的土表、树皮、岩石表面，墙壁和花盆壁上。在南、北极的冰雪中也有藻类生长。人们平常之所以没有觉察到藻类，是因为绝大多数藻类植物都很小，需借助显微镜才能观察到。只有少数藻类的植物体较大，长可达几米至几十米（如海带、巨藻）。藻类植物具有以下共同特征。

（1）藻类植物多为单细胞、群体、丝状体、叶状体等，绝大多数没有组织分化，更没有根、茎、叶等植物器官的分化。在植物学上把没有根、茎、叶等器官分化的植物称为原植体植物。

（2）藻类植物含有叶绿素等光合色素，能够进行光合作用制造有机物，并放出氧气。因此，藻类植物为自养植物。

（3）藻类植物的生殖结构多为单细胞结构。如为多个细胞组成时，它的每个细胞都能生育，生殖结构的周围没有不育细胞构成的保护层。

（4）藻类植物的合子不发育为胚。所以，藻类也称为无胚植物。

（5）大多数藻类生活在淡水、海水或潮湿的地方。

因此，藻类植物可定义为一群含有叶绿素的、自养的、无胚的原植体植物，也就是说藻类植物是低等植物。

虽然藻类植物具有很多相似之处，但是从形态学、细胞学、生物化学、遗传学、发育学和系统学的研究中可以看出，藻类植物是一个很复杂的大类群，它们彼此的差异甚大，不仅表现在细胞结构和进化水平上不一样，彼此间的亲缘关系也模糊不清，所以藻类植物并不是一个自然的分类群，而被分成若干个门。藻类植物分门的主要依据是：光合色素的种类和光合作用结构的特征；细胞壁的结构和化学成分；细胞中储藏的养分的种类；鞭毛的有无，鞭毛的数目、结构类型和着生的位置；生殖方式等。本书仅讲述几类较常见的藻类植物，即蓝藻门、绿藻门、硅藻门、褐藻门和红藻门的植物。

第二节 藻类的代表植物

一、蓝藻门（Cyallopbyta）

蓝藻又称为蓝绿藻，是一类最原始、最古老的绿色低等植物。由于它们没有真正的细胞核，仅具原核，所以许多学者主张将其从植物界的藻类植物中分出去，和细菌、原绿藻共同归入原核生物界。

（一）蓝藻门植物的主要特征

　　蓝藻门植物约有 150 属、1500 种。蓝藻的植物体有单细胞体、群体和丝状体三种类型。单细胞体，植物体仅由 1 个细胞组成。群体由多个形态、结构和功能上相同的细胞集合成群。丝状体是许多细胞纵向连接成不分枝或分枝的藻丝（图 4-1）。

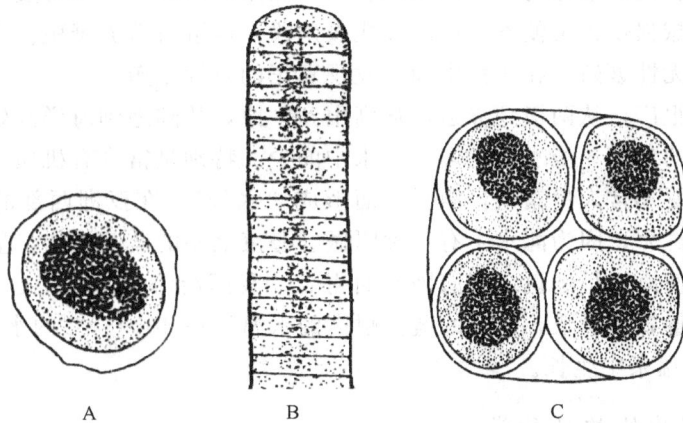

图 4-1　蓝藻的植物体
A. 单细胞体；B. 丝状体；C. 群体

　　蓝藻的细胞是一种典型的原核细胞结构（图 4-2）。细胞壁的基本成分是胞壁质和黏肽，约占胞壁干重的 50％。此外，脂多糖也普遍存在于蓝藻的胞壁中。绝大多数蓝藻的细胞壁外面都有一层胶质鞘，其成分为果胶酸和黏多糖。蓝藻的原生质体大体上区分为中央质和周质两部分。中央质含有 DNA，不具核膜包裹，也无核仁，但具核的功能，故称为原核。周质，又称色素质，位于中央质的四周，含有光合色素，但无叶绿体。蓝藻的光合色素为叶绿素 a，β-胡萝卜素和黄胡萝卜素、蓝藻黄素和蓝藻叶黄素、藻胆素。藻体多呈蓝绿色，有时或有些种呈红色。色素质中有很多由膜形成的扁平的囊状结构，叫类囊体，它是蓝藻细胞中的光合器。蓝藻细胞中也没有线粒体、高尔基体、内质网和液泡等细胞器。蓝藻细胞中储藏的营养物质主要为蓝藻淀粉，多呈细小颗粒，遇碘呈淡红褐色。

　　在丝状蓝藻中，其细胞列中有一至多个特殊的细胞，叫做异形胞。异形胞大多比营养细胞稍大，细胞壁厚，细胞内含大量固氮酶。藻体的细胞列最易从异形胞处断离，形成若干个藻殖段，进行营养繁殖；异形胞在一定条件下可萌发产生新的藻体；另外，异形胞可以直接固定大气中的氮，使之成为氮的化合物。

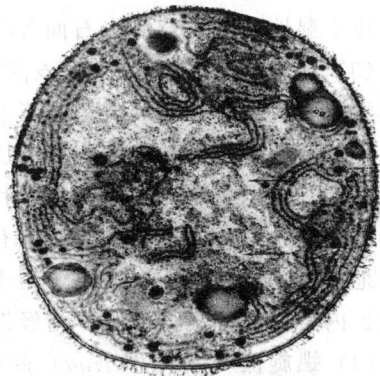

图 4-2　蓝藻的原核细胞
电子显微镜的结构

大多数蓝藻仅有营养繁殖。其中，单细胞种类是以细胞直接分裂的方法进行繁殖，细胞分裂后，子细胞立即分离，各自形成一个单细胞新个体。群体的种类，先是群体中的细胞反复分裂，但子细胞不离开群体，而形成由更多的细胞组成的大群体，以后群体再破裂成多个小的群体，每个小群体再长大形成一个新群体。丝状体的种类是以形成藻殖段的方式进行营养繁殖，有的是通过丝状体中若干细胞死亡，或在一些营养细胞中形成双凹形的隔离，或一些营养细胞转化形成异形胞。由死细胞、隔离盘和异形胞所间隔的每一段短的细胞列，就称为一个藻殖段。每个藻殖段断离后，都可发育成一个新的丝状体。此外，机械损伤也可使丝状体断裂成藻殖段，以进行营养繁殖。少数蓝藻还可产生无性孢子进行无性繁殖。在蓝藻中尚未发现真正的有性生殖。

蓝藻的分布很广，从两极到赤道，从高山到平原，从陆地到海洋到处都有生长，但仍以生活在水中的为多。淡水中的多，海水中的少。特别是富含有机质的水体中蓝藻生长十分旺盛，在夏季常大量繁殖，漂浮水面形成"水华"。在亚洲西部的阿拉伯半岛和非洲大陆之间的红海，因为海水中有一种叫做红海束毛藻的蓝藻植物，呈红色的红海束毛藻大量繁殖，使海水呈红色，红海因此而得名。我国沿海也曾发生过"赤潮"，也是由于一些蓝藻大量繁殖所致。还有的蓝藻耐高的水温，在 40～50℃ 的水中可正常生活，甚至可在 85℃ 的温泉中生长。

（二）蓝藻门植物的常见种类

（1）色球藻属（*Chroococcus*）。藻体为单细胞或群体，在水中营浮游生活，或生于潮湿的土壤表面、树皮等处。单细胞的藻体为球形，细胞外有明显的胶质鞘，鞘多数无色，均匀或有层理。也常形成群体，它是由于细胞分裂产生的两个或多个细胞彼此不离开，外面包以胶质鞘，其内的每个细胞也都有胶质鞘。群体中的细胞呈半球形或 1/4 球形，各胞相接处是平直的（图 4-3A）。

（2）颤藻属（*Oscillatoria*）。为最常见的丝状蓝藻。植物体是由一列短圆柱形的细胞所组成的不分枝的丝状体。藻丝无胶鞘，或具极薄的胶鞘。颤藻丝状体可作前后滑行或左右颤动。颤藻以藻殖段进行营养繁殖，即为丝状体的细胞列中，常有一至数个双凹形的死细胞或隔离盘，使藻丝形成二至数个藻殖段，断离后，每个藻殖段发育成一个新的丝状体（图 4-3B）。颤藻多生于污水沟渠和浅水池塘中，常在水底形成一层蓝绿色。也常生于湿地、树皮、滴水石面等处。

（3）念珠藻属（*Nostoc*）。该藻的藻体为不分枝的丝状体，许多条藻丝共同包埋在坚固的胶质包被中，形成有一定形态的胶群体。在显微镜下观察，胶群体中的丝状体是由很多球形或椭圆形的细胞相连而成，状似念珠，故称念珠藻（图 4-3C）。丝状体的细胞列之间有一至多个异形胞，将丝状体隔成二至多个藻殖段。念珠藻多生于淡水中，或潮湿的土壤、岩石上。念珠藻属中有许多种是人类的食品，如胶群体呈片状的普遍念珠藻（地木耳）分布广泛，多生于湿土表面。还有丝状的胶群体发菜，产于我国的青海、宁夏、内蒙古、甘肃等省区，为经济价值很高的食用蓝藻。

（4）螺旋藻属（*Spirulina*）藻体为不分枝的丝状体，它生长于水体中，在显微镜下可见其形态为螺旋丝状，故而得名（图 4-3D）。由于细胞中蛋白质等营养成分含量高，螺旋藻常用作食品和保健品。

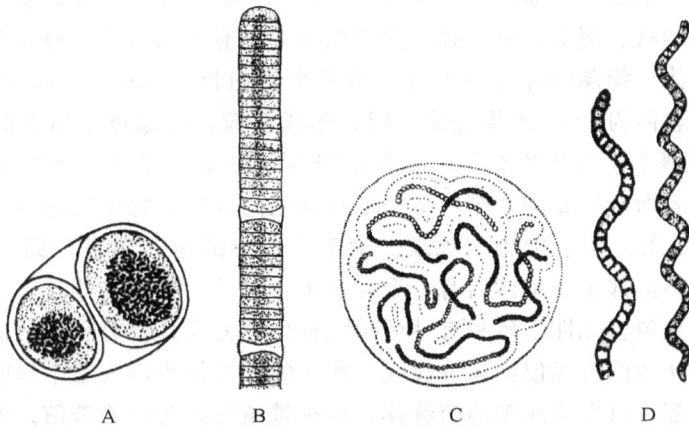

图 4-3 常见的几种蓝藻
A. 色球藻；B. 颤藻；C. 念珠藻；D. 螺旋藻

(5) 微囊藻属（Mierocyslis）。为浮游性的群体，群体球形、不规则形。群体中的细胞数目很多，球形，细胞内多具气泡。每个细胞无个体胶鞘，共包埋在群体的胶被中。该藻在夏季常大量繁殖，形成水华，使水质受到污染，而且在一定温度等条件下还可产生毒素，对鱼类、水生动物和人畜都有危害。

附：原绿藻植物

1975 年美国学者莱温（Lewin）首次在海鞘类动物体内发现原绿藻植物。当时，莱温根据所发现藻类为单细胞、原核等特征，将其误认为蓝藻类植物，定名为 *Synechocystis didemni* Lewin，隶属于蓝藻门，集胞藻属。后来，进一步研究发现该藻所含色素有叶绿素 a、叶绿素 b，与绿藻门植物相同，而不含蓝藻植物具有的藻胆素，因此，认为将该藻归属于蓝藻门不合适，但因其是原核，又不能归属于绿藻门。1976 年，将该藻另建立一新植物门——原核绿藻门。并重新定名为 *Prochloron didemni*（Lewin）Lewin。到现在，原绿藻门共发现三种植物。

原绿藻的发现引起研究植物进化科学家的广泛兴趣，由于原绿藻所含色素有叶绿素 a、叶绿素 b 与绿藻和高等植物相同，因此，原绿藻被认为可能是绿藻和高等植物叶绿体的祖先。根据"内共生学说"，有人主张真核细胞内的叶绿体来自远古共生于细胞中的类似于原绿藻的生物。

二、绿藻门（Chloropbyta）

（一）绿藻植物的主要特征

绿藻是藻类植物中种类最多的一门，约有 350 属、近 8000 种。它们在植物界的演化中具有重要地位。绿藻门藻体的形态多种多样，有单细胞植物体、群体、分枝或不分枝丝状体和叶状体等。

绿藻细胞壁的内层主要成分是纤维素，而外层为果胶质，且常常黏液化。绿藻都是真核生物，它们的细胞中都具有真核，有核膜、核仁。大多数绿藻的细胞中仅具 1 个细胞核，但也有一些绿藻的每个细胞中具多个细胞核。在细胞质中都有线粒体、内质网、高尔基体、液泡等细胞器。绿藻具叶绿体，其形状和数目多种多样，有的呈杯状，有的为环带状、螺旋带状、网状、星芒、圆盘状等等。有的细胞中仅有 1 个叶绿体，有的种类具多个叶绿体。绿藻的叶绿体中有一至多个蛋白核（pyrenoid）。电镜下观察，绿藻叶绿体中的类囊体为 2～6 条堆叠成一组，形成基粒。叶绿体中所含的光合色素为叶绿素 a、b，β-胡萝卜素和叶黄素等，不含藻胆素。绿藻的光合产物主要是淀粉，大多聚集在蛋白核的表面，形成淀粉鞘。绿藻中具鞭毛的种类，每个细胞的鞭毛多为 2 条或 4 条，极少数为 8 条。生于细胞的顶端。鞭毛是藻类的运动器官。具鞭毛能游动的细胞，通常在细胞的前部于叶绿体内有一个红色眼点，是一种感光器官。

　　绿藻有营养繁殖、无性生殖和有性生殖三种生殖方式。营养繁殖，群体和丝状体的绿藻，常以藻体断裂的方式使藻体分离成一些短的丝状体小段或单个细胞，产生的藻体的小段或小块，都可以发育成新的植物体，这种繁殖方式为营养繁殖。无性生殖，通过产生各种孢子进行繁殖的方式。有性生殖，绝大多数绿藻都有有性生殖。其性器官为单细胞结构，产生配子的叫配子囊，产生精子的叫精子囊，产生卵的叫卵囊。成对的配子或精子和卵结合后形成合子。合子经过减数分裂再发育成新个体，或直接萌发成新的植物体。

　　绿藻的分布很广，但多生活在水中。其中，淡水中生活的种类约为 90%，海产的约为 10%。

（二）代表种类

1. 衣藻属（*Chlamydomonas*）

衣藻是生活于淡水中的单细胞藻体，多为卵形或球形。细胞前端有的具乳头状突起。2 条等长的鞭毛从细胞顶端伸出，因而，可在水中游动。原生质体中有 1 个大型的叶绿体，大多为厚底杯状，几乎与细胞壁接触，占据了原生质体的大部分空间。细胞质多在杯状叶绿体的凹入部分中，另一些在细胞壁和叶绿体之间。在叶绿体凹入部分的细胞质中有 1 个细胞核。在靠近细胞前端鞭毛基部的细胞质中通常有两个伸缩泡（contractile vacuole），彼此交替收缩。在叶绿体的基部大多埋藏着 1 个大的蛋白核，其表面聚集很多淀粉，形成淀粉鞘。在靠近细胞前半部的叶绿体膜内，有 1 个长圆形的红色眼点，是衣藻的感光器官（图 4-4）。

衣藻能通过无性生殖和有性生殖两种方式繁殖。在外界条件适宜时多进行无性生殖。生殖时，首先是鞭毛收缩或脱落，细胞转化成 1 个游动孢子囊。接着原生质体进行分裂，大多形成 2、4、8 个子原生质体，每个子原生质体形成 1 个游动孢子，并产生 2 条鞭毛。待母细胞壁破裂时，生 2 条鞭毛，从胶质中释放出来，各自发育成 1 个新个体（图 4-5）。

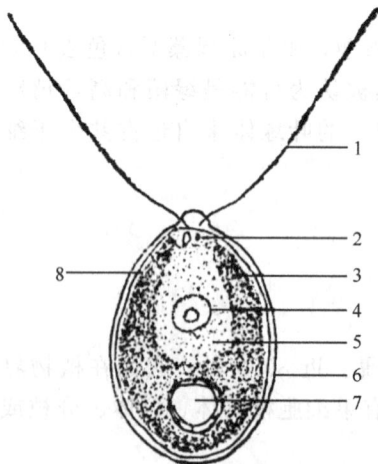

图 4-4　衣藻的结构

1. 鞭毛；2. 伸缩泡；3. 眼点；4. 细胞核；
5. 细胞质；6. 细胞壁；7. 蛋白核；8. 杯状叶绿体

　　在春季，或条件不良时，衣藻可进行有性生殖（图4-6）。首先细胞失去鞭毛，不动，细胞转化成1个配子囊。接着原生质体进行多次分裂，形成8、16、32或64个具2条鞭毛的较小的配子。配子从母细胞中释放出来以后，配子两两结合，形成二倍体的合子。合子产生后不久变圆，分泌厚壁，壁上可有刺突。经过休眠，在适宜的条件下萌发。首先是二倍体的合子核进行减数分数，产生4个单倍体的游动孢子（减数孢子）。待合子壁破裂，单倍体的孢子释放出来，各自发育成衣藻新个体。

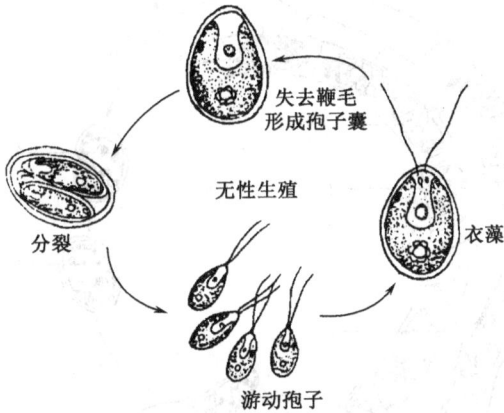

图4-5　衣藻无性生殖过程　　　　　　　　图4-6　衣藻有性生殖过程

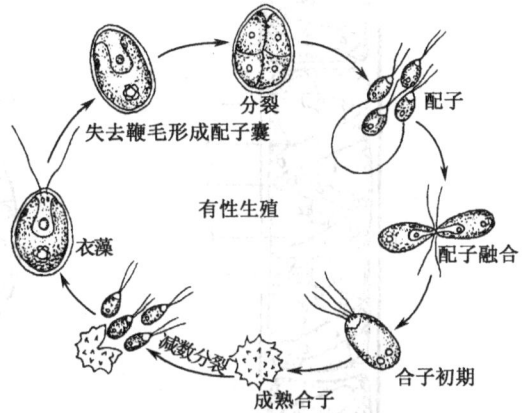

　　衣藻可以分别通过无性和有性生殖完成其生活史；在其整个生活史中仅有一种单倍体的植物体，合子是唯一的二倍体阶段；减数分裂发生在合子萌发的时候，称为合子减数分裂；整个生活史过程中，具有单倍体核相和二倍体核相的交替现象，故称为核相交替。衣藻相结合的两个配子形态、大小一样，叫做同配生殖。

2. 水绵属（*Spirogyra*）

　　该属有100多种，各种淡水池塘、江河、稻田、水沟都可发现，一年四季均能采到。

　　水绵的植物体是由单列细胞组成的不分枝的丝状体。细胞圆筒形，内有1至数条螺旋带状的叶绿体，叶绿体上有一列蛋白核。具1个中央大液泡，大部分细胞质被挤到与细胞壁紧贴部位。1个细胞核悬于中央的一团细胞质中，由多条呈放射排列的胞质丝将它与紧贴细胞壁的周围细胞质相连（图4-7）。水绵在生长期为绿色。由于它的细胞壁外有较多的果胶质，故用手触摸时有黏滑感觉。

　　水绵属的有性生殖是接合生殖。在自然界，多发生于春季和秋季。此时水绵的植物体由鲜绿变成黄绿色，并成大团块漂浮水面。其接合生殖过程如下（图4-8）：＋的和一的水绵丝状体彼此并行，相对的水绵丝状体的细胞各产生1个突起，两突起相向延伸，顶端接触，随后，相接触的地方细胞壁溶解，形成一条沟通的管子，称为接合管。两相对的细胞都转化成配子囊，其内的原生质体各自全部浓缩成1个配子。1条丝状体配子囊中的配子（可视为＋配子）以变形虫状的运动方式通过接合管流入到相对的配子囊中去，与其中的配子（可视为－配子）进行融合，产生1个卵圆形的合子。由于一条藻丝中的配子都流入相对的藻丝中去进行接合，故其中1条全变为空的细胞壁，而另一条藻丝的细胞中，各有1个合子。从此现象说明，水绵的丝状体虽然在外形上一样，但已有性的分化，从配子的行为上看，作变形流动的可视为雄性，用＋表示。不动的1个配子可视为雌性，用－表示。同样，变空的1条藻丝即为雄性，形成合子的1条藻丝为雌性。有时可见有3条水绵丝状体进行接合，仍然表现出性行为的不同。由于在2条相接合的水绵丝状体之间产生许多横向的接合管，外观上看很像梯子，故称之为梯形接合。

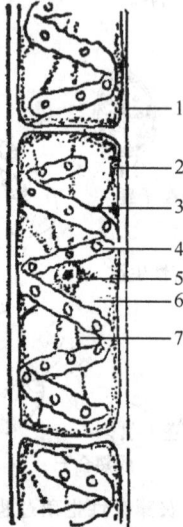

图 4-7　水绵的植物体和细胞结构

1. 细胞壁；2. 细胞质；3. 载色体；4. 蛋白核；
5. 细胞核；6. 中央液泡；7. 原生质丝

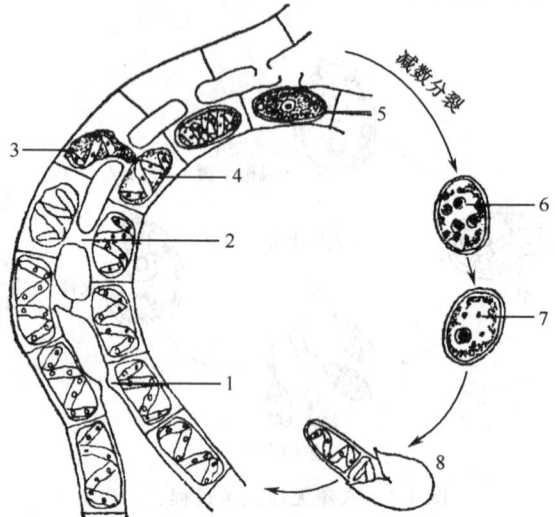

图 4-8　水绵属的有性生殖是进行接合生殖

1. 细胞壁突起；2. 接合管；3. "＋"配子；4. "－"配子；
5. 合子；6、7. 孢子；8. 孢子萌发

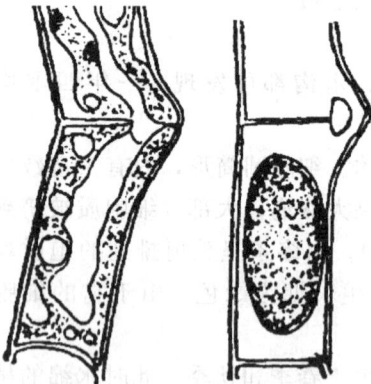

图 4-9　水绵侧面接合

有的水绵是同一条丝状体的两个相邻细胞之间产生接合管，其中，一个细胞的原生质体通过接合管流入另一个细胞中进行融合，这种接合称之为侧面接合（图4-9）。

合子成熟时分泌厚壁，内中食物丰富。合子可抵抗干旱等不良环境，条件适宜时萌发。一般说合子形成后需休眠数周或数月，甚至一年后才萌发。萌发时，首先是合子核进行减数分裂，但所产生的4个单倍体子核中有3个退化，只有1个核发育。最后这个具单核的细胞发育成1条第二代的水绵丝状体。

三、硅藻门（Bacillariophyta）

（一）硅藻门植物的主要特征

硅藻有200余属、5000多种。硅藻的个体大多微小，有的是单细胞，也有群体的。营养体都不具鞭毛。硅藻最突出的特征之一就是它的细胞壁的化学成分和结构。硅藻的

细胞壁是由硅质和果胶质组成。它的胞壁不是一个完整的结构，而是由上、下两个半壳套合而成，状似1个有盖的小盒或1个培养皿。套在外面较大的半壳称为"上壳"，套在里面较小的半壳叫"下壳"。硅藻细胞壁的壳面具有各种纹饰，这是硅藻又一明显特征。纹饰的主要类型有孔纹、线纹、肋纹和六角形网纹等。许多硅藻，在其上、下壳面中轴区各有1条纵走的狭细裂缝，叫做壳缝。凡是具有壳缝的种类都可运动，反之，则都不能运动，所以壳缝和硅藻的运动有关。

硅藻的细胞都含1个细胞核，多数种类在细胞中央有一大块细胞质，常称之为胞质桥，细胞核存在于此。在细胞壁的内侧也有一薄层细胞质。色素体一至多个，板状、块状或颗粒状，其上无蛋白核，或仅具无淀粉鞘的裸露蛋白核。硅藻色素体所含的光合色素为：叶绿素 a、c；α-、β-和 γ-胡萝卜素；以及墨角藻黄素、硅甲藻黄素等几种叶黄素，其色素体多呈黄褐色或黄绿色。硅藻细胞中储藏的营养物质主要是油滴和金藻昆布多糖（图 4-10）。

硅藻的繁殖主要有两种方式：细胞分裂和产生复大孢子。细胞分裂是硅藻中最常见的繁殖方法。细胞分裂时，原生质体稍膨胀，上、下壳略为松动。首先细胞核进行有丝分裂；随之色素体分裂，具大形板状色素体者其分裂是沿着和壳面平行的方向分裂；如有蛋白核时，蛋白核也分裂。分裂产生的2个子核各向上壳和下壳移动，细胞质沿中央线也分成两块，于是产生两个子原生体，并分别居于上壳和下壳之内。最后，原来

图 4-10　电子显微镜下观察到的硅藻细胞结构

母细胞的上壳和下壳各自形成两个子原生质体的上壳，而两个子原生质体各自分泌产生新的下壳，两个细胞形成后，不久即分开，各自发育成1个硅藻新个体。

硅藻分布广泛，是淡水和海水中浮游生物的主要组成者之一。有的营浮游生活，有的底栖，有的附着在其他植物体等物体上。在潮湿的土壤表面、岩面或雨后的树皮上也有很多硅藻生长。特别是在早春和晚秋为硅藻生长的两个高峰。大量繁殖时，也常在水表面形成一层浮沫，即"水华"。

（二）硅藻门植物的代表种类

1. 小环藻属（*Cyclotella*）

小环藻属（图 4-11A），为淡水生种类。单细胞，或细胞以壳面连成链状群体。壳面圆形，带面长方形。壳面纹饰呈放射状排列，但中央区无纹或具点纹。

2. 羽纹藻属（*Pinnularia*）

羽纹藻属（图 4-11B），单细胞，壳面长椭圆形至披针形，两侧平行，少数种两侧中部膨大。壳面具两侧羽状排列的肋纹，1条壳缝较发达，中央节和极节明显。具两块大板状的色素体。羽纹藻属形成复大孢子时为同配，1次可产生2个复大孢子。

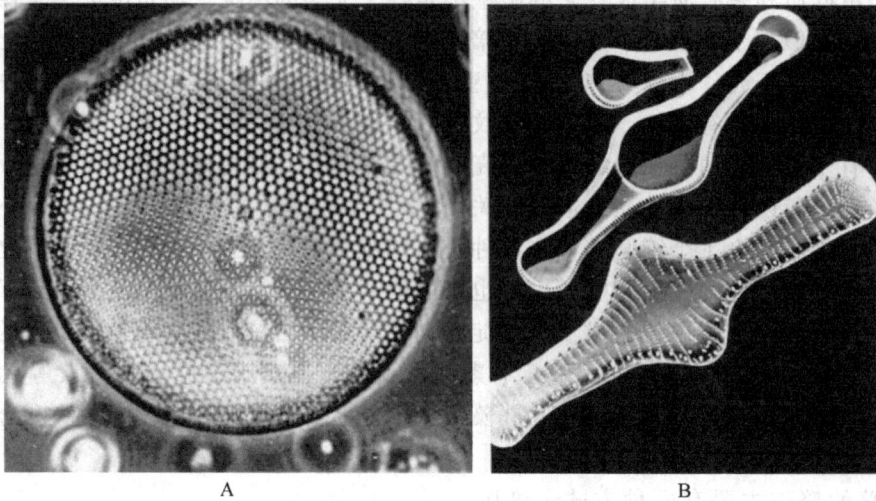

图 4-11　硅藻门植物

A. 小环藻属；B. 羽纹藻属

四、褐藻门（Phaeophyta）

（一）褐藻门植物的主要特征

褐藻是藻类植物中进化水平较高的类群，多为大型藻类，绝大多数海产。褐藻的植物体没有单细胞类型，全为多细胞的结构。从其大小上看差异甚大，小的只有 1～2 cm，大型的可达数米，最大者体长可达 60 m，甚至 100 m 以上。从藻体的结构和进化水平来看，褐藻的植物体可分为三个主要类型：①异丝体。是褐藻中较简单而原始的类型。它的藻体有匍匐的分枝系统和直立的单列细胞的分枝系统。②假薄壁组织体。这种藻体是由许多藻丝粘连在一起所形成的一种假薄壁组织体。③薄壁组织体。是褐藻中进化水平最高的类型。这种类型的褐藻不仅在外形上有一定程度的分化，其内部也有了程度不同的分化，简单的仅有内、外皮层。高级的则分化为表皮、皮层和髓部三层组织，如海带属等。

褐藻的细胞壁由纤维素和藻胶组成。其中的藻胶包括数种不同的胶质，但含量最多的是褐藻糖胶。褐藻细胞中一般仅具单核，较大，仅在极少数种类中发现有多核的现象。褐藻细胞中大多含有多个小液泡。色素体多为小盘状或颗粒状，多个。也有的为带状或星状，所含的光合色素为叶绿素 a 和 c，胡萝卜素和墨角藻黄素等数种叶黄素。一般说多呈褐色，但藻体的颜色变化很大，也有的呈褐绿色等。由于褐藻含有较多的墨角藻黄素等褐色的叶黄素类，它们可以利用绿光，所以，大部分褐藻可生活在较深的海水中。褐藻细胞中储藏的物质主要为褐藻淀粉和甘露醇。此外，还有碘、脂肪、维生素等。

褐藻的繁殖有三种类型，即营养繁殖、无性生殖和有性生殖。①有些褐藻在幼年或老年时期以藻体的断裂进行营养繁殖。也有的褐藻在藻体上长出 1 种繁殖小枝，小枝脱离母体后，可发育成新的植物体。②褐藻中大多具无性生殖。无性生殖器官大多为单细胞结构，称为单室孢子囊，经过减数分裂产生单倍体的游动孢子。褐藻中还有的具有多室孢子囊。它是由多个细胞聚在一起形成的，每个细胞都可产生孢子，但并不经过减数分裂，所以，产生的孢子为二倍体，这种游动孢子直接发育成二倍体的孢子体。③有性生殖褐藻的有性生殖包括同配生殖，异配生殖和卵式生殖。多数褐藻门植物中生活史中具有世代交替。

（二）褐藻门代表植物

海带

海带（*Laminaria japonica* Aresch）是一种冷温带性海藻，为北太平洋西部的地方种类。广布于俄罗斯的堪察加东南岸、千岛群岛南部、萨哈林岛和日本海沿岸、日本北海道和朝鲜的元山以北沿岸。在我国自然生长的海带仅限于辽东和山东两个半岛的肥沃海区，但人工养殖场从北向南，一直达到福建沿海。

（1）植物体的外部形态人们食用的海带的植物体是其孢子体，从形态上明显地分为三部分：固着器、带柄和带片（图 4-12A）。固着器位于藻体的最基部。是由多次二叉分的假根构成的，它牢牢地固着于岩石或其他基物上。带柄直接和固着器相连，长约5～6 cm，近圆柱形。带柄的上端和带片相连，带片最长最宽，其中部较厚，边缘较薄。自然生长的海带一般体长 1～2 m，人工养殖的海带一般 2～4 m，最长可达 5～6 m，宽一般为 20～30 cm，最宽可达 50 cm。整个藻体为褐色，但幼嫩时为绿褐色，老时为橄榄褐色。海带的生长为居间生长，分生细胞位于带片基部和带柄相连接的部分，其细胞小，壁薄，细胞质浓厚，具 1 个大核。这部分细胞的不断分裂，使海带的叶片伸长加宽。带片尖端部分为老细胞。

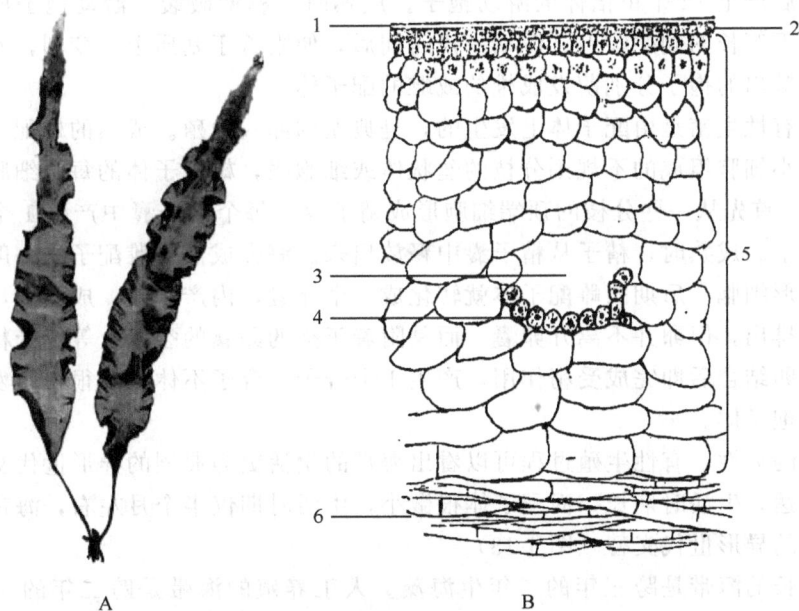

图 4-12　海带

A. 海带外形；B. 海带带片横切面

1. 胶质层；2. 表皮层；3. 黏液腔；4. 分泌细胞；5. 皮层；6. 髓部

（2）植物体（孢子体）的内部结构。海带孢子体的带柄和带片有明显的组织分化，均分为表皮、皮层和髓部三层组织（图 4-12B）。表皮层是由 1 或 2 层排列紧密的小细胞组成，细胞内具多个颗粒状的黄褐色色素体。表皮层是海带光合作用的主要部位。表皮层的内方是由多层细胞构成的皮层，其中，靠近表皮的数层细胞为外皮层，其细胞间有黏液腔，腔内有分泌细胞，可分泌黏液至藻体表面构成胶质层。使藻体黏滑，有保护作用。由外皮层往里，细胞逐渐增大，无色，即为内皮层，也有数层细胞。在内皮层的内方，也就是带片或带柄的中央是由无色藻丝组成的髓部。这些无色的藻丝是由内皮层的细胞分化而来的。髓部的藻丝细胞有两种，一为细长的髓丝细胞，另一种是一端细长一端膨大成喇叭形的"喇叭丝"，同时相连喇叭丝细胞的膨大端彼此相连，外观上颇似被子植物中的筛管。据研究，喇叭丝和体内营养物质的运输有关。

（3）生殖和生活史。海带有无性生殖和有性生殖。无性生殖是在成熟的孢子体上进行的。此时，在带片的两面表皮上可见有许多凸起的暗褐色的不规则斑块，这些就是海带有孢子囊层的区域。它们都是由表皮细胞发育的。孢子囊发生时，表皮细胞首先横分裂为 2 个细胞，上面的 1 个细胞继续向外延伸，成为单细胞的隔丝。隔丝的下部细长无色，上部膨大，内含多个金黄色的色素体。隔丝的顶端有无色透明的胶质冠，且彼此连成一层胶质保护层。而表皮细胞横分裂所产生的下面的 1 个细胞不断向隔丝之间的腔隙产生突起和延伸，发育成为单细胞的孢子囊。通过带片的横切面可见棒状的孢子囊和细长的隔丝相间排列成的整齐的栅状层。但孢子囊较短，都在隔丝含有色素体的膨大端的下方。

然后，孢子囊中的二倍体的细胞核进行减数分裂，并随之进行几次有丝分裂，每个孢子囊中最后产生 32 个单倍体的游动孢子。成熟时，囊壁破裂，游动孢子放出。每个孢子具 2 条不等长的侧生鞭毛、游动一段时间后，便附着于基质上，变圆，然后产生萌发管。以后散出的孢子分别萌发成雄的或雌的配子体。

海带的有性生殖是由配子体上发生的，是典型的卵式生殖。成熟的雄配子体为几个至 100 多个小细胞组成的不规则分枝的丝状体或细胞团，雄配子体的每个细胞都可形成 1 个精子囊。首先从一些分枝的顶端细胞形成精子囊。每个精子囊中产生 1 个具 2 条侧生鞭毛的精子。成熟时，精子从精子囊中释放出来。海带成熟的雌配子体一般是 1 个大的球形或梨形细胞。后期的雌配子体就转化成 1 个卵囊，内产 1 卵。成熟后，卵从卵囊顶端的裂口排出，但卵并不离开卵囊，而是附着于空的卵囊的裂口上等待受精。当 1 个精子与 1 个卵结合后即完成受精作用，产生 1 个合子。合子不休眠，很快萌发成第二代的二倍体的孢子体。

从海带的无性、有性生殖过程可以看出海带的生活史为典型的异形世代交替。它的孢子体很发达，生活时期长，而配子体很微小，生活时期仅半个月左右，海带生活史为孢子体发达的异形世代交替（图 4-13）。

自然生长的海带是跨三年的二年生海藻。人工养殖的海带是跨二年的一年生的海藻，从第一年的夏秋采收游动孢子，到第二年夏季就成熟。

五、红藻门（Rhodophyta）

红藻约 500 属，近 4000 种。分布较广，但绝大多数为海产，是藻类植物中进化水

图 4-13 海带生活史

平较高的类群之一。

（一）主要特征

红藻中大多数为多细胞的植物体。红藻的细胞壁多由纤维素和胶质构成，其胶质的成分有多种，但以琼胶和角叉藻聚糖为多，约占细胞壁干重的 70%。红藻的原生质体中一般只含 1 个细胞核。红藻的色素体中含有叶绿素 a 和叶绿素 b，胡萝卜素和几种叶黄素，同时还含有藻红素、藻蓝素和别藻蓝素，而且含量也较多。红藻的色素体多呈紫红色或红色。红藻可生活在较深的海水中，有些可在水深 100 m 处生长。红藻的色素体在进化水平较低的种类中一般为星芒状，并具 1 个蛋白核。高等类型的色素体为盘状或不规则带状。大多数红藻的细胞内具 1 个中央液泡，泡液的 pH 一般在 4~6.8。细胞中储藏的光合产物主要是红藻淀粉，用碘化钾溶液处理时，变成红紫蓝色或葡萄红色，而不呈蓝紫色。

红藻的繁殖方式主要有以下几种类型。①低等的红藻仅以细胞分裂进行繁殖。②无性生殖，红藻的无性生殖是在单室的孢子囊中产生各种类型的不动孢子。③有性生殖，红藻的有性生殖都是卵式生殖，但精子都不具鞭毛，称为不动精子，它们都是在精子囊中产生的。雌性生殖器官叫果孢，内产 1 卵。低等红藻的果孢是由营养细胞直接转化而成的，仅在细胞的一端或两端稍延伸成喙状的原始受精丝。高等红藻的果孢状如长颈烧瓶，有一细长的受精丝。果孢的卵与不动精子结合后形成合子，高等红藻的合子不脱离母体（雌配子体），继续发育成二倍体的果孢子体。大多数红藻的生活史都具有世代交替。如紫菜属（*Porphyra*），它的叶状体可视为配子体，生活在贝壳中的丝状体可视为孢子体。

（二）代表植物

甘紫菜（*Porphyra tenera* Kjellm）植物体是一种很薄的紫红色的叶状体，大多数仅为 1 层细胞组成，少数为 2 层细胞。藻体的形状多种，如圆形、卵形、披针形等，全缘或有皱褶。基部细胞向下延伸出来的假根丝组成盘状的固着器，借以固着在各种基质上。一般在自然岩礁上生长的紫菜长 20～30cm，人工养殖的紫菜有的可长达 1m。紫菜的营养细胞多有 1 个星芒状的色素体，其上有 1 个，中央位的蛋白核。具 1 个细胞核，位于色素体旁，如果有 2 个色素体时，核在 2 个色素体之间。由于生活环境的不同，紫菜叶状体的颜色也有变化，如紫红色、粉红色或深红色等。

甘紫菜属有无性和有性生殖。甘紫菜叶状体可视为配子体，为单倍体。在一定条件下，如水温高于 10℃时，它的每个营养细胞可转化形成 1 个单孢子，释放出来后，可直接萌发成 1 个紫菜叶状体。

甘紫菜为雌雄同体。生殖时期，它的性器官都是由藻体边缘的营养细胞转化而成的。有的营养细胞经过 6 次有丝分裂产生 64 个精子囊，每个精子囊内产生 1 个不动精子。叶状体上，形成精子囊的区域外观上呈乳白色。另有一些营养细胞不经分裂转化成 1 个果孢，仅 1 端或 2 端突出成喙状的原始受精丝。果孢内有 1 卵。不动精子释放出来以后，随水漂至有果孢的叶状体上，通过原始受精丝进入果孢与卵核结合，产生 1 个合子。合子继续进行 3 次有丝分裂，产生 8 个二倍体的果孢子，并有规则地排列为两层，每层 4 个。此时受精后的果孢就变成果孢子囊。叶状体的这一区域外观上呈现深紫红色。

春季至初夏时，果孢子从果孢子囊中释放出来，随水漂流，至贝壳（或其他含碳酸钙的物体上）就附着，很快萌发并进入贝壳内形成多分枝的紫红色的丝状体，即过去被叫做壳斑藻的丝状体时期，亦为二倍体。实际上可视为甘紫菜生活史中的孢子体。幼年的丝状体细胞细长，长比宽大许多倍，成熟时，许多藻丝变粗，细胞的长宽近相等，此时称为膨大藻丝。每个细胞即形成壳孢子囊，其中的二倍体的细胞核经过减数分裂产生单倍体的壳孢子。膨大藻丝的细胞横壁溶解，形成 1 个连通的管子，壳孢子不断地从其顶端逸出。在条件适宜的晚秋时节，每个壳孢子即可萌发成 1 个第二代的单倍体的叶状体（配子体）。如果当时为初夏，在海水温度较高等条件下，壳孢子只能萌发成很小的小型紫菜，这种紫菜可产生单孢子进行繁殖，只有待水温等条件适合时所产生的单孢子才能萌发成大的紫菜叶状体。由此可说明，小型紫菜的出现，不是甘紫菜生活史中必经阶段，在正常情况下一般不会出现。

综上所述，可见甘紫菜的生活史中有两个重要阶段，一为叶状体阶段，一为丝状体阶段，前者可视为配子体（n），后者可视为孢子体。减数分裂发生在产生壳孢子的时候。所以，甘紫菜的生活史应为具有世代交替的类型。从单倍体的壳孢子，到叶状体及其产生出不动精子和果胞，这一时期为配子体世代，从合子（受精果胞）到果胞子，以及壳斑藻和减数分裂发生前这一阶段为孢子体世代。显然，叶状体比丝状体发达得多，所以，这也是一种异形世代交替（图 4-14）。

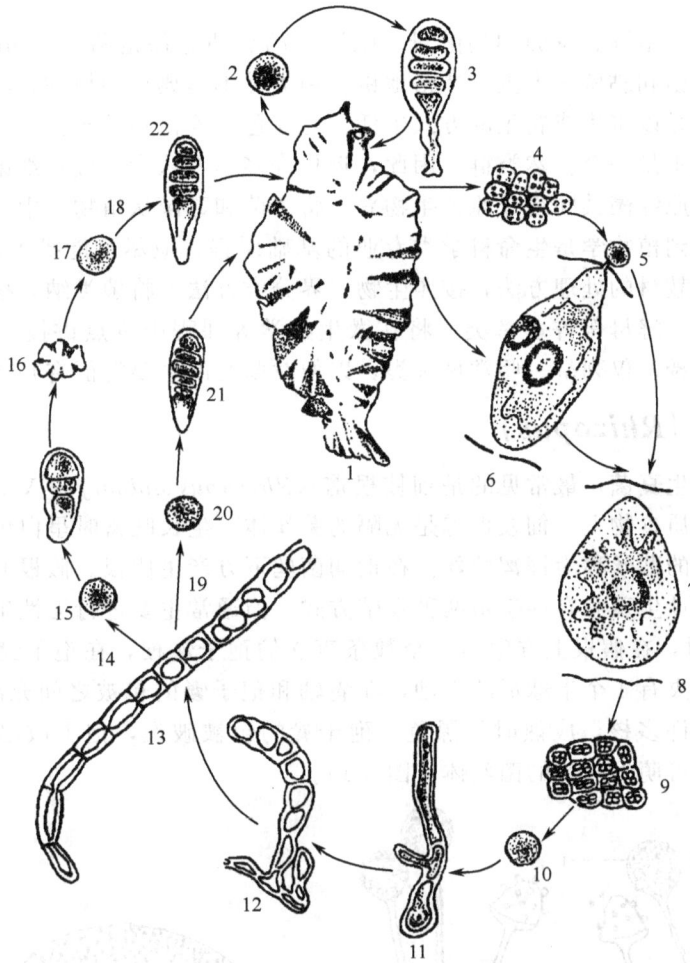

图 4-14　甘紫菜的生活史
1. 甘紫菜叶状体；2. 单孢子；3. 甘紫菜幼体；4. 精子囊；5. 精子；6. 果胞；7. 合子；8. 减数分裂；
9. 果孢子囊；10. 果孢子；11. 丝状体幼体；12. 丝状体的孢子囊；13. 壳孢子成熟；14、15. 初夏释放出
壳孢子；16. 甘紫菜幼体；17. 壳孢子；18、19. 晚秋；20. 壳孢子；21、22. 甘紫菜幼体

第五章　菌　类　植　物

食用的蘑菇、木耳、发面用的酵母、酿酒用的酒曲等都是菌类（fungus）。菌类通常包括细菌、真菌和黏菌三大类。严格地讲，菌类并不是典型的植物，因为它们多数是异养生物，也就是以寄生或腐生的方式生活，与绿色自养植物差异很大。从生物进化的角度看，它们也不是一个自然类群。因此，近代许多学者认为，应将细菌从植物界中分出去，与蓝藻、原绿藻共同组成原核生物界。将真菌和黏菌从植物界中分离出去，单列为真菌界。考虑到植物学是生命科学类专业的基础课程，应尽可能扩大学生的知识面，本章仍采用传统教材的处理方法，按照生物二界分类方法，将菌类纳入植物界讲述。但同时考虑到细菌、酵母等许多菌类，将在微生物学等课程中重点讲授。为避免重复学习，本章不再讲授，仅列举一些常见菌类，以便对菌类的主要特征有基本认识。

一、根霉属（*Rhizopus*）

根霉属为腐生真菌，最常见的是匍枝根霉（*Rhizopus stolonifer* Vuill），又叫面包霉，腐生于淀粉质食物上。匍枝根霉是无隔的菌丝体，生长旺盛时呈白色棉絮状，沿基质表面匍匐生长的菌丝称为匍匐菌丝。在匍匐菌丝下方产生假根。假根伸入基质中吸取营养。根霉有无性生殖和有性生殖两种繁殖方式。但通常主要进行无性生殖。

无性生殖时，在假根上方生出一至数条直立的孢子囊梗，在孢子囊梗的顶端有孢子囊。孢子囊中央有 1 个半球形的囊轴，在囊轴和孢子囊的包被之间充满了孢囊孢子。每个孢子囊内有许多核，成熟时呈黑色，孢子囊的包被破裂，孢子散出。在适宜条件下，每个孢子都可萌发成新的菌丝体（图 5-1）。

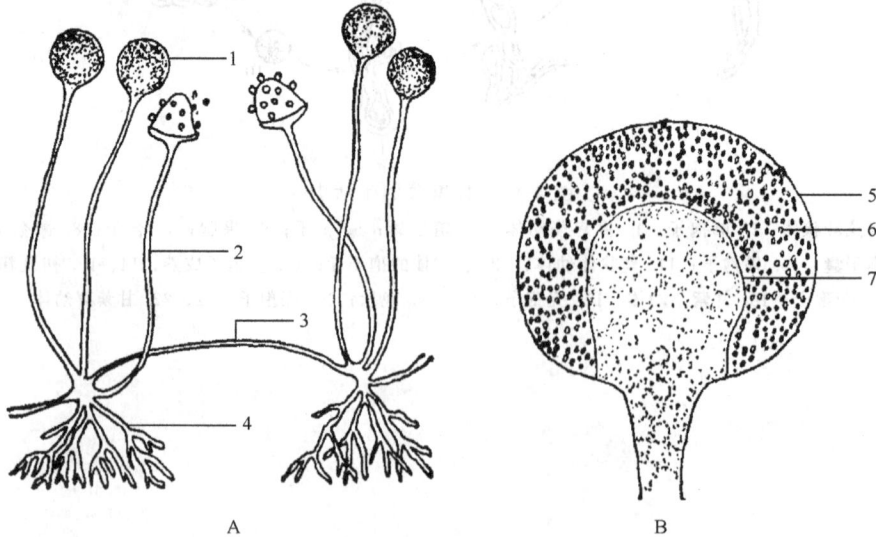

图 5-1　匍枝根霉

A. 菌丝体及其上产生的孢子囊；B. 孢子囊放大图

1. 孢子囊；2. 孢囊梗；3. 匍匐菌丝；4. 假根；5. 包被；6. 孢囊孢子；7. 囊轴

二、青霉属（*Penicillium*）

　　该属分布很广，多生于水果的伤口处，也常见于皮革、衣物或食物上。青霉是有隔的、多分枝的菌丝体。有些向上生长的菌丝就是分生孢子梗，分枝 2～5，呈扫帚状。最末一级小枝叫小梗，从小梗上生长出一串分生孢子（图 5-2）。

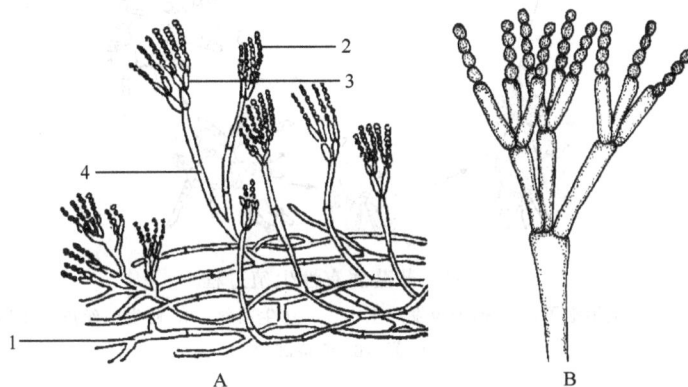

图 5-2　青霉
A. 菌丝和分生孢子梗；B. 分子孢子梗和分子孢子

三、蘑菇属（*Agaricus*）

　　蘑菇是伞菌科黑伞属常见菌类植物，腐生于园地、林边和粪土上。市场上售的双孢蘑菇也属于蘑菇属。蘑菇由菌盖和菌柄两大部分组成。在菌柄的中上部有一白色膜质的环状结构叫菌环，这是由内菌幕的残留部分形成的。在较老的子实体上，菌环已经脱落。在菌盖下面有许多放射状排列的薄片，称为菌褶（图 5-3）。子实层就生在菌褶的两面，由子实层上产生担孢子，进而进行有性生殖（图 5-4）。

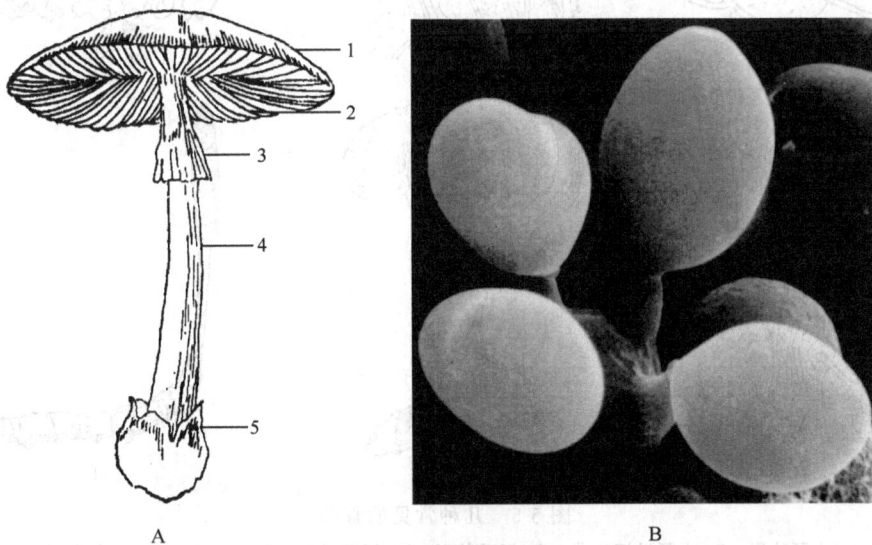

图 5-3　伞菌科子实体外形
A. 子实体外形；B. 担孢子
1. 菌盖；2. 菌褶；3. 菌环；4. 菌柄；5. 菌托

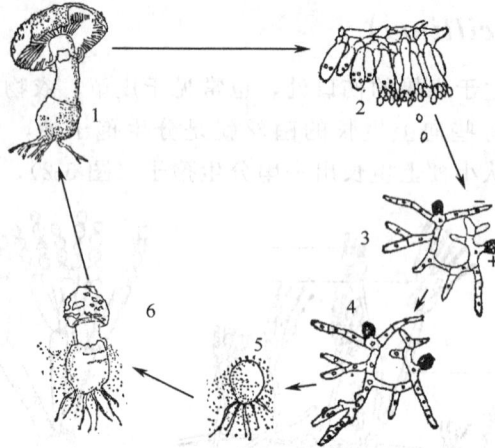

图 5-4　蘑菇属有性生殖过程

1. 成熟子实体；2. 产生担孢子；3. 孢子萌发产生＋、－初生菌丝；4. 初生菌丝进一步形成次生菌丝；
5. 菌蕾；6. 菌幕破裂

四、其他常见菌类

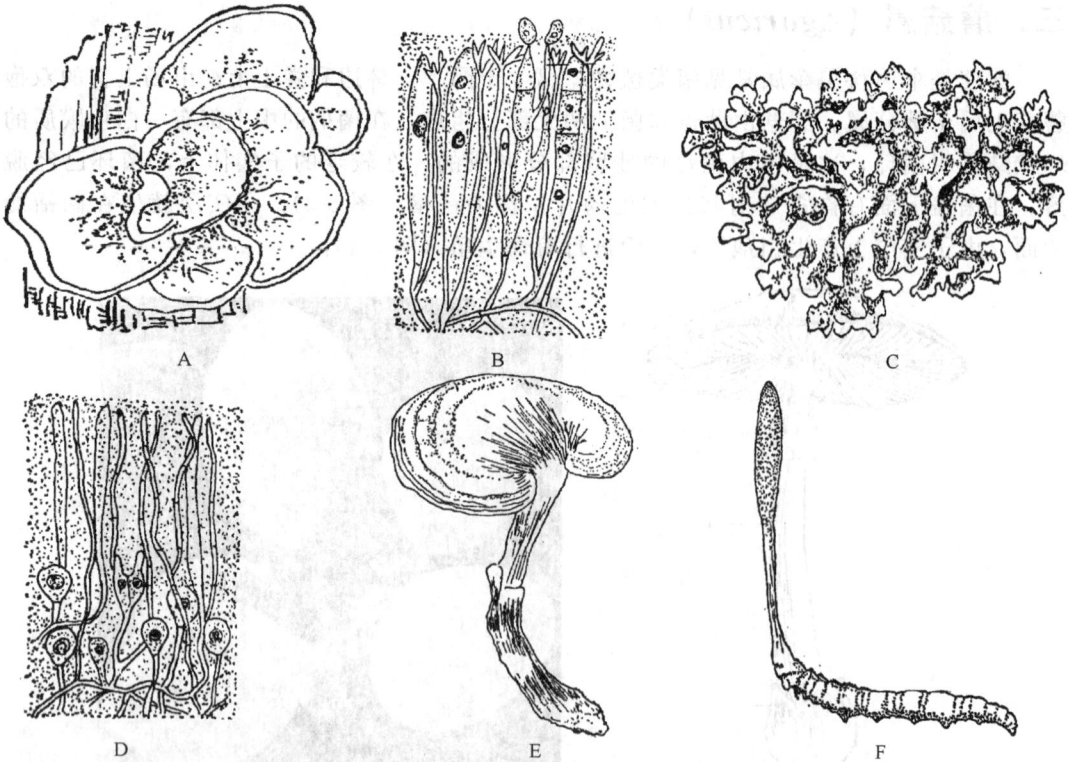

图 5-5　几种常见的真菌

A. 木耳外形；B. 木耳纵切部分；C. 银耳外形；D. 银耳纵切部分；E. 灵芝；F. 冬虫夏草

第六章 地 衣

地衣（lichen）是由一种藻和一种真菌共生组合而成的特殊生物有机体，因此，是否应将其独立列为一个植物门学者意见并不一致。但由于藻和真菌共生后，共生体既不同于一般的真菌，也不同于一般的藻类，无论在形态、结构、生理和遗传方面，都表现出相对固定的习性。因此，多数教材仍将地衣植物作为植物界中一个独立门讲授。

大部分地衣是喜光性、不耐污染的植物。因此，在城市附近往往采不到地衣。在人烟稀少的地方常有地衣大量生繁殖，如在近北极圈有大量地衣生长，常成为当地动物的主要食物来源（图6-1，图6-2）。

图 6-1　近北极圈有大量地衣生长，成为当地驯鹿的主要食物来源

图 6-2　芬兰北部的拉普兰地区，位于北极圈内（A）；驯鹿在雪地觅食地衣（B）

一、地衣的形态

地衣的形态有三种，即壳状、叶状和枝状（图 6-3）。壳状地衣体呈各种颜色的壳状物，常生长于树干、岩石上，往往与基物紧贴，因此，很难从基质上采集（图 6-3A）。叶状地衣体呈扁平叶状，有背腹性，腹面以假根固着于基质上，容易采下（图 6-3B）。枝状地衣呈树枝状，直立或悬挂于附属物上，仅基部附着于基物上（图 6-3C、D）。

图 6-3　三种不同形态的地衣
A. 生长在树干上的壳状地衣；B. 叶状地衣；C、D. 枝状地衣

二、地衣的结构

地衣是由一种藻和一种真菌共生而成的，不同地衣体，内部结构也不完全相同。典型叶状地衣的内部结构分为四层：上皮层、藻胞层、髓层和下皮层。根据藻类细胞在地衣体中的分布情况不同，通常将地衣体结构分为两种类型。

（1）同层地衣。藻类细胞均匀分布在髓层菌丝之间，不在上皮层之下集中排列成一层（图6-4A）。

（2）异层地衣。藻类细胞在上皮层之下集中排列成一层，形成藻胞层（图6-4B）。叶状地衣大多数为异层地衣。枝状地衣全部是异层地衣。

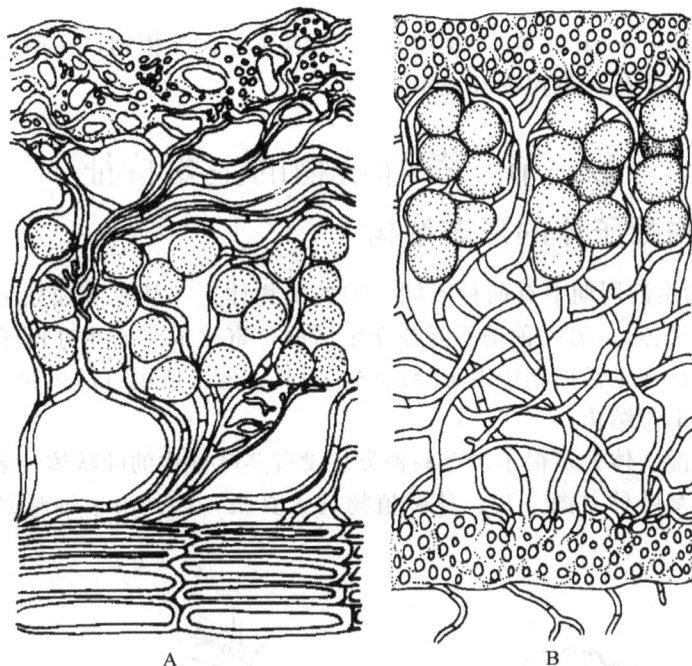

图6-4 地衣的结构
A. 同层地衣；B. 异层地衣

三、地衣的繁殖

地衣的繁殖方式主要有营养繁殖和有性生殖两种类型。地衣较普遍的营养繁殖方式是地衣体的断裂，就是地衣体断裂为若干裂片，每个裂片都可发育成新地衣体。有性生殖是由共生的真菌完成的。组成地衣的真菌不同，其有性生殖方式也随之变化。

第七章 苔藓植物

苔藓植物（bryophyta）是一类小型多细胞的绿色高等植物，一般高或长约为几毫米至十多厘米。多数生于潮湿的环境中。

第一节 苔藓植物的主要特征

一、苔藓植物配子体的形态结构

苔藓植物的生活周期中有两种不同类型的植物体，一种是能独立生活的绿色植物体（单倍体的配子体）；另一种是不能独立生活的，寄生或半寄生在配子体上的二倍体的孢子体。配子体在生活周期中占主导地位，因此，通常所说苔藓植物的形态结构，主要指其配子体的形态结构。

苔藓植物的配子体大多很小。有些种类是没有茎叶分化的叶状体，多数种类是有类似茎、叶分化的茎叶体（图7-1）。苔藓植物均无真根，都是由单细胞或单列细胞组成的假根。

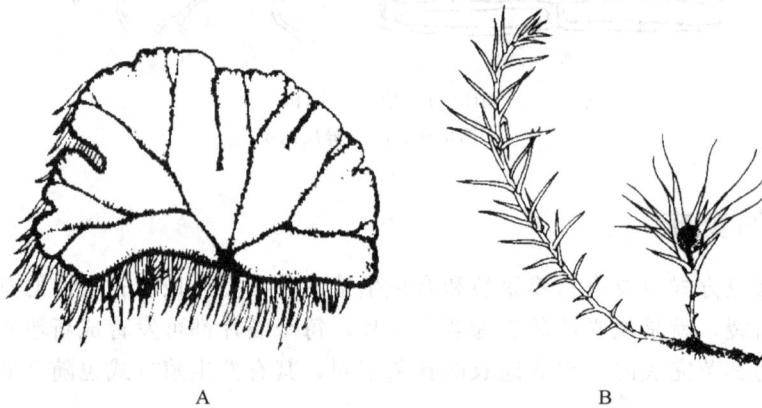

图 7-1 苔藓植物形态
A. 叶状体；B. 茎叶体

苔藓植物配子体的茎中没有中柱，无维管组织，仅有简单的分化。茎叶体类型的植物体，其叶大多由一层细胞组成，既能进行光合作用，也能直接吸收水分和养料。叶的中部是一群狭长的厚壁细胞，称为中肋，中肋主要功能是起支持作用。在叶状体类型的植物体中，也具程度不同的组织分化（图7-2）。

二、苔藓植物的生殖结构和生殖

苔藓植物的雌、雄生殖器官都是由多细胞组成的。雄性器官叫精子器（图7-3A），一般为棒状或球形，外有一层不育细胞组成的壁，其内为多个能育的精原细胞。每个精

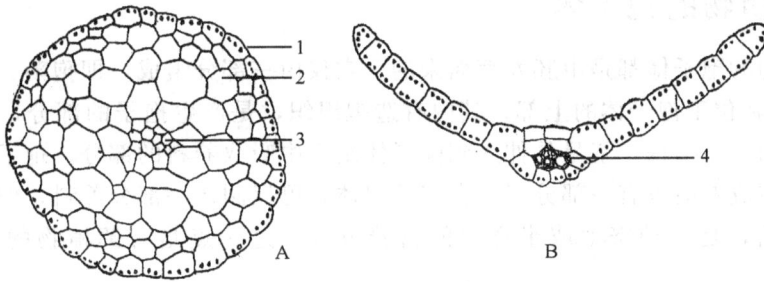

图 7-2　苔藓植物配子体的茎和叶横切面
A. 茎横切面；B. 叶横切面
1. 表皮；2. 皮层；3. 中轴；4. 中肋

原细胞可产生 1 或 2 个长形弯曲的精子，精子顶端都有 2 条等长的鞭毛（图 7-3B）。雌性器官叫做颈卵器（图 7-3C），外观似 1 个长颈烧瓶。其上部细长的部分称为颈部，外壁由一层细胞围成细筒，其中央有 1 条沟，叫颈沟，在颈沟中有 1 列细胞，为颈沟细胞。颈卵器的下部膨大，称为腹部，腹部的外面也是由不育细胞围成的壁，其内有 2 个细胞，下部 1 个大的卵细胞，卵细胞的上方是 1 个小的腹沟细胞，介于最下 1 个颈沟细胞与卵细胞之间，这部分空间也称之为腹沟。当颈卵器发育成熟时，颈沟细胞和腹沟细胞都解体消失，仅卵细胞留存腹部。精子成熟时，精子器顶端裂开，精子溢出。但必须借助于水，精子才能游至颈卵器，然后再通过颈部进入腹部，其中 1 个精子与卵细胞结合，形成 1 个二倍体的合子，以完成受精作用。苔藓植物的合子不经休眠，继续在颈卵器内分裂，发育成多细胞的胚。胚就是由受精卵发育的幼小孢子体的雏形，它受到了母体的更好保护，对于植物在陆生环境中繁衍后代具有重要意义。

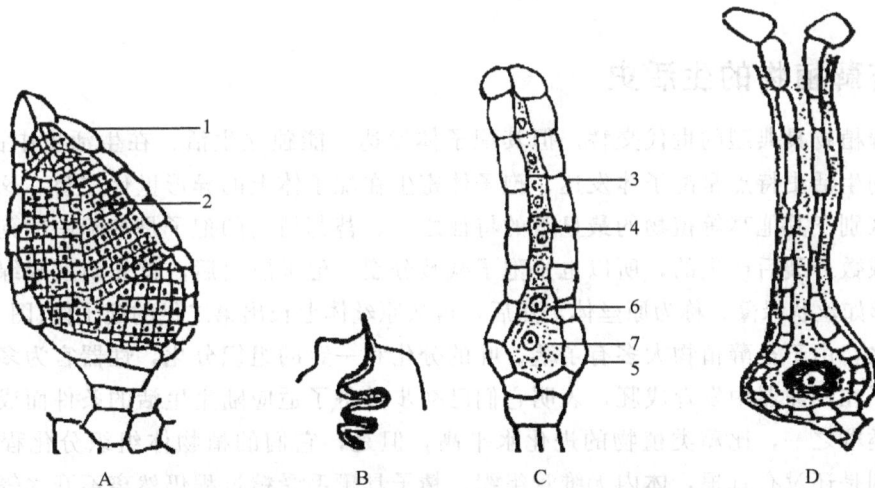

图 7-3　苔藓植物的生殖结构
A. 精子器；B. 精子；C. 幼嫩颈卵器；D. 成熟颈卵器
1. 精子器壁；2. 精原细胞；3. 颈部；4. 颈沟细胞；5. 腹部；6. 腹沟细胞；7. 卵细胞

三、苔藓植物的孢子体

苔藓植物的孢子体都是由胚发育而来的。它仅由三部分组成，即孢蒴、蒴柄和基足（图 7-4）。孢蒴位于孢子体的上部，其内有造孢组织，是产生孢子的部分，蒴柄是连接孢蒴和基足的支持结构，基足是伸入到配子体组织中吸取养料的部分。孢子体不能独立生活，虽然在成熟前也有一部分组织含有叶绿体，可以制造一部分养料，但主要还是依靠配子体供给，是一种寄生或半寄生的营养方式。这一点是苔藓植物的最突出特征之一。

图 7-4　苔藓植物的孢子体

四、苔藓植物的生活史

苔藓植物具典型的世代交替。但其配子体发达，能独立生活，在生活史中占优势，所以它的生活史特点是配子体发达、孢子体寄生在配子体上的异形世代交替。这也是苔藓植物区别于其他高等植物的最显著的特征之一。苔藓植物的孢子是孢蒴中的孢子母细胞经过减数分裂后产生的，所以也是孢子减数分裂。孢子散出后，首先萌发成绿色的丝状体，形如丝状绿藻，称为原丝体，然后，再从原丝体上长出第二代的配子体（图 7-5）。

总之，由于苔藓植物大多有了茎、叶的分化和一定的组织分化，性器官为多细胞结构，合子在颈卵器中发育成胚，表明它们已初步具备了适应陆生生活的条件而成为陆生植物的类群之一，比藻类植物的进化水平高，但是，它们的植物体组织分化程度还不高，特别是还没有真根，体内无维管组织，精子具鞭毛受精过程仍然离不开水等，因而还能不较完善地适应陆地生活。事实上，大多数苔藓植物仅能生活于阴湿环境。苔藓植物尽管是陆地的征服者之一，但它从未在陆地上发展为优势的类群，也没能演化出更高级的类群。特别其生活史中配子体发达、孢子体寄生在配子体上，而植物界是向着孢子体达的方向进化的。所以说苔藓植物是植物界系统进化中的一个盲支。

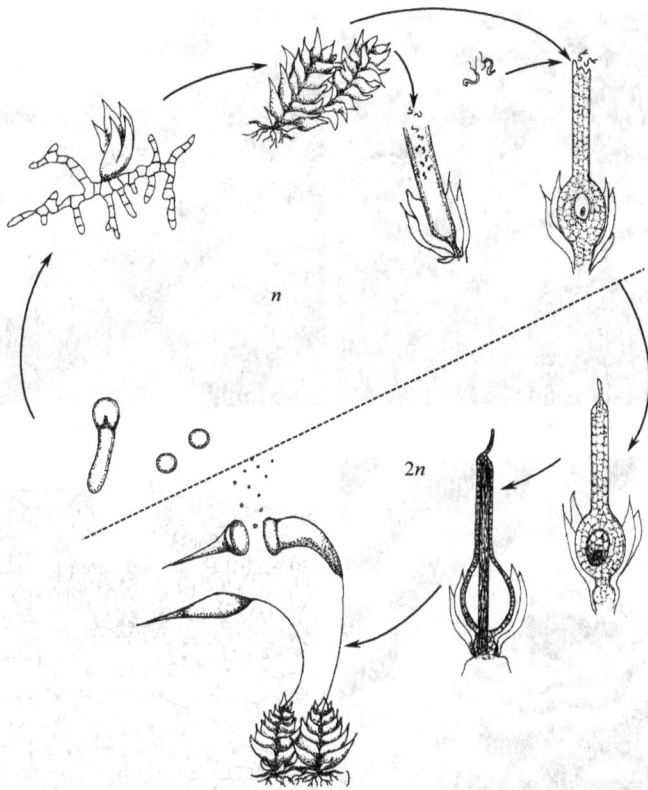

图 7-5 苔藓植物生活史

第二节 苔藓植物的主要特征代表植物

一、地钱属 (*Marchantia*)

地钱 (*M. polymorph* L.) 广布世界各地，常见于墙隅、井边等阴湿土壤上，或生于溪边。植物体 (配子体) 为扁平叶状体，多次二叉状分枝，平铺于地面 (图 7-6A)。所以有背腹之分。在背面可见表面有许多菱形或斜方形的网纹，即为气室的界限，每个网纹的中央有 1 个白色小点，实际是 1 个气孔 (图 7-6B、C)。叶状体的腹面贴生地面，有很多单细胞的假根，其中，又分为简单假根和舌状假根两种类型，前者的细胞壁平滑，后者的细胞内壁向细胞腔内产生很多突起。叶状体的腹面还有紫色的鳞片，它是由单层细胞构成的片状结构。假根和鳞片都有吸收养料、保持水分和固定植物体的功能。

地钱叶状体由多层细胞组成，并有明显的组织分化 (图 7-6D)。将其横切可见以下各都结构：最上层是二层表皮，其上有很多烟囱状的气孔，但不能启闭，表皮下有 1 层气室 (air chamber)，表皮上的气孔就是气室中央向外的开口，从气室的底部向上生出很多排列疏松的绿色同化丝，也称为同化组织，各气室间为单层细胞构成的隔壁，气室以下是由多层薄壁细胞组成的储藏组织，叶状体的下表面为 1 层细胞组成的下表皮，从下表皮上长出假根和紫色鳞片。地钱叶状体生长是由位于前端凹入处的顶端细胞不断分生的结果。它一边分裂，叶状体不断向前生长，同时也不断分叉，后部较老的部分则逐渐死去。

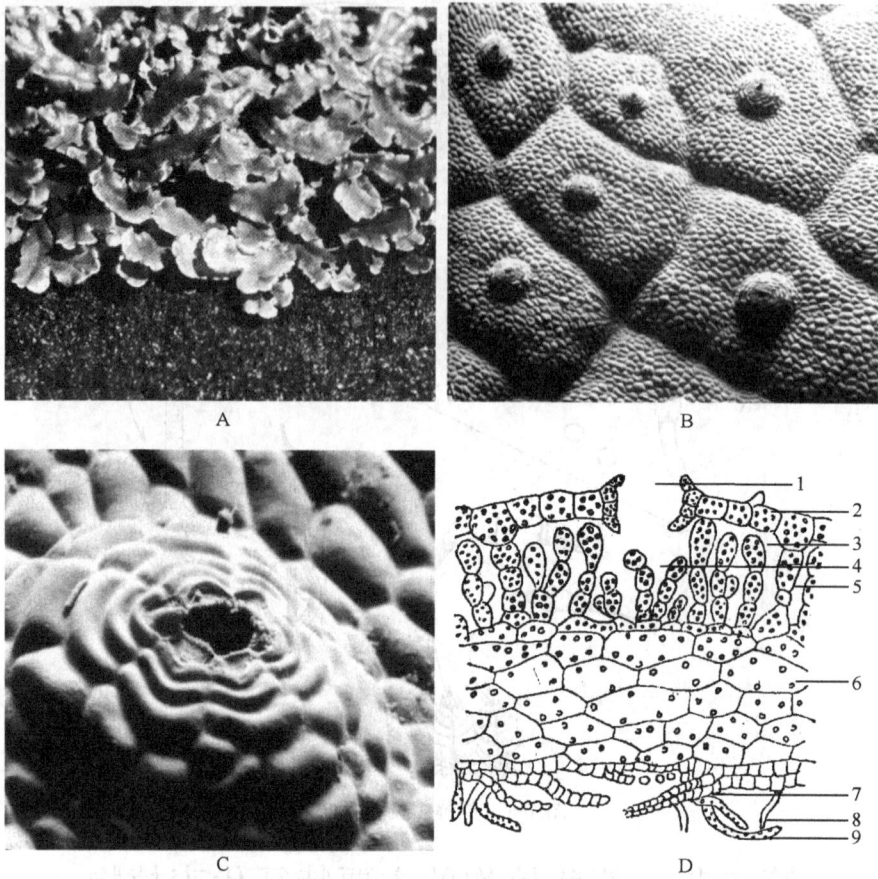

图 7-6　地钱形态和结构

A. 地钱外形照片；B、C. 扫描电子显微镜下地钱气孔；D. 地钱横切面

1. 气孔；2. 表皮；3. 同化丝；4. 气室；5. 气室壁；6. 储藏组织；

7. 鳞片；8、9. 假根

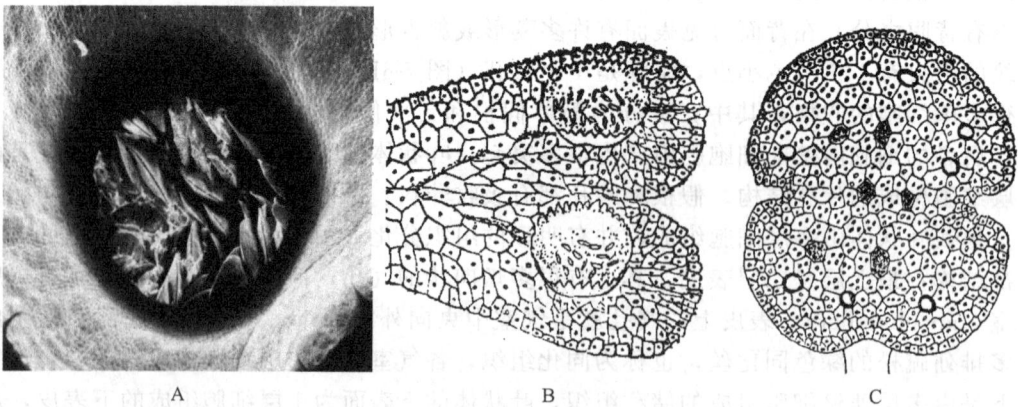

图 7-7　地钱的胞芽杯和胞芽

A、B. 胞芽杯；C. 胞芽

地钱的营养繁殖是由叶状体背面的胞芽进行的。胞芽生于叶状体背面中肋上的胞芽杯中（图 7-7A、B）。胞芽形似扁的圆片体，侧面观为双凸透镜形（图 7-7C），绿色，中部有几层细胞组成，边缘薄。胞芽的两侧各有 1 个凹入口，胞芽的基部有无色的单细胞的短柄固着于胞芽杯的底部。成熟时，胞芽由柄处脱落，散落土中。在适宜条件下贴地的一面有些细胞形成假根，在两侧凹入口处各有 1 个生长点，同时向两个相反方向生长，形成 2 个相反方向的叉形分枝。以后由于胞芽组织的死亡腐烂，形成 2 个对立方向的分离的叉状叶状体。

地钱雌雄异株，在雄配子体的背面产生雄生殖托，在雌配子体的背面产生雌生殖托。雄生殖托是由托柄和顶端的托盘两部分组成的，托柄高 2～3 cm，托盘有波状边缘。托盘有很多精子器腔。每腔内各有 1 个精子器，每腔有一小孔开口于托盘上表面。精子器内的每个精原细胞都可产生 1 个长形弯曲的精子，顶端生有 2 条等长的鞭毛。成熟时，精子器顶端破裂，精子从精子器并通过精子器腔的孔释放出来。雌生殖托也是由托柄和托盘两部分组成的，但其托盘的边缘有 8～10 条指状芒线，在二芒线间托盘向下卷曲的部分上倒悬 1 列颈卵器，靠外方的颈卵器先成熟，越近内方成熟的越晚。在每列颈卵器的两侧各有一片薄膜将其遮住，称为蒴苞。同样，地钱的受精过程需有水作媒介，精子才能游至颈卵器内与卵结合形成合子。合子在颈卵器内不经休眠，进行分裂，发育成胚，并进一步发育成孢子体。地钱的孢子体也由孢蒴、蒴柄和基足三部分组成。顶端为孢蒴，近球形，蒴柄较短，基部为稍膨大的基足，伸入到托盘组织中吸收雌配子体的营养，供孢子体的生长和发育。孢蒴内的很多孢子母细胞经过减数分裂产生很多的单倍体孢子。孢蒴成熟后，其顶端不规则裂开，孢子借弹丝的屈伸弹动而散出。在适宜的条件下，萌发成原丝体。每个原丝体再发育成 1 个新的第二代的配子体。其生活史图解如下（图 7-8）。

二、葫芦藓属（*Funaria*）

葫芦藓为小型土生藻类，广布于田园、村边、路旁、背阴的房后湿地或墙脚，以及被火烧过的林地。葫芦藓的配子体矮小，一般高 1～2 cm，直立丛生，茎的基部有单列细胞组成的分枝假根。

葫芦藓的配子体一般为雌雄同株，雌、雄生殖器官分别生于不同的枝端。产生精子器的枝，顶端叶形较大而且外张，称之为雄苞叶。数十个棒状精子器聚生于枝顶的中央，状似一朵小花。在精子器之间还杂有很多单列细胞组成的隔丝，其最顶端 1 个细胞膨大成球形。每个精子器的基部有短柄。精子器成熟时，其内的每个精原细胞各产生 2 个具 2 条鞭毛的长形弯曲的精子。它们从精子器顶端的裂口释放出来。在产生颈卵器的雌枝的顶端叶片较窄，而且紧包如芽，这种叶子称为雌苞叶。其内生有数个颈卵器，颈卵器的下面也有短柄着生于雌枝的顶端。成熟时，颈沟细胞和腹沟细胞溶解，颈部顶端裂开。在有水的条件下，精子游到颈卵器附近，并从颈部进入颈卵器内，其中，1 个精子和内中的 1 个卵结合，形成 1 个合子。通常在雌枝顶端的数个颈卵器中的卵都可受精。但最后仅有 1 个颈卵器中的合子继续发育成胚，其余几个都败育了。葫芦藓的胚以后继续分化发育成孢子体。葫芦藓的胚和孢子体的早期发育都是在颈卵器中进行的。开始阶段，颈卵器的腹部细胞也随着胚的发育而不断分裂，增加腹部的长度和容积，但

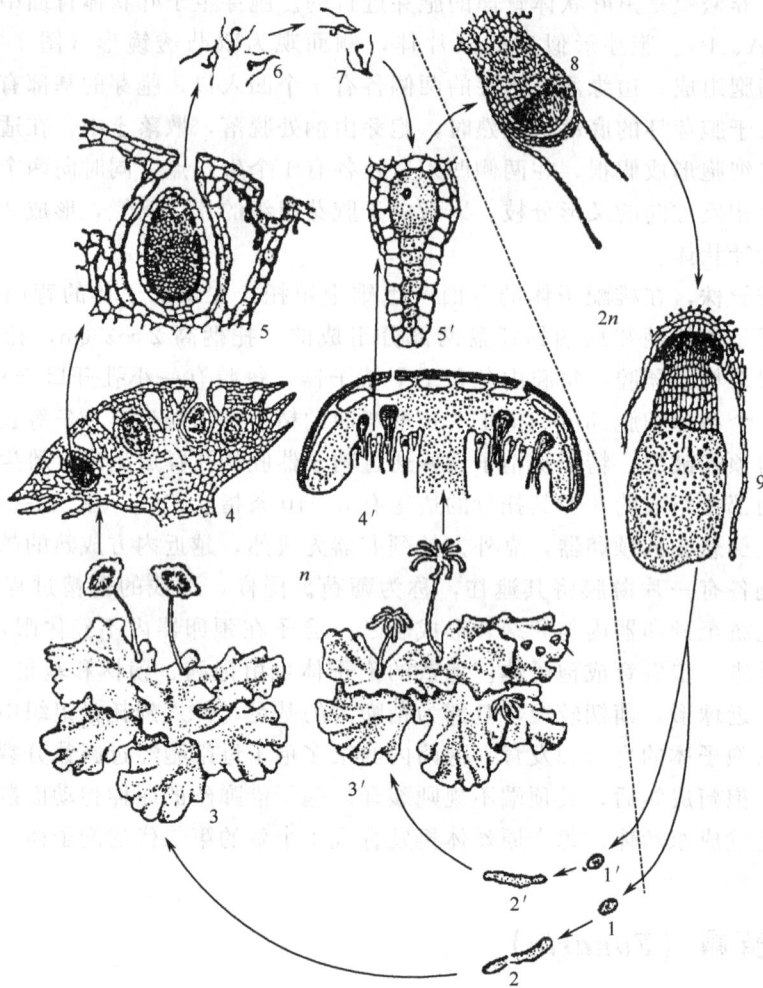

图 7-8　地钱生活史

1、1′. 孢子；2、2′. 原丝体；3. 雄配子体；3′. 雌配子体；4. 雄生殖托纵切面；4′. 雌生殖托纵切面；
5. 精子囊；5′. 颈卵器；6. 精子；7. 精子借助水游向卵并与之结合；8. 合子发育成胚；9. 孢子体

是，由于蒴柄伸长的速度非常快，不久就把颈卵器从其基部顶断横裂。颈卵器的腹部和颈部仍罩于正在发育的孢蒴之上，形成 1 个兜形的蒴帽，至孢蒴完全成熟时蒴帽才自行脱落。蒴帽并不是孢子体的组成部分，而是配子体的一部分。

　　孢蒴是孢子体的主要部分，孢蒴内有孢原组织，以后发育成孢子母细胞，每个孢子母细胞经过减数分裂各产生 4 个单倍体的孢子，孢子在孢蒴中成熟后，散发至外界。在适宜的条件下，葫芦藓的孢子首先萌发出绿色的分枝丝状体，即原丝体。以后，再从原丝体上产生多个芽体。每个芽体进一步发育成第二代的配子体。至此，葫芦藓完成了一个生活周期。葫芦藓的孢子体主要靠配子体供给养料，孢子体是寄生或半寄生的生活方式。其生活史图解如下（图 7-9）。

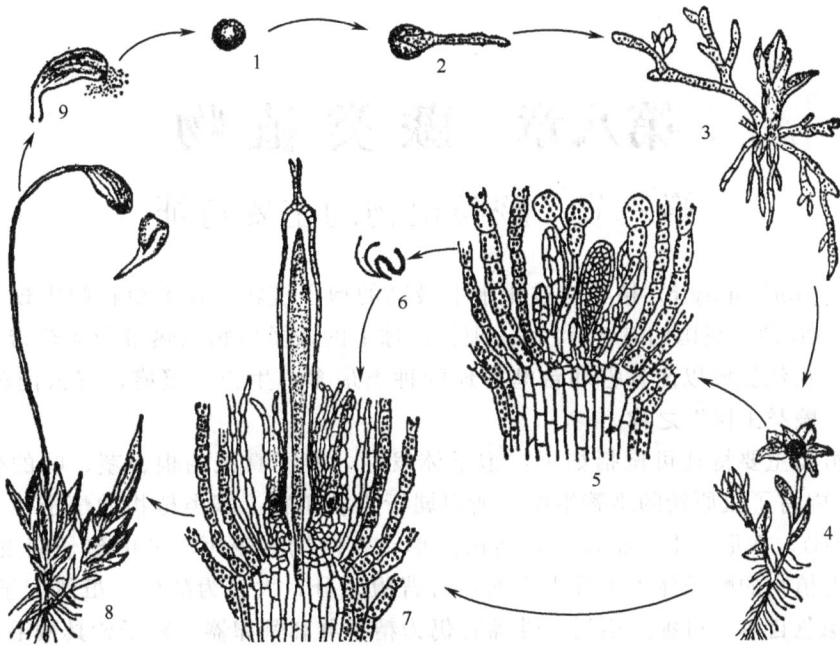

图 7-9　葫芦藓生活史

1. 孢子；2. 孢子萌发；3. 原丝体；4. 配子体；5. 雄枝纵切面，示精子囊和隔丝；6. 精子；7. 雌枝纵切面，示颈卵器；精子借助水游向卵并与之结合；8. 合子发育成胚，并发育成孢子体；9. 孢蒴内经过减数分裂产生孢子，孢子在孢蒴中成熟后，散发至外界

第八章　蕨　类　植　物

第一节　蕨类植物的主要特征

蕨类（pteridophyte）植物是进化水平最高的孢子植物。蕨类植物门中现生存的种类约为 12 000 种，我国约有 2600 种。现代地球上的蕨类植物以热带和亚热带地区最为繁茂，我国长江流域以南各省和台湾等地的种类最多，生长最繁盛，仅云南就有 1000 多种，有"蕨类王国"之称。

蕨类植物主要特征可概括如下：孢子体发达，有了真正的根、茎、叶的分化（图 8-1A）。体内有了较原始的维管组织，所以属于维管植物。蕨类植物的配子体又称原叶体（图 8-1B），在形态上都很微小，结构简单，生活期也较短，是由孢子萌发产生的。大多数蕨类植物的配子体生于湿土表面，有背腹之分，大多为陆生。虽然配子体弱小，但大多为绿色自养，可独立生活。性器官仍为精子器和颈卵器，精子皆具鞭毛，受精过程仍离不开水，生活史为孢子体发达的异形世代交替。

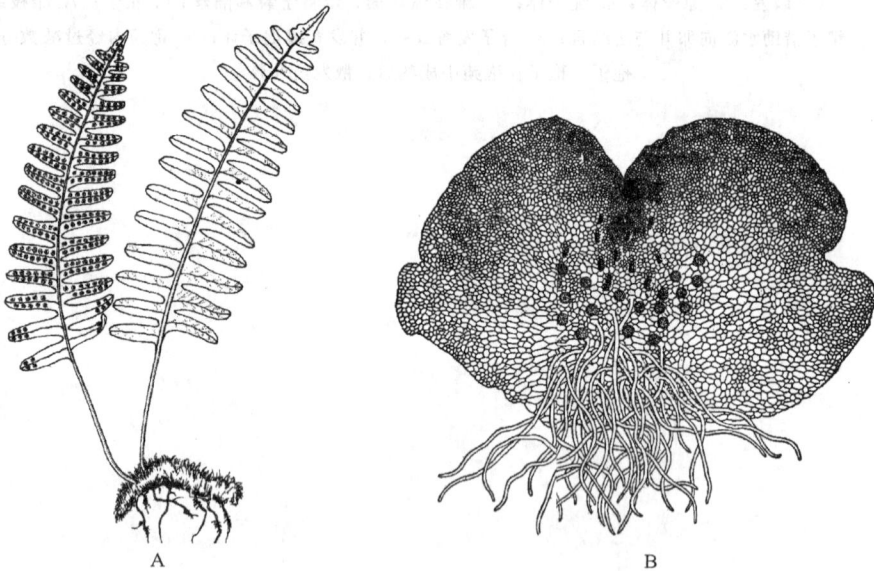

图 8-1　蕨类植物孢子体（A）和配子体（B）

第二节　蕨类植物的代表植物

一、蕨属（*Pteridium*）

蕨属植物的孢子体为大型多年生草本植物，是喜光的蕨类，常生于较少蔽阴的林地或开阔地，常常是森林砍伐后，暴露林地上的一种先驱植物群落，我国南北各省均有分布。蕨属植物的地上部分都是叶片，没有地上茎，只有地下的根状茎。根状茎黑色，在土层中横走生长，二叉分枝，上生不定根并被有棕色的茸毛。每年春季从根状茎上生出叶，幼叶拳卷，幼叶被人们食用，称为拳菜。定型后叶片呈三角形，2～4回羽状复叶，叶柄粗壮而长，叶高达 1m以上。

图 8-2　蕨属植物叶

根状茎的最外层为表皮，其内为皮层，紧贴表皮层是一层宽的不连续的厚壁组织，而内方是薄壁组织。维管束排列成二环，称为多环网状中柱，外环的维管束多个，内环为 2 个弧曲条。在内、外二环维管束之间也有机械组织。每个维管束的韧皮部围在四周，木质部在中央。因此，蕨类植物已进化为维管植物（图 8-3）。

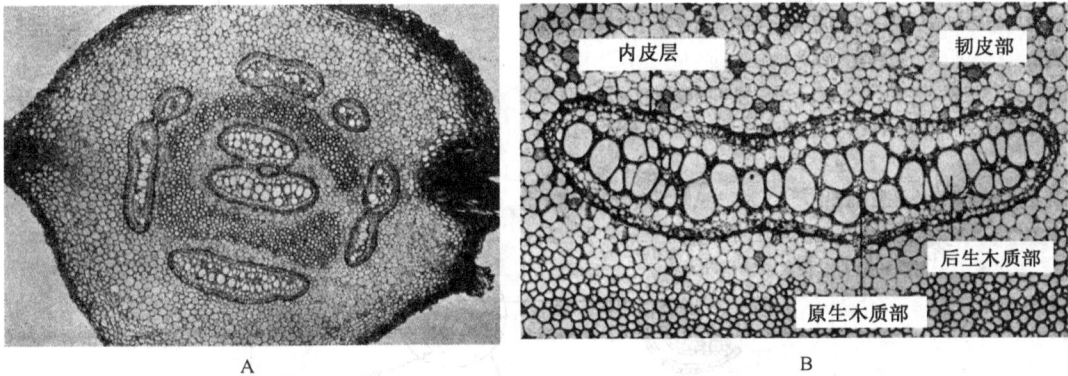

图 8-3　蕨属植物根状茎横切面

A. 根状茎横切面，示中柱结构；B. 根状茎横切面部分放大，示维管组织结构

蕨属为同型叶，孢子叶和营养叶不分开，同一叶既是营养叶，又可产生孢子囊。无数的孢子囊在少羽片背面边缘集生成连续的线形孢子囊群。每个孢子囊扁圆形，具 1 个长柄，囊壁由 1 层细胞构成。孢子囊内一般有 116 个孢子母细胞，经减数分裂产生 64 个单倍体的孢子。孢子成熟时，孢子囊裂开孢子散落出来。

蕨的孢子散落后，在适宜的条件下萌发，经过多次分裂，最终形成心形的配子体（即原叶体）。蕨的配子体 1 cm 左右，绿色自养，背腹扁平，中部较厚，由多层细胞组成，腹面生有许多单细胞的无色假根。蕨的配子体为雌雄同体，雌、雄生殖器官都生于腹面，颈卵器数量较少，生于配子体前端近缺口处后方。精子器的数量多，一般比颈卵器先形成，生于配子体的中后方和边缘，精子器内产生数十个螺旋形的多鞭毛的精子。成熟时，在外界有水的条件下，精子从精子器的顶端开口处放出，颈卵器中的颈沟和腹沟细胞都融解成一团胶质体，并刺激精子游向颈卵器，数个精子均可进入颈卵器的腹部，但仅有 1 个精子与卵结合形成合子，从而完成受精过程。蕨的合子在颈卵器中不经休眠，连续进行多次分裂形成胚。真蕨类 1 个成熟的胚是由茎端、叶、胚根、基足所组成。基足是 1 种吸收器官，从配子体吸取养料，以供幼小孢子体的早期发育。当幼孢子体的茎、叶和根由配子体腹面穿出，根伸入土中时，茎叶则从配子体的凹入处向上伸出并直立生长。配子体不久即枯萎死亡，而由胚根所形成的根不久亦死去，再由茎部生出不定根。以后孢子体不断生长，并发育成大型的孢子体。其生活史图解如下（图 8-4）。

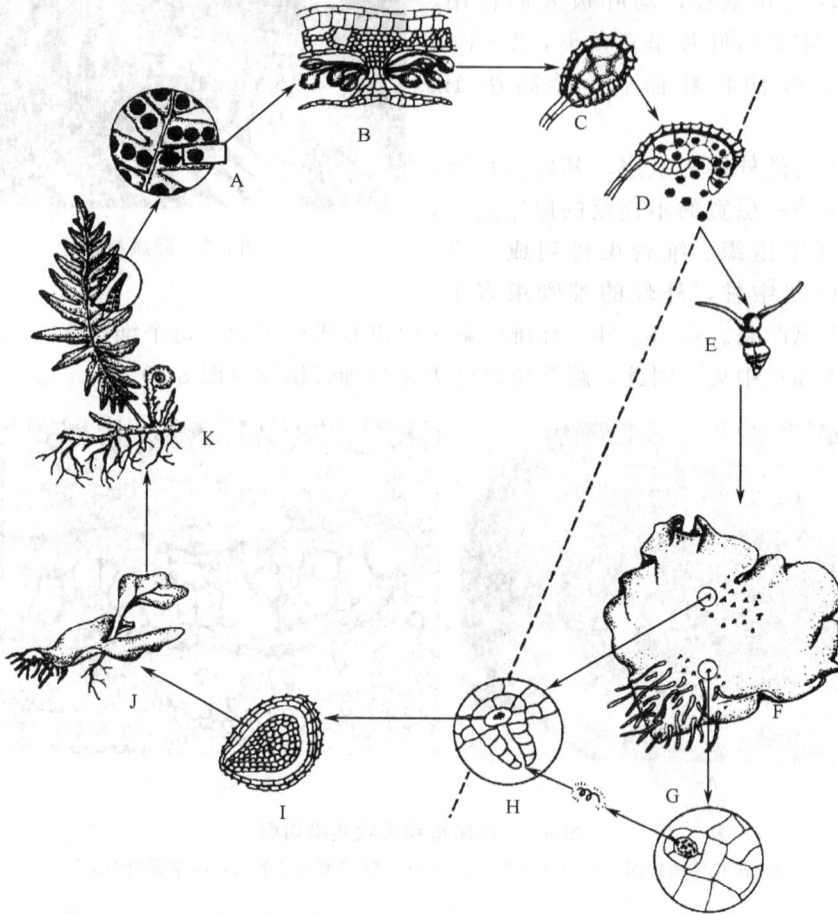

图 8-4　蕨类植物的生活史

A. 孢子囊群；B. 孢子叶横切，示孢子囊群；C、D. 孢子囊经减数分裂产生孢子；E. 孢子萌发；
F. 原叶体；G. 精子器产生精子；H. 颈卵器主生卵，并与精子结合形成受精卵（合子）；
I. 合子发育成胚；J. 胚在原叶体上继续发育成孢子体幼苗；K. 孢子体

蕨类植物的生活史可归纳为如下简图（图 8-5）。

蕨类植物的生活周期中孢子体和配子体都能独立生活是其显著特征。配子体具有体积小、培养周期短等特点，便于在有限空间和时间内培养出大量个体。另外，配子体是单倍体，一旦其基因发生突变，无论是显性突变，还是隐性突变，都能得到表现。因此，蕨类植物，尤其是配子体，是被用于研究基因突变和植物发育的实验材料。

二、其他蕨类植物

地球上生存的蕨类植物约有 12 000 种，我国约有 2600 种。本章仅展示几种常见蕨

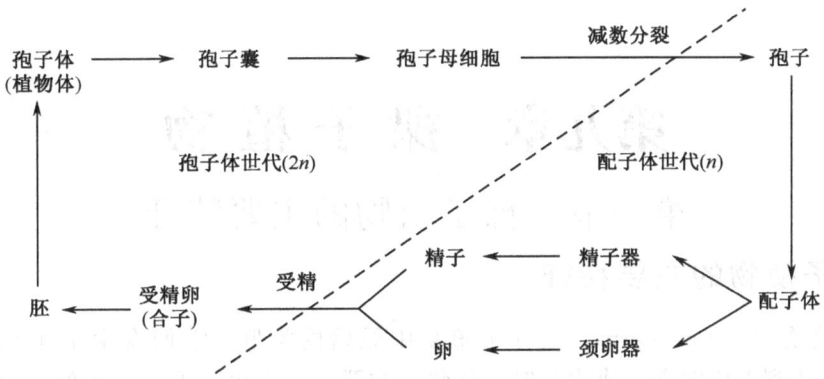

图 8-5　蕨的生活史简图

类植物图片（图 8-6）。

图 8-6　几种常见蕨类植物
A. 问荆；B. 石松；C. 卷柏

第九章 裸子植物

第一节 裸子植物的主要特征

一、裸子植物的主要特征

裸子植物（gymnosperm）是种子植物中原始的类群，它们发生于 4 亿年前，在 1.8 亿年前达到繁盛时期，成为当时最优势的类群，后来由于地球气候的变化，它们逐渐衰退，到 1.3 亿年前终于由新兴的被子植物所代替。松树、柏树、银杏等植物都是裸子植物。之所以称它们是裸子植物，首先因为它们产生种子，因此属于种子植物。不像藻类植物、蕨类植物和菌类终生只产生孢子，不产生种子，所以藻类植物、蕨类植物和菌类称为孢子植物。其次，裸子植物的种子不像被子植物的种子被一个"壳"（果皮）包被着（如花生、西瓜等）。裸子植物的种子外没有子房壁包被，不形成果实，也就是说，裸子植物的种子是在外面裸露的，因此，这类植物叫做裸子植物。在植物界中，裸子植物是处在蕨类植物和被子植物之间的一群高等植物。绝大多数裸子植物既是具有颈卵器的颈卵器植物，是颈卵器植物中的最高级的类群，又是能产生种子的种子植物，是种子植物中的原始类群。概括起来有以下主要特点：

图 9-1 松树林，示裸子植物发达的孢子体

1. 孢子体特别发达

裸子植物均为多年生木本植物，多为乔木，少数为灌木（图 9-1）。在生活周期中，孢子体占据绝对优势，而配子体寄生于孢子体上。维管组织比蕨类植物更加进化，但维管组织的组成比被子植物要原始，木质部主要由管胞组成、韧皮部主要由筛胞组成，多数裸子植物还没有导管，只有少数进化类型较高级的裸子植物（如草麻黄）才具有导管。

2. 产生裸露的种子

这是裸子植物的重要特征。大孢子叶（心皮）丛生或聚生成大孢子叶球，每个大孢子叶边缘生有裸露的胚珠，传粉受精后，胚珠发育成种子。由于胚珠是裸露的，因此，种子也是裸露的（图 9-2）。

裸子植物产生种子的特性，使它们的下一代幼小植物体在形成时期得到母体营养物质的充分供应，成熟的种子又有防止干燥环境的特征结构和传播种子的构造，因此，得以在陆生干燥的环境中顺利地繁衍。裸子植物和被子植物都能产生种子，合称为种子植物。二者的最大区别就在于：前者种子裸露，无果皮包被；而被子植物的种子包在果皮内，形成果实。

图 9-2　苏铁大孢子叶球和大孢子叶
A. 大孢子叶球；B. 大孢子叶，大孢子叶边缘着生有裸露的胚珠

3. 配子体简化，雌配子体具有颈卵器

裸子植物配子体都很小，完全寄生在孢子体上，不像蕨类植物那样孢子体和配子体都能独立生活。雌配子体的近珠孔端产生颈卵器（图 9-3A），其结构比起蕨类植物的颈卵器更为退化，仅有 2～4 个颈壁细胞露在外面，颈卵器内有 1 个卵细胞和 1 个腹沟细胞，无颈沟细胞。小孢子就是花粉粒（单细胞时期），花粉粒在小孢子叶的小孢子囊里萌发成几个细胞的幼小雄配子体。当花粉粒被风吹送到胚珠上后，继续发育为成熟的雄配子体（图 9-3B）。

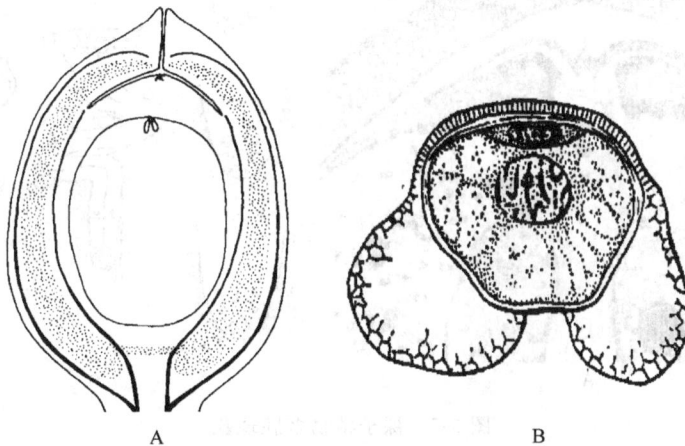

图 9-3　裸子植物的胚珠和花粉
A. 苏铁胚珠纵切示意图；B. 松幼小雄配子体（花粉）

因此我们可清楚地看到雄配子体前一时期寄生在小孢子叶上，后一时期寄生在胚珠上。由受精卵（合子）进一步发展成胚。胚和剩余的胚乳（雌配子体的一部分）被包在不断肥厚的珠被（形成种皮）里形成种子。种子由胚、胚乳和种皮等组成。胚是新的一代孢子体，胚乳来源于雌配子体，种皮来源于珠被，是老一代的孢子体；因此裸子植物

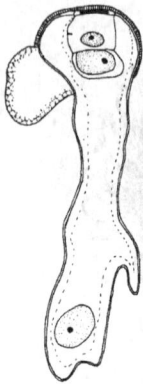

图 9-4　松成熟雄配子体，
示花粉管

的种子包含有三个不同的世代。由此可见，裸子植物的胚乳和被子植物的胚乳是有本质区别的。这种配子体进一步退化，完全寄生在孢子体上，使柔嫩的配子体得到更好的保护，不至受到外界的损伤而死亡，比起孢子植物就更适合于陆生环境。

4. 形成花粉管

花粉粒被风吹送到胚珠上后，花粉萌发形成花粉管（图 9-4）。花粉管即可吸取胚珠的营养继续生长，后来花粉管向胚珠里生长，把精子送进胚囊，完成受精作用。花粉管的形成是裸子植物显著的进步特征，使其生殖过程不再受到水的限制，因此，能更好地适应陆生环境。

5. 具多胚现象

一粒种子中含有多个胚的现象称为多胚现象。大多数裸子植物都具有多胚现象。第一种情况是由于一个雌配子体上的几个或多个颈卵器的卵细胞同时受精，这种方式形成的多胚，称为简单多胚现象（图 9-5A）。另一种情况由于一个受精卵在发育过程中，胚原组织分裂为几个胚，这种现象形成的多胚称为裂生多胚现象（图 9-5B）。

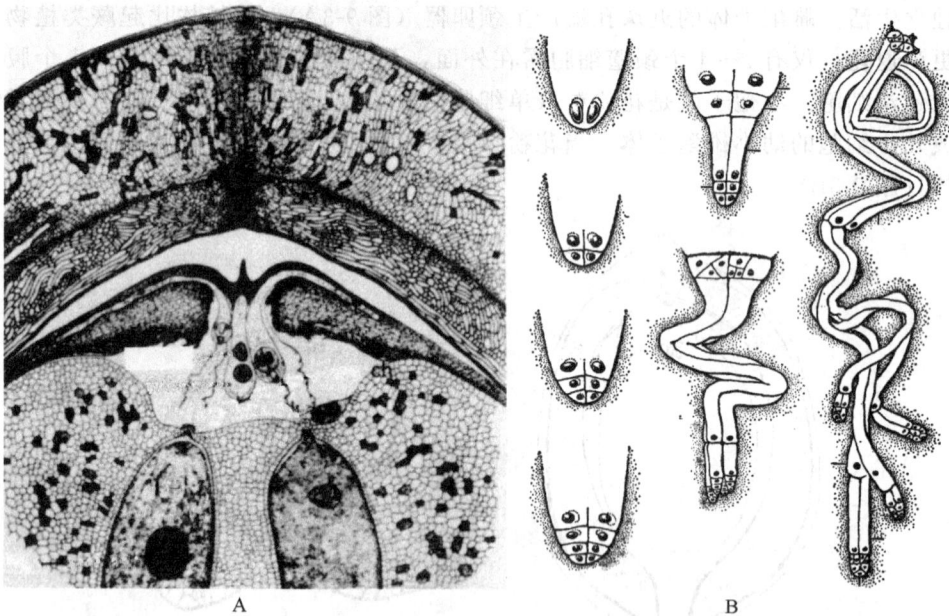

图 9-5　裸子植物多胚现象

A. 苏铁胚珠纵切，雌配子体上的 2 个颈卵器；B. 松的裂生多胚发生过程

二、裸子植物生活史

松属（*Pinus* Linn.），是最常见的裸子植物，其生活史已被详细研究，现以松属植物的生活史为例，讨论裸子植物的生活史。

通常我们见到的松树就是松的孢子体，其孢子体非常发达，一般为常绿乔木（图

9-6)。松树的枝有长枝和短枝之分，长枝上有鳞片叶。鳞片叶的叶腋部有短枝，短枝极拓，约 1 mm，短枝顶端着生一束针形叶，每束通常有 2、3 或多或少个针形叶。2～12 年后，短枝和叶一起脱落。

　　孢子体发育到一定时期，产生繁殖器官——孢子叶球。松的孢子叶球单性，同株。小孢子叶球生于当年生新枝的鳞片腋内，多数小孢子叶球密集着生在一起（图9-7A）。小孢子叶球是由许多小孢子叶构成的（图 9-7B）。每个小孢子叶下面有 2 个小孢子囊。冬季在小孢子囊中形成造孢组织，并进一步发育成小孢子母细胞。春季，小孢子母细胞经减数分裂，每个小孢子母细胞形成 4 个单细胞花粉（小孢子）。

图 9-6　松的孢子体

图 9-7　松的小孢子叶球（A）和小孢子叶（B）

　　单细胞花粉（小孢子）是雄配子体的第一个细胞（图 9-8A）。小孢子在小孢子囊中进行一次有丝分裂，形成 2 个细胞，其中，较小的 1 个细胞是原叶体细胞，较大的 1 个是胚性细胞（图 9-8B）。胚性细胞再分裂为 2 个细胞，产生第二个原叶体细胞和 1 个精原细胞（图 9-8C）。精原细胞再分裂为 2 个细胞，形成 1 个管细胞和 1 个生殖细胞。至此，小孢子发育成为成熟的雄配子体。成熟的雄配子体有 4 个细胞，即 2 个退化的原叶体细胞、1 个管细胞和 1 个生殖细胞（图 9-8D，E）。在晚春时节，从小孢子叶的小孢子囊中散出。花粉的两侧具有气囊，能使花粉在空气中漂浮，便于传粉。借助风力，花粉从小孢子叶球传播到大孢子叶球的胚珠上，并在胚珠上萌发生长出花粉管（图 9-

8F)。此时，由于雌配子尚未发育成熟，花粉管暂停生长，一直储藏在胚珠的珠孔中，直到第二年春天才再次开始生长。花粉管的形成和花粉的空中传播使植物受精过程摆脱了水的束缚，因此，裸子植物与蕨类植物比较，更适应陆生环境。

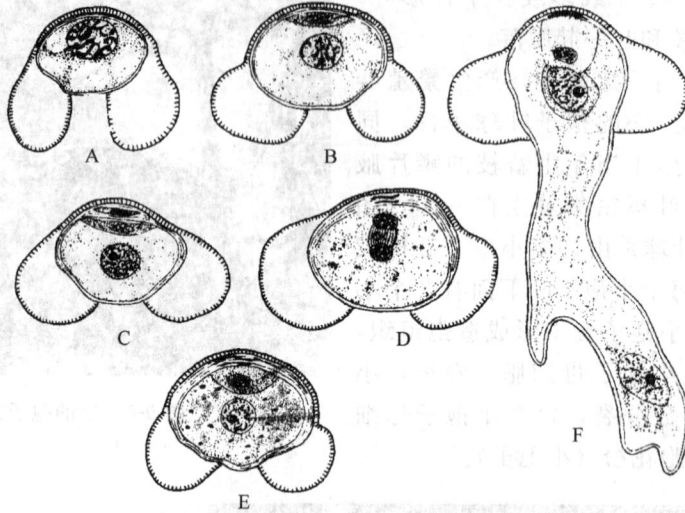

图 9-8　松属植物雄配子体的发育

A. 小孢子（单细胞花粉）；B. 小孢子有丝分裂，形成胚性细胞和第一个原叶体细胞；
C. 胚性细胞分裂形成精原细胞和第二个原叶体细胞；D、E. 精原细胞分裂形成
1 个管细胞和 1 个生殖细胞；F. 花粉萌发形成花粉管

大孢子叶球生于当年生新枝的顶端，幼小时红色或紫色，后变成绿色，成熟时褐色。大孢子叶球是由许多大孢子叶紧密排列于大孢子叶球轴上形成的（图 9-9A）。每个大孢子叶由两部分组成，下面较小的薄片称为苞鳞，上面大而肥厚的部分称为珠鳞。每个珠鳞的基部近轴面着生 2 个倒生胚珠（图 9-9B）。

胚珠由一层珠被和珠心组成，珠被在外面，在下端留有一孔，称为珠孔。珠心就是大孢子囊，中间有 1 个细胞发育成大孢子母细胞。大孢子母细胞经减数分裂形成 4 个大孢子。4 个大孢子排列成一纵列，通常其中 3 个大孢子退化消失，只有 1 个将来继续发育成雌配子体。大孢子发育成雌配子体的过程是在珠心中进行的。大孢子首先进行细胞核分裂，形成 12～36 个游离的细胞核，中央是一个大液泡，周围是细胞质。当雌配子体发育到此阶段时，冬季已来临，雌配子体即进入冬季休眠期。第二年春天，雌配子体重新开始活动，游离核继续分裂，使游离核数目增多，之后，游离核周围的细胞质形成细胞壁，形成细胞。雌配子体由原来游离核状态转变为由完整细胞组成。这时，珠孔端有些细胞明显膨大，成为颈卵器原始细胞。颈卵器原始细胞经一系列细胞分裂分化形成 2～7 个颈卵器（图 9-10）。

第二年晚春和初夏，颈卵器已发育完全。此时，在珠孔中停留一年的花粉其花粉管继续向颈卵器伸长。这时，雄配子体中的生殖细胞分裂为 1 个柄细胞和 1 个体细胞。在受精前约 7 天，体细胞的细胞分裂为两个精子。最后由一个精子与颈卵器中的卵细胞结合形成受精卵（合子）。合子进一步发育成胚（孢子体雏形），雌配子体发育成胚乳，珠被发育成种皮，从而形成裸子植物的种子（图 9-11）。从种子的形成和发育过程可以看

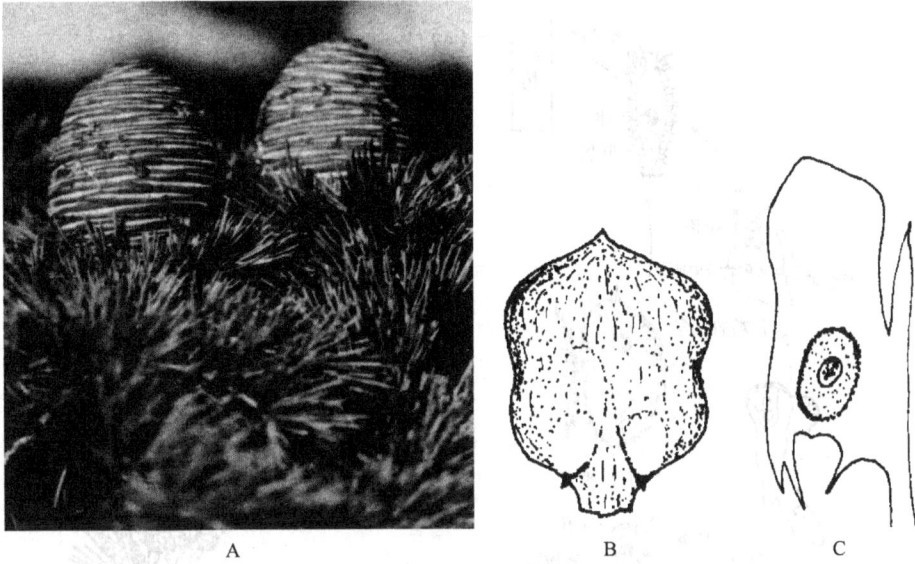

图 9-9 松属植物大孢子叶球和大孢子叶

A. 大孢子叶球；B. 大孢子叶近轴面（上面）观；C. 大孢子叶纵剖面

出，裸子植物的种子是由三个世代的产物组成的：种皮是老一代孢子体（$2n$）、胚是新一代孢子体（$2n$）、胚乳是由雌配子体发育而成的（n）。种子萌发形成幼苗，完成松属植物的生活周期（图 9-12）。

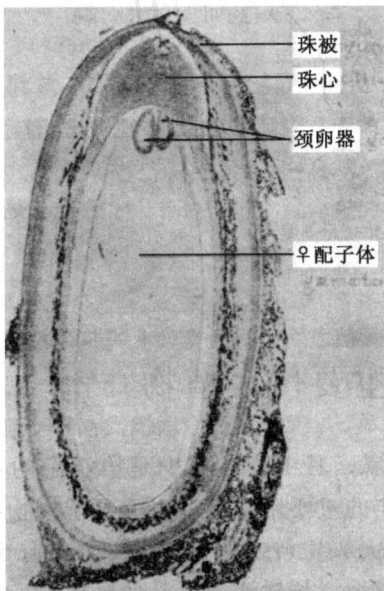

图 9-10 松属植物胚珠纵切，示雌配子体结构

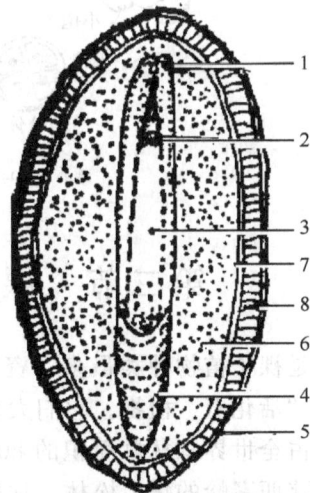

图 9-11 松属植物种子纵切，示种子结构

1. 子叶；2. 胚芽；3. 胚轴；4. 胚根；5. 外种皮；

6. 胚乳；7. 内种皮；8. 中种皮

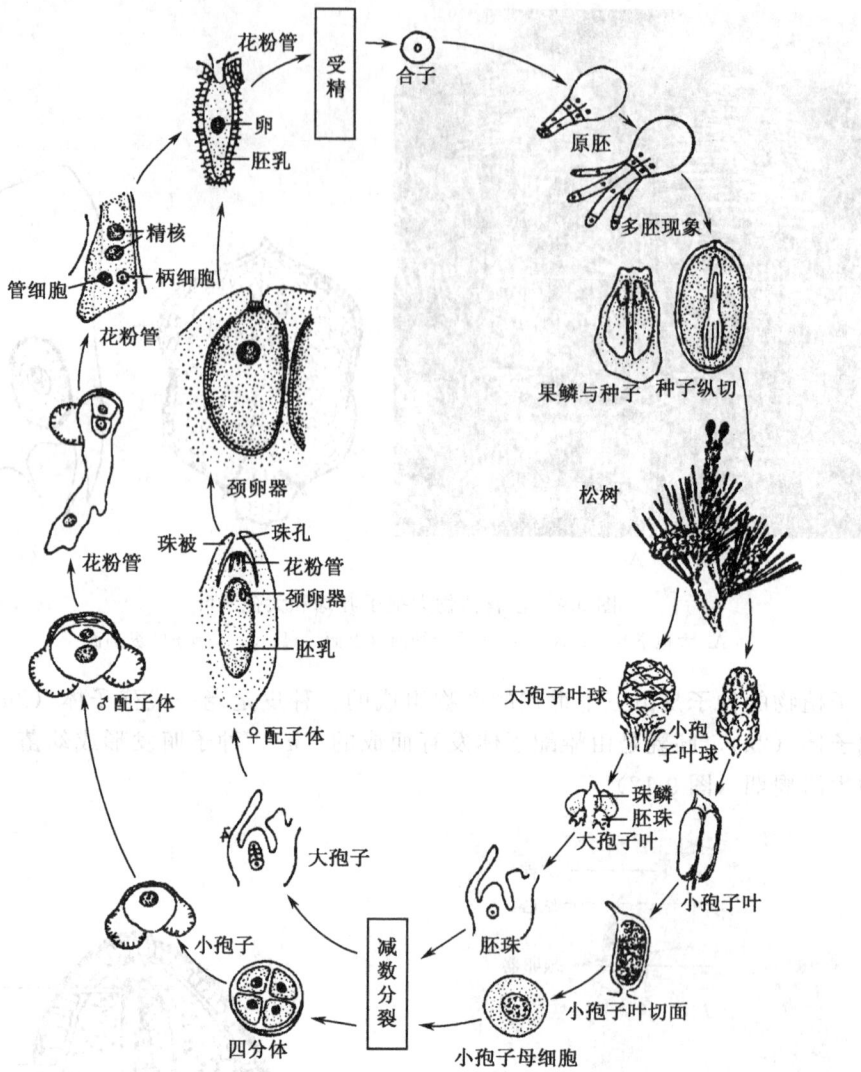

图 9-12　松属植物的生活周期

第二节　裸子植物的主要代表植物

　　我国是裸子植物种类最多，资源最丰富的国家，其中，有不少是第三纪的孑遗植物，或称"活化石"植物。它们大多数是林业生产的重要用材树种，由裸子植物组成的森林，约占全世界森林总面积的 80%。我国东北大兴安岭的落叶松林、吉林、辽宁的红松林，陕西秦岭的华山松林，甘肃的云杉、冷杉林，长江流域以南的马尾松、杉木林等，均在各林区占主要地位。现代裸子植物的种类分属于 5 纲、9 目、12 科、71 属，约 800 种。我国有 5 纲、8 目、11 科、41 属，236 种。其中，引种栽培 1 科、7 属，51 种。

一、苏铁纲（Cycadopsida）

常绿本木植物，茎干通常不分枝。叶具鳞叶和营养叶，鳞叶小，密披褐色毛；营养叶大，羽状复叶，集生于茎的顶部（图9-13）。苏铁纲植物在中生代的侏罗纪相当繁盛，以后逐渐趋于衰退，现存的仅有1目、1科、9属，约110种，分布于南北两半球的热带和亚热带地区。我国仅有1属即苏铁属（*Cycas* L.），8种。

图9-13 苏铁属植物

雌雄异株，大、小孢子叶球生于茎的顶端。小孢子叶稍扁平，肉质，具短柄，紧密地螺旋状排列成长椭圆形的小孢子叶球（雄球花），生于茎顶（图9-14）。

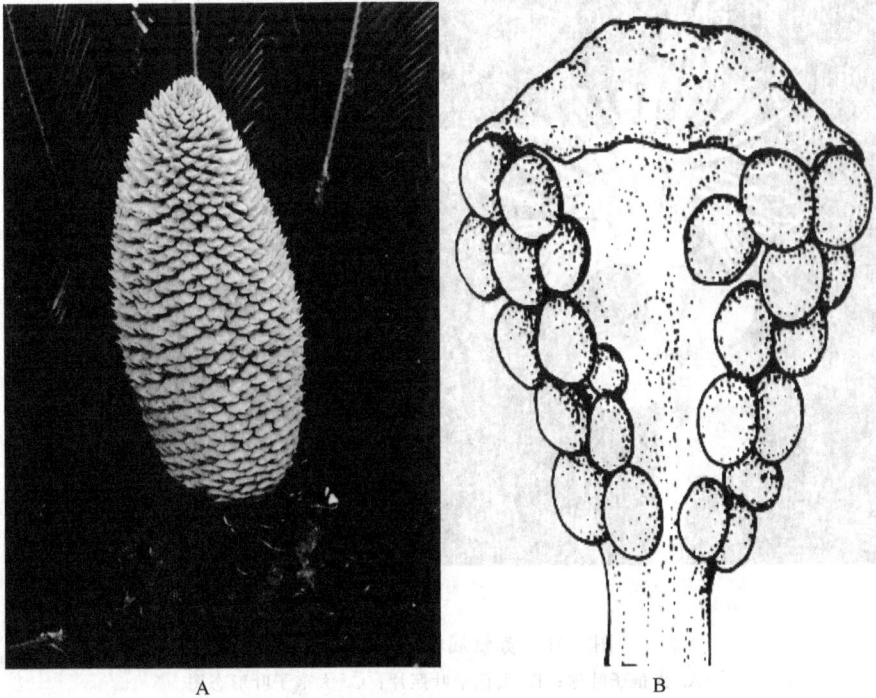

图9-14 苏铁属植物小孢子叶球
A. 小孢子叶球；B. 小孢子叶

　　大孢子叶扁平，丛生于茎顶羽状复叶与鳞叶之间，密被黄褐色绒毛，上部羽状分裂，下部具狭长的柄，柄的两侧生有 2～8 个胚珠（图 9-15）。

A

B

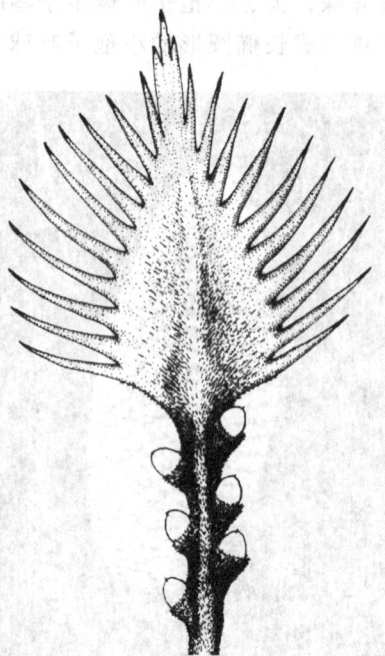

C

图 9-15　苏铁属植物大孢子叶球
A. 大孢子叶球；B. 大孢子叶照片；C. 大孢子叶形态图

　　苏铁广为栽培，为优美的观赏树种。茎内髓部富含淀粉，可供食用。种子含油和淀粉，微有毒，可供食用和药用。在热带地区，生长到一定年龄的苏铁每年都开花，在我国北方地区由于气候的影响，开花机会较少，因此，"铁树开花"便成了很稀有的现象。

二、银杏纲（Ginkgopsida）

　　落叶乔木，枝有长枝和短枝之分（图 9-16A）。单叶扇形，先端 2 裂或波状缺刻，具二叉分的叶脉，长枝上的叶互生，短枝上的叶簇生。雌雄异株，雄球花成柔荑状，生于短枝顶端的鳞片腋内（图 9-16B）。雌球花构造简单，常具 1 长柄，柄端分为两叉，叉端各为 1 膨大的珠领，每个珠领上生有 1 个胚珠，通常只有 1 个成熟（图 9-16C、D）。该纲现仅存银杏 1 种，为我国特产，目前国内外已广为栽培。

A

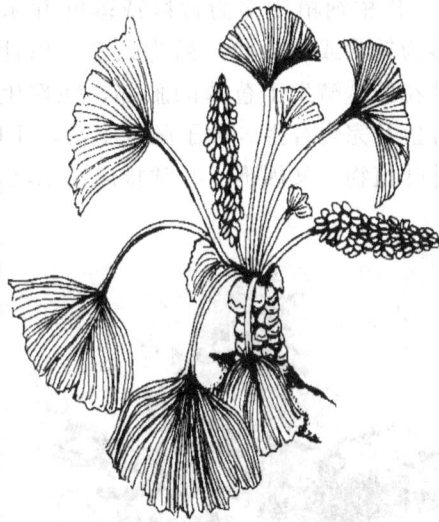

B

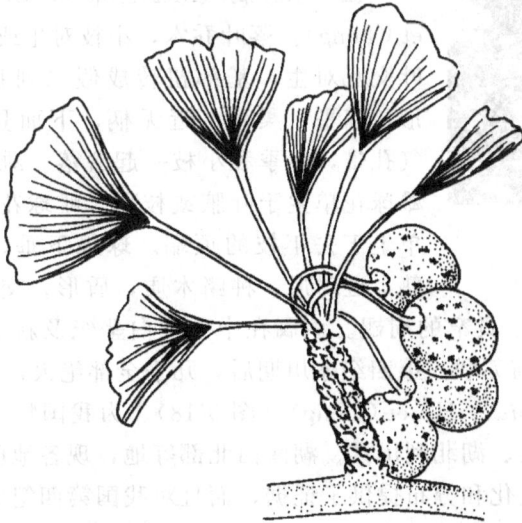

C

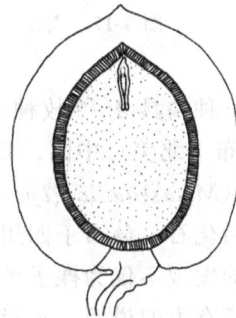

D

图 9-16　银杏

A. 银杏树；B. 雄枝，示小孢子叶球；C. 雌枝，示大孢子叶球和种子；D. 银杏种子纵切图银杏种子近球形，熟时黄色，外被白粉状蜡质。种皮分为 3 层，外种皮厚，肉质，中种皮白色，骨质，内种皮棕红色，纸质（图 9-16D）。

银杏为著名的子遗植物，是我国的特产，现已广泛栽培于世界各地。银杏的树形优美，寿命甚长，可作行道树和园林绿化的珍贵树种，其木材可供建筑等用材。种子可食用或药用。

三、松柏纲（Coniferopsida）

松柏纲是现代裸子植物中数目最多，经济价值最大，分布最广的一个类群，包括松科（Pinaceae）、杉科（Taxodiaceae）、柏科（Cupressaceae）、南洋杉科（Araucariaceae）4 科。松柏纲植物多为常绿或落叶乔木，茎多分枝，常有长短枝之分，常具树脂道。叶多为针状或鳞片状，稀为条形。单性，雌雄异株或同株。雄球花单生或组成花序。雌球花的珠鳞生于苞鳞的腋部，胚珠生于珠鳞腹面的基部。球果的珠鳞与苞鳞离生、半合生及完全合生。种子胚乳丰富，子叶 2～10 枚。松柏纲植物因叶子常成针形，故称为针叶植物。又因孢子叶常排成球果状，所以又称为球果纲球。现仅列举几种松柏纲植物。

图 9-17　雪松

（1）雪松 [*Cedrus deodara* （Roxb.）Loud]。常绿乔木，树冠塔形（图 9-17）。球果成熟时，种鳞和种子一起脱落，种子具翅。分布于阿富汗至印度，在我国的北京、大连、青岛、南京、上海、武汉、长沙、昆明等地已有广泛栽培。可作为庭园树或行道树，是世界园林重要的风景树木之一。

（2）水杉属 （*Metasequoia* Miki ex Hu et Cheng）。落叶乔木，小枝对生或近对生。叶交互对生，基部扭转成假二列状，叶线形，扁平，柔软，近无柄，下面具有多条气孔带，冬季和小枝一起脱落。雌雄同株，雄球花单生于叶腋或枝顶。雌球花具短柄，单生于去年枝的顶端。球果下垂，当年成熟，近球形。种鳞木质，盾形，交互对生。

宿存，能育种鳞具 2～9 枚种子，种子具窄的周翅。该属在中生代白垩纪及新生代约有 10 种，分布于北美、中国、日本和前苏联。第四纪冰川期后，几乎全部绝灭，现仅有 1 种，水杉（*Metasequoia glyptostroboides* Hu et Cheng）（图 9-18）。为我国特产，是稀有珍贵的活化石，分布于四川石柱县、湖北利川县、湖南西北部等地，现各地已广为栽培。水杉的发现不仅为裸子植物的进化和分布提供了证据，而且对我国第四纪地质的冰川史也作了有力的说明。水杉材质优良，可供建筑、家具等用材。树型挺直优美，为著名的庭园绿化树种。

（3）圆柏 [*Sabina chinensis* （L.）Ant.]。常绿乔木，树皮深灰色，纵裂，生鳞片

图 9-18　水杉
A. 水杉树；B. 枝和大孢子叶球

叶的小枝近圆柱形或近四棱形。叶二型，即针形叶和鳞片叶，针形叶生于幼树上，老龄树则全为鳞片叶，壮龄树兼有针形叶和鳞片叶。球果近圆球形，浆果状，不开裂；种子无翅。分布几乎遍及全国。木材坚韧致密，耐腐力强，具有香气，可供建筑等用材。由于圆柏枝干扭曲，叶色富于变化，观赏价值较高，常用来装饰庭园（图 9-19）。

（4）南洋杉（*Araucaria cunninghamia* Sweet）。分布于南半球热带和亚热带地区，为世界著名的园林观赏树种，我国有引种栽培（图 9-20）。

四、红豆杉纲（Taxopsida）

常绿木本，多分枝。叶为线形、披针形，稀为鳞形、钻形或阔叶状。球花单性，异株，稀同株。胚珠着生于盘状或漏斗状的珠托上，或由囊状或杯状的套被（由珠鳞发育来的）所包围。种子常有套被增厚而形成的肉假种皮。该纲有罗汉松科（Podocarpaceae）、三尖杉科（Cephalotaxaceae）和红豆杉科（Taxaceae）。

（1）罗汉松属（*Podocarpus* L'Hér. ex Pers.），常绿乔木或灌木。叶线形，披针形、椭圆状卵形或鳞形，螺旋状排列，近对生或交互对生。雌雄异株，雄球花穗状，单生或簇生，雌球花常单生，具 1 枚倒生胚珠，套被与珠被合生，花后套被增厚成肉质假种皮，苞片发育成肥厚的肉质种托，或苞片不增厚成肉质种托。种子核果状，全部为肉质假种皮所包，着生于种托上。该属约有 100 种，分布于东亚和南半球的温带、热带和亚热带地区。我国有 13 种，分布于长江以南各省。小乔木或灌木状，枝条向上斜生，叶短而密生，先端钝或圆。各地栽培，为园林绿化和观赏树种（图 9-21，图 9-22）。

（2）粗榧 [*Cephalotaxus sinensis* (Rehd. et Wils.) Li]，我国特有第三纪孑遗植物（图 9-23）。它们分布于浙江、安徽、福建、江西、湖南、湖北、甘肃、云南、四川等省区。其木材富弹性、坚实、韧性强，可供建筑、桥梁、家具等用材。叶、枝、种子、根可提取三尖杉脂碱等多种植物碱，供制抗癌药物。

（3）红豆杉 [*Taxus chinensis* (Pilger) Rehd.]（图 9-24），常绿乔木，树皮条状脱落。叶线型，两列；种子核果状，包于自珠托肉质化而成的杯状红色肉质的假种皮中。材质优良，可供建筑等用材。发现其树皮中含有紫杉醇，具有抗癌作用。

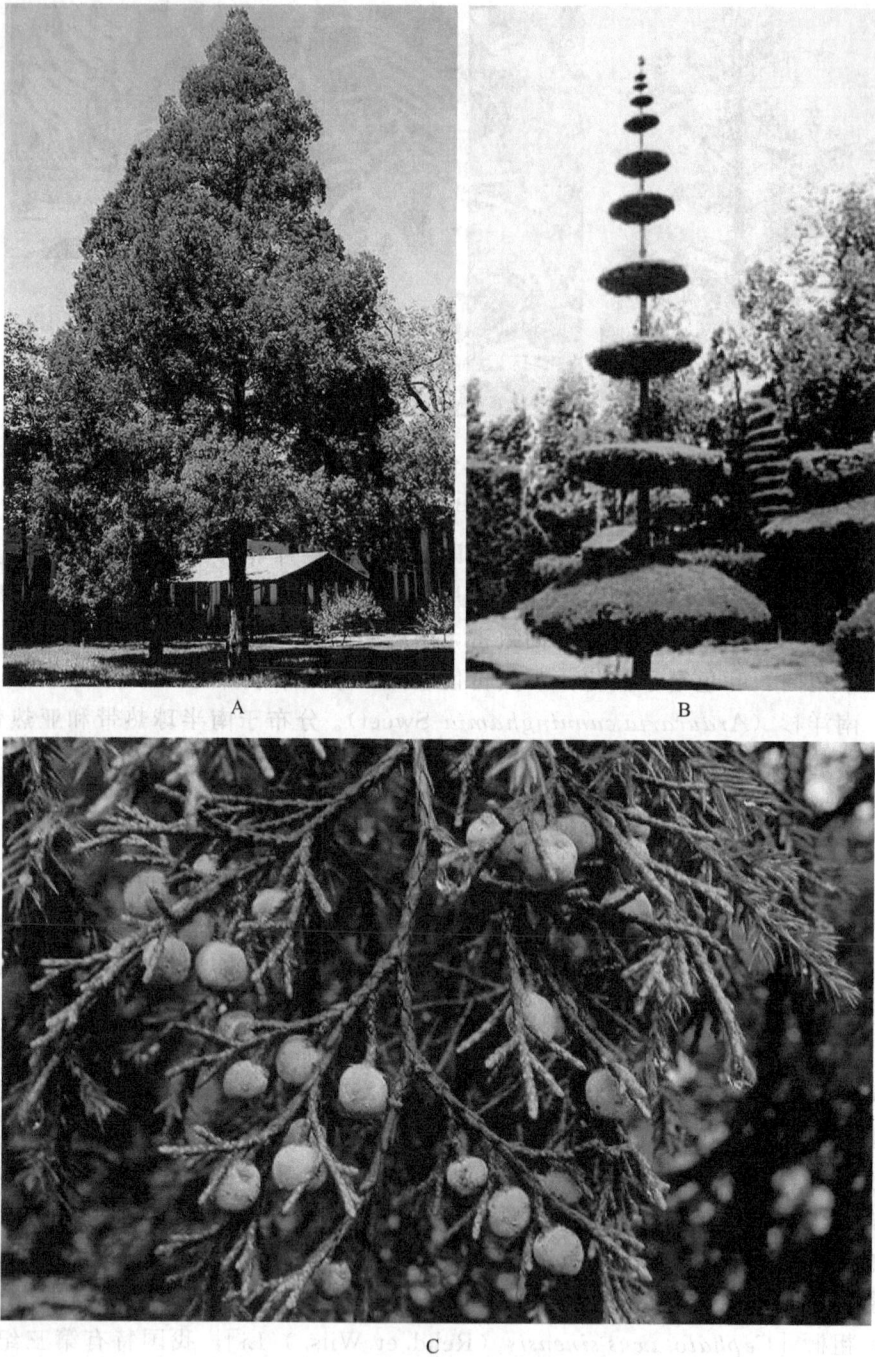

图 9-19　圆柏
A. 圆柏；B. 河南鄢陵圆柏造型；C. 圆柏大孢子叶球

五、买麻藤纲（Gnetopsida）

灌木或木质藤本，稀乔木或草本状灌木。雌雄异株或同株；雄花单生于苞片腋内；

A　　　　　　　　　　　　　　　　　　B

图 9-20　南洋杉

A. 南洋杉盆景；B. 大孢子叶球

图 9-21　罗汉松属植物

图 9-22　罗汉松属植物盆景

图 9-23　粗榧和种子

图 9-24　红豆杉

A. 红豆杉树；B. 已结种子的枝

每花具 1 膜质囊状或肉质管状类似花被的盖被。雌花单生于雌球花顶端 1～3 枚苞片的腋内，也具盖被，盖被瓶状，紧包于胚珠之外，具珠孔管，精子无鞭毛，颈卵器消失或极退化。种子包于由盖被发育而成的假种皮中。胚乳丰富，子叶 2 枚。该纲有 3 目、3 科、3 属，约 80 种，我国有 2 目、2 科、2 属，19 种，分布较为普遍。

（1）麻黄属（*Ephedra* Tourn ex L.），常见的植物有草麻黄（*Ephedra sinica* Stapf）和木贼麻黄（*Ephedra equisetina* Bunge）。草麻黄植株无直立的木质茎，草本状。具 2 枚种子。木贼麻黄植株具有直立的木质茎，灌木状，通常其 1 枚种子（图9-25）。麻黄属中的多数种类含有生物碱，主产于西北各省。为重要的药用植物，可提取麻黄素。

（2）买麻藤属（*Gnetum* L.），约 30 种，分布于亚洲、非洲及南美洲的热带和亚热带地区。我国有 7 种，分布于福建、广西、贵州、云南、江西等省区。该属常见的植物有买麻藤（*Gnetum montanum* Markgr.）。木质藤本，叶片通常为长圆形，革质或半革质，侧脉 8～13 对，雄球花序 1 或 2 回三出分枝，排列疏松，雌球花序侧生于老枝上；成熟种子常具明显的种子柄。分布于云南南部、广西、广东等地。

小叶买麻藤［*Gnetum parvifolium*（Warb.）C. Y. Cheng］为常绿藤本植物（图9-26），单叶对生，花序具多轮总苞，雌花假花被包裹胚珠，仍属裸子植物，是一种向被子植物进化中的过渡类型，对研究认识裸子植物进化具有重要意义。

（3）百岁兰（*Welwitschia mirabilis* Hook. f.），分布于安哥拉及非洲热带东南部，是奥地利植物学家 Friedrich Welwitsch 在 1860 年发现于安哥拉南部纳米比沙漠中。生于气候炎热和极为干旱的多石沙漠、枯竭的河床或沿海岸的沙漠上。茎高很少超过 50 cm，直径可达 1.2 m。具有极长而粗壮、深达地下水位的主根；树干上端或多或少成二浅裂，沿裂边各具一枚巨大的革质叶片，叶片长带状，具多数平行脉，长达 2～3.5 m，

图 9-25　麻黄属植物
A. 木麻黄营养体；B. 具有雌球花的枝

宽约 60 cm，叶之基部可继续生长，叶的顶部则逐渐枯萎，常破裂至基部而形成多条窄长带状，其寿命可达百年以上，故有百岁叶之称。球花形成复杂分枝的总序，单性，异株，生于茎顶叶腋凹陷处，由多数交互对生、排列整齐而紧密的苞片所组成，苞片的腋部生一球花；雄球花有两对假花被，具 6 枚基部合生的雄蕊，中央有一个不发育的胚珠；雌球花有两枚假花被成管状，胚珠的珠被伸长成珠孔管。种子具内胚乳和外胚乳，子叶 2 枚，萌发后可保存 2～3 年。百岁兰的叶具明显的旱生结构，气孔为复唇形，是沙漠中难能生成的矮壮木本植物，能固沙保土。其次生木质部除管胞外，还有导管。百岁兰的分布范围极其狭窄，只有在西南非洲的狭长近海沙漠才能找到。它也是远古时代留下来的一种植物"活化石"（图 9-27）。

图 9-26　小叶买麻藤

图 9-27　百岁兰

第十章 被子植物门 (Angiospermae)

第一节 被子植物的主要特征

被子植物是指种子被果皮包被的植物。现在已知的被子植物约 20 万种，我国约有 3 万种。被子植物在植物界种类最多、演化水平最高、结构和机能最复杂、分布最广。被子植物在地球上占着绝对的优势。与其他植物相比，被子植物对人类的生活更为重要，人类的食物来源、地球植被组成主要由被子植物提供。被子植物所以能有如此众多的种类和广泛的适应性，是和它的结构复杂化、完善化分不开的，特别是繁殖器官的结构和生殖过程的特点，提供了它适应、抵御各种环境的内在条件，使它在生存竞争、自然选择的过程中不断发展进化。被子植物的主要特征可概括如下。

1. 具真正的花

典型的被子植物的花由花被、雄蕊群和雌蕊群等部分组成。花被的出现形成了花蕾，能保护幼嫩雄蕊、雌蕊，为雄配子体（花粉）和雌配子体（胚囊）的发育提供有利条件。同时，花被为异花授粉目的创造了条件，增强了传粉的效率。被子植物花的各部分在数量上和形态上多种多样的变化，是花在进化过程中适应于虫媒、风媒、水媒和鸟媒传粉的条件，是经过自然选择逐步形成的，并不断地得到加强，因此被子植物能适应各种不同的生活环境。

2. 具雌蕊

雌蕊是由心皮组成的，它包括子房、花柱和柱头三部分。子房里产生胚珠，柱头接受花粉，经过受精作用，胚珠发育成种子，子房发育成果实，因此胚珠得到更好的保护，避免了昆虫的咬食和水分的丧失。被子植物的果实具有不同的颜色、气味，通常具有多种的开裂方式，而且果实上常具有各种钩、刺、翅和毛，这些特点利于保护种子成熟，帮助种子的散布和繁衍后代。

3. 具有双受精现象

当两个精细胞进入胚囊后，一个与卵细胞结合形成合子，将来发育成胚（$2n$），另一个与 2 个极核结合形成胚乳（$3n$），由此可见不仅胚融合了双亲的遗传物质，而且胚乳也具有双亲的特性，这种胚乳与裸子植物直接由雌配子体形成的胚乳（n）是有本质区别的。与裸子植物相比，被子植物的胚乳在植物生活周期中占据的时间更短，消耗的物质和能量更少。换言之，以双受精方式形成胚乳更高效。

4. 孢子体进一步的发达和分化

被子植物的孢子体在植物的生活史中占绝对优势，在形态、结构、生活型等方面，都比其他各个类群更完善化、多样化。在解剖构造上，输导组织的木质部中具有导管，韧皮部具有筛管和伴胞。由于输导组织的完善，使体内的物质运输更高效，而且机械支持能力加强，适应性也得到加强。

5. 配子体进一步简化

被子植物的配子体达到了最简单的程度。雄配子体（花粉粒）只有 2 或 3 个细胞。雌配子体（胚囊）通常只有 8 个细胞，颈卵器已消失。被子植物的雌雄配子体均无独立生活的能力，终生寄生在孢子体上。

正是由于具备了上述在适应陆生环境过程中形成的各种优越条件，被子植物才成为地球上植物界最繁茂的类群。

第二节　被子植物花的起源、演化趋向和分类原则

一、被子植物花的起源

花和果实是被子植物分类最重要的依据。因此，植物分类学家对被子植物花的起源或者说被子植物的起源有着浓厚的兴趣，也开展了大量研究。但由于最原始的被子植物已灭绝，化石，尤其是花的化石又很不系统、不完善。关于花的起源只能根据零碎的化石资料和现有的裸子植物、被子植物特征，来推测被子植物花与裸子植物生殖结构的关系、推测被子植物花的可能演化过程和起源。到目前为止，科学家们关于被子植物花的起源仍没有统一观点。总的说来，可归为两个学派。

1. 真花学说和毛茛学派

毛茛学派认为被子植物的花是从裸子植物的孢子叶球演化而来的。它是由原始裸子植物中早已灭绝的本内苏铁目具两性孢子叶球的植物进化而来的。本内苏铁的孢子叶球上具覆瓦状排列的苞片，演变成被子植物的花被，即本内苏铁目的孢子叶球上小孢子叶发展成雄蕊，大孢子叶发展成雌蕊（心皮），其孢子叶球轴则可缩短成花轴。也就是说由本内苏铁的两性孢子叶球，可以演化成被子植物的两性花，这种理论被称为真花学说（euanthium theory）（图 10-1）。按照真花学说的观点，现代被子植物中的多心皮类（即相当于木兰亚纲），尤其是木兰目植物应是现代被子植物中较原始类群，因此，两性花、双被花和虫媒传粉应是较原始的特征。而单性花、单被花和风媒花则是次生简化现象。这种观点认为：第一，本内苏铁目的孢子叶球是两性的虫媒花，孢子叶的数目很多，胚具 2 片子叶，木兰目植物也大都如此；第二，本内苏铁目的小孢子舟形，具单沟，而木兰目的花粉也是单沟型的舟形粉；第三，本内苏铁目着生孢子的轴很长，木兰目也具柱状花托。由于以上各点，毛茛学派认为现代被子植物中那些具伸长花轴、心皮多数而离生的两性整齐花是原始的类群，因此主张木兰目或木兰亚纲是最原始的被子植物类群。

现代的多数被子植物分类系统，如哈钦松、塔赫他间、克郎奎斯特等都是以真花学说观点为基础的分类系统。

2. 假花学说和恩格勒学派

恩格勒学派认为被子植物的花和裸子植物的完全一致，每一个雄蕊和心皮，分别相当于一个极端退化的雄花和雌花，因而设想被子植物来自高级裸子植物的麻黄类中的弯柄麻黄。雄花的苞片变为花被，雌花的苞片变为心皮，每个雄花的小苞片消失后，只剩下一个雄蕊，雌花小苞片退化后只剩下胚珠，着生于子房基部，心皮是苞片变来的，而不是大孢子叶。由于裸子植物，尤其是麻黄和买麻藤等都是单性花为主，因而设想原始

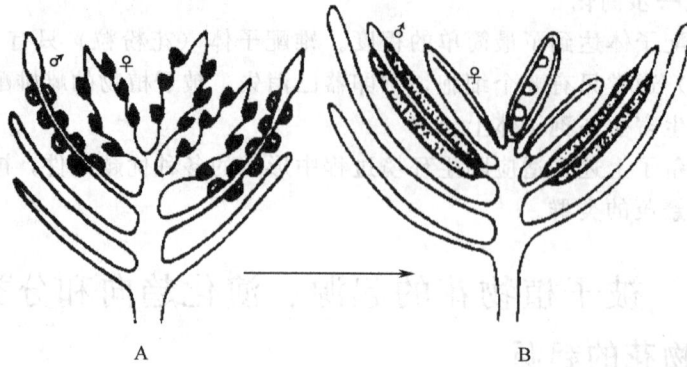

图 10-1　真花学说示意图

A. 本内苏铁的两性孢子叶球示意图；B. 被子植物的两性花示意图

的被子植物是具单性花、单被花和风媒花，而两性花，双被花和虫媒花是次生的。这种理论称为假花学说（pseudanthium theory），持这种观点的学派，称为恩格勒学派（图10-2）。根据假花理论，现代被子植物的原始类群是具单性花、单被花和风媒花的柔荑花序类植物，有人甚至认为木麻黄科是直接从裸子植物的麻黄科演变而来的原始被子植物。这种观点所依据的理由是：第一，化石及现代的裸子植物都是木本的，柔荑花序类植物大部分也是木本的；其次，裸子植物是雌雄异株，风媒传粉的单性花，而柔荑花序类植物也大都如此；第三，裸子植物的胚珠具一层珠被，柔荑花序类植物也是如此；第四，裸子植物是合点受精的，而大多数柔荑花序类植物也具合点受精现象；第五，假花学派认为花的演化趋势是由单被花进化到双被花，由风媒进化到虫媒类型，单性花到两性花。

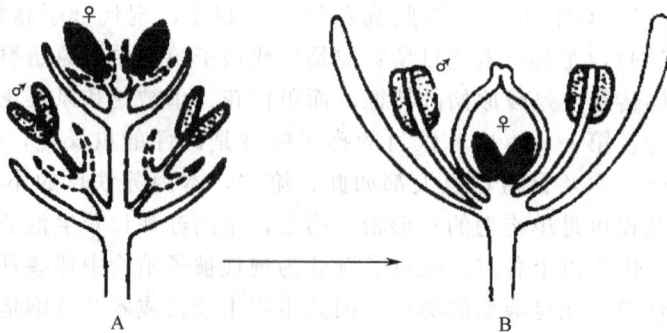

图 10-2　假花学说示意图

A. 麻黄类植物的孢子叶球穗示意图；B. 被子植物的花示意图

　　然而，多数学者认为柔荑花序类植物的许多特征不是原始的，而是进化的。花被的简化是高度适应风媒传粉而产生的次生现象。柔荑花序类的单层珠被是由双层珠被退化而来的。柔荑花序类的合点受精，虽和裸子植物一样，但在被子植物较进化的茄科和单子叶植物中的兰科也都具有这种现象。因而柔荑花序类的单性花、单被花、风媒传粉、合点受精和单层珠被等特点，都可以看成是进化过程中的简化现象。从解剖构造和花粉粒类型来看，柔荑花序类次生木质部具导管、花粉粒3沟型都是进步的特征。因此，现代多数植物系统学家反对恩格勒学派的观点。

二、被子植物花的起源、演化趋向和分类原则

被子植物的分类，不仅要给每种植物命名，而且还要建立起一个分类系统，反映出它们之间的亲缘关系。这方面的工作是很困难的，首先是因为被子植物在地球上，几乎是在距今 1.3 亿年前的白垩纪突然地同时兴盛起来的（表 10-1），这就难于根据化石的年龄，或者说根据在地球上出现的早晚，来论定谁更原始。其次，由于花部结构容易被破坏，几乎找不到有关花的化石，而花部的特点又是被子植物分类的重要依据。经典的植物分类学以形态学特征作为分类的主要依据，特别是以花和果实的形态特征作为分类依据的最为普遍。近几十年来，植物化学分类学、花粉形态学、细胞分类学、数量分类学和分子系统生物学等新兴学科的发展，对于确定某些有争论的类群在植物系统演化中的位置起到了重要的作用。

表 10-1　植物界的主要发展阶段和地质年代表

相对地质年代			同位素年龄	植物	
新生代	第四纪		0.025 亿年	被子植物时代	
	第三纪		0.65 亿年		
中生代	白垩纪	晚	1 亿年		
		早	1.36 亿年	裸子植物时代	
	侏罗纪		1.90 亿年		
	三叠纪		2.25 亿年		
古生代	二叠纪	晚	2.40 亿年	蕨类植物时代	
		早			
	石炭纪		2.80 亿年		
	泥盆纪	晚	3.45 亿年	裸蕨植物时代	
		中	3.65 亿年		
		早		菌藻植物	藻类植物时代
	志留纪				
	奥陶纪		3.95 亿年		
	寒武纪		4.30 亿年		细菌-蓝藻时代
元古代	震旦纪		5 亿年		
			5.7 亿年		
太古代			10 亿年	原始生命发生时期	
			18 亿年		
			25 亿年		
			32 亿年	化学演变时期	
			45 亿～60 亿年		

　　既然经典分类学主要是根据植物的形态特征，作为分类的原则和主要依据，那么就要从根、茎、叶、花和果实等方面表现出的种种特征，判断哪些是原始的，哪些是进化的。目前大多数学者都赞同真花说，因而判断特征的原始性还是进化性，是以真花说为理论根据的。其总的原则是，整齐的两性花是原始的，而单性花是进化的；雌、雄蕊多数、离生、螺旋状排列的是原始的，而定数、合生、轮生的是进化的；虫媒花是原始的，而风媒花是进化的；双被花是原始的，而单被花、无被花是进化的。这种观点认为被子植物中的两性整齐花（如木兰类）和古老的裸子植物本内苏铁的两性孢子叶球同源，因此，主张把木兰类放在被子植物的开始，看作是被子植物中原始性类群。

　　然而，在运用以上原则来确定某一个植物类群的演化地位时，绝对不能孤立地、片面地根据少数几个性状，就给一个植物类群下一个是进化的或是原始的结论。其理由是：同一种性状，在不同植物中的进化意义不是绝对的。如对于一般植物来讲，两性花，胚珠多数，胚小是原始的性状，而在兰科植物中，恰恰是进化的标志。另外，各植物器官的进化不是同步的，常常可以看到，在同一个植物体上，有些性状相当进化，另一些性状则保留着原始性，因此不能一概认为没有某一进化性状的植物就是原始的，如对常绿植物与落叶植物的评价。在评价各个类群时，应客观地、全面地、综合地进行分析与比较，只有这样才有可能得出比较正确的结论。

第三节　被子植物的分类

　　根据种子中胚的子叶数目，将被子植物门分为两个纲。胚具有 2 片子叶的称为双子叶植物纲，胚只有 1 片子叶的称为单子叶植物纲。两个纲的主要区别如下表：

双子叶植物纲	单子叶植物纲
1. 胚具 2 片子叶	1. 胚具 1 片子叶
2. 主根发达,直根系	2. 主根不发达,由多数不定根形成须系
3. 茎内维管束排列成一圈,具形成层	3. 茎内维管束散生,无形成层
4. 网状叶脉	4. 叶具平行或弧形脉序
5. 花部通常 5 或 4 基数,少 3 基数	5. 花部通常 3 基数,少 4 基数,无 5 基数
6. 花粉具 3 个萌发孔	6. 花粉具单个萌发孔

　　以上两纲的区别特征只是相对的，一些双子叶植物纲的植物也有 1 片子叶的现象，如睡莲科、毛茛科、伞形科等。双子叶植物纲中也有许多具须根系的植物，如车前科中的大车前。叶脉和维管束的排列等也是如此，如单子叶植物纲的百合科、天南星科中有些植物的叶脉是网状叶脉。双子叶植物纲的毛茛科、睡莲科等植物，有些植物的茎具有星散排列的维管束。花的基数也不是绝对的，如双子叶植物的樟科、木兰科、毛茛科中也有 3 基数的花。

一、双子叶植物纲代表植物

1. 木兰科（Magnoliaceae）

　　主要特征：木本。花常为单生，两性花，辐射对称，花被分化不明显，雄蕊常为多数，向心发育，心皮通常为多数，离生，螺旋状排列在柱状花托上，子房上位；虫媒花，胚小，胚乳丰富薄壁组织中常具油细胞，有些属的植物在木质部中仅具管胞，无导管，花粉粒具单沟至 3 沟。该科的突出特征：木本；具油细胞；单叶互生，具环状插叶痕，花单生，雌蕊、雄蕊均常为多数，离生，螺旋状排列于伸长的柱状花托上，子房上位；蓇葖果。

花程式：$* P_{6 \sim 15} A_\infty \underline{G}_\infty$

花图式（图 10-3）：

玉兰（*Magnolia denudata* Desr.），落叶小乔木，叶倒卵形；花白色或带紫色，花被 3 轮，花托柱状，雌蕊、雄蕊多数，均成螺旋状排列，聚合蓇葖果。公园常见栽培，供观赏（图 10-4）。

图 10-3　木兰科花图式

图 10-4　玉兰花

洋玉兰（*Magnolia grandiflora* L.），常绿乔木叶革质，长椭圆，叶背常被铁锈色的毛；花大，白色，花被多轮。原产北美洲，我国各地均有栽培，供观赏（图 10-5）。

含笑 [*Michelia figo*（Lour.）Spreng.]，常绿灌木，嫩枝、芽及叶柄均被棕色毛，花淡黄色，花被片为椭圆形，芳香。分布于华南，北方温室常见栽培，供观赏或作芳香油（图 10-6）。

图 10-5　洋玉兰

图 10-6　含笑

2. 樟科 （Lauraceae）

主要特征：常绿或落叶木本。叶和树皮具有油细胞。单叶互生，全缘，三出脉或羽状脉。背面常具灰白色粉，无托叶。花常为两性，辐射对称，圆锥花序、总状花序或头状花序，花为 3 基数，各部轮生，花被片 6～4，同形，排成 2 轮，雄蕊 9 （12～3）。排成 3 或 4 轮，花药瓣裂，第四轮雄蕊常退化，第三轮雄蕊的花药外向，花丝基部常具腺体，子房上位，1 室，具有 1 个悬垂的倒生胚珠。核果，种子无胚乳。该科的突出特征：木本，单叶互生，常为革质，花两性，花药瓣裂；核果。主要分布于热带和亚热带。我国主要分布在长江流域及南方各省。

花程式：＊ $P_{3+3}A_{3+3+3+3}\underline{G}_{(3:1:1)}$

花图式 （图 10-7）：

樟树 ［*Cinnamomum camphora* （L.） Presl］，常绿乔木，单叶互生，具离基 3 出脉，脉腋间隆起为腺体。分布于长江以南。木材和根可提取樟脑，枝、叶和果可提取樟油，为工业、医药及选矿原料，也是优良的用材树种 （图 10-8）。

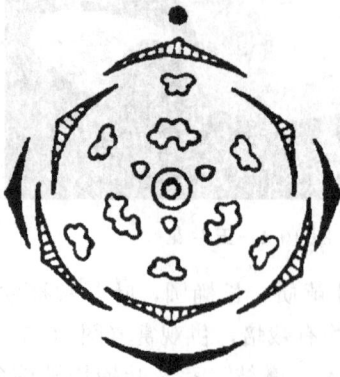

图 10-7　樟科花图式　　　　　　　　　図 10-8　樟树

3. 毛茛科 （Ranunculaceae）

主要特征：草本或藤本。花两性或单性，多为辐射对称，但也有两侧对称，异被或单被；雄蕊多数，螺旋状排列，或定数与花瓣对生，心皮常为多数，离生，螺旋状排列或轮生。种子具丰富的胚乳。该科的突出特征：草本，叶分裂或为复叶；花两性，整齐，5 基数，雄蕊和雌蕊均常为多数，离生，螺旋状排列花托上，多为聚合瘦果。

花程式：＊↑ $K_{3～15}C_{3～∞}A_∞\underline{G}_{(∞:1:1～∞)}$

花图式 （图 10-9）：

毛茛 （*Ranunculus japonicus* Thunb.），花瓣亮黄色，基部具蜜槽，且具鳞片状的盖，聚合瘦果近球形。广布于我国各地，生于湿地 （图 10-10）。

乌头 （*Aconitum carmichaeli* Debx.），多年生草本。块根成乌鸦头状。花两性，两侧对称，萼片 5，花瓣状，蓝紫色、黄色或紫红色，最上的一片成盔状，花瓣有 2 片退化成蜜腺叶，另 3 片消失；蜜腺叶由距、唇和爪三部分组成，雄蕊多数，心皮 3～5，离生。聚合蓇葖果，腹缝线开裂 （图 10-11）。

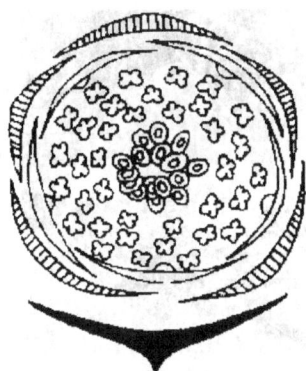

图 10-9　毛茛科花图式

图 10-10　毛茛

A

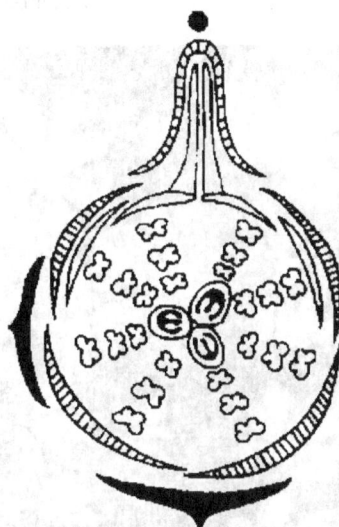

B

图 10-11　乌头
A. 乌头花；B. 乌头花图式

大叶铁线莲（*Clematis heracleifolia* DC.），直立草本，复叶对生，萼片 4～6，蓝色。雄蕊多数，心皮多数，离生。聚合瘦果，具宿存的羽毛状花柱（图 10-12）。

独叶草（*Kingdonia uniflora* Balf. f. et W. W. Smith），小草本，具有开放式的二叉分枝的叶脉，很像裸子植物银杏的叶脉，为原始的特征，在系统研究上有意义，是稀有珍贵种。产西南各省。独叶草在秦岭也有分布。均属国家保护植物（图 10-13）。

芍药属（*Paeonia* L.），草本或灌木。花大，单生，两性，辐射对称，萼片 3～5，花瓣 3 至多数；子房上位，心皮 3～5，离生。聚合蓇葖果。

该属植物在形态的特征上极为特殊，花萼宿存、革质；具肉质周位花盘；雄蕊离心发育；花粉粒大，具 3 孔沟，表面具小刺；心皮厚，革质；胚胎发育特殊，细胞保持游离核；染色体大，$X=6$。上述特征与毛茛科不一致。化学成分含特有的芍药甙，芍药内脂甙，羟基芍药甙，维管束是周韧的，导管具梯纹孔等。以上特征和毛茛科有明显的

图 10-12　大叶铁线莲
A. 大叶铁线莲花；B. 大叶铁线莲果实

图 10-13　独叶草

不同，故早就有学者建议应单独成立芍药科（Paeoniaceae），这个观点已被现代多数学者所接受。如克朗奎斯特就把芍药属（*Paeonia*）单独成立一科，即芍药科。

芍药（*Paeonia lactiflora* Pall.），多年生草本，三出复叶，花大美丽。分布于东北、华北、西北，北京各公园常见栽培供观赏。根白色的，称为"白芍"，入药，具有镇痛、祛瘀、通经的作用（图 10-14）。

牡丹（*Paeonia suffruticosa* Andr.），灌木，二回三出复叶，花单生予枝顶，蓇葖果密生黄褐色硬毛。原产陕西，北京、山东、河南等地均多有栽培，为著名的观赏植物。根皮入药，称丹皮（图 10-15）。

4. 莲科（Nelumbonaceae）

主要特征：直立水生草本。根茎平伸；粗大。叶片盾状着生，近圆形，伸出水面。花大单生，花顶常高出叶，花萼片多数，螺旋状着生，雄蕊多数。螺旋状着生，心皮多数埋藏于一大而平顶，海绵质的花托内。坚果的果皮革质。

花程式：$* K_{4\sim5} C_\infty A_\infty \underline{G}_\infty$

莲（*Nelumbo nucifera* Gaertn.），水生草本，具根状茎（藕），叶片圆形，盾状着生，花大，单生，美丽；坚果埋于海绵质的花托内。原产于热带，我国各地均有栽培。莲子和藕可食用，花可供观赏，叶、茎节、莲蓬、莲心均可供药用（图 10-16）。

5. 睡莲科（Nymphaeaceae）

主要特征：水生草本。具根状茎。叶心形、戟形到盾状，浮水。花大，单生，两性，花萼具 3 至多个萼片，花瓣 3～∞。雄蕊多数，雌蕊由 3 至多个心皮结合成多室的子房，子房上位或下位，胚珠多数。果为浆果状，海绵质。

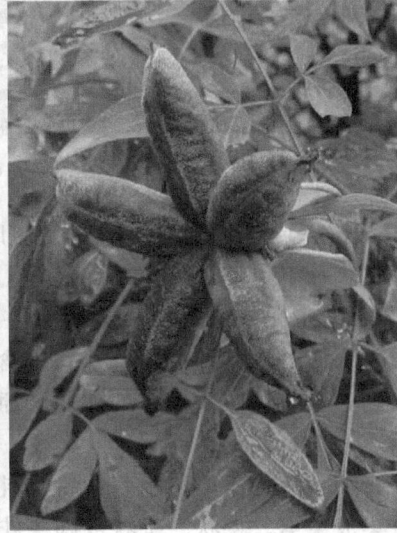

图 10-14　芍药

A、B. 开花的芍药；C. 芍药的果实

花程式：＊ $K_{3\sim6} C_{3\sim\infty} A_\infty G_{2\sim\infty}$

睡莲（*Nymphaea tetragona* Georgi），叶近圆形，基部深心形弯缺，子房半下位，花有各色。分布于我国北部（图 10-17）。

6. 罂粟科（Papaveraceae）

主要特征：多为草本。植物体常具有色的汁液。叶通常互生，多分裂。花单生或成花序，两性，辐射对称，萼片 2 或 3，早落；花瓣 4～6，分离；雄蕊多数，分离，心皮

图 10-15 牡丹花   图 10-16 莲

图 10-17 睡莲

2 至多个，合生，子房上位，1 室，侧膜胎座。蒴果。

花程式： $* K_{2\sim3} C_{4\sim6} A_{\infty} \underline{G}_{(2\sim\infty:1)}$

罂粟（*Papaver somniferum* L.），一年生草本。茎叶及萼片均被白粉。花大，红色。未成熟果实的白乳汁可制鸦片，内含吗啡、可卡因、罂粟碱等 30 多种生物碱。花和果实入药，具有镇咳、镇痛的作用。原产亚洲西部，我国有栽培，药用（图 10-18）。

7. 桑科（Moraceae）

主要特征：多为木本。植物体常具乳汁。叶常为互生，托叶早落。花单性，同株或异株．常集成柔荑、穗状、头状或隐头花序，雄花萼片 4 或 5。雄蕊 4 或 5，雌花萼片 4 或 5，雌蕊由 2 合生心皮组成，子房上位，1 室，1 胚珠。果多为聚花果。种子具胚乳。

花程式： $\male * K_{4\sim5} C_0 A_{4\sim5} \qquad \female * K_{4\sim5} C_0 \underline{G}_{(2:1:1)}$

花图式（图 10-19）：

桑（*Morus alba* L.），落叶乔木，单叶互生，具基出 3 脉，叶缘具圆齿状锯齿，雌雄异株，雄花为下垂的柔荑花序，雌花序结果成为聚花果（桑葚）。原产我国，各地均有栽培。桑叶可饲蚕，桑葚、根内皮、桑叶、桑枝均可入药，茎皮纤维可造纸，桑葚可食，木材坚硬，可作家具（图 10-20）。

图 10-18　罂粟

A. 开花的罂粟；B. 罂粟的果实

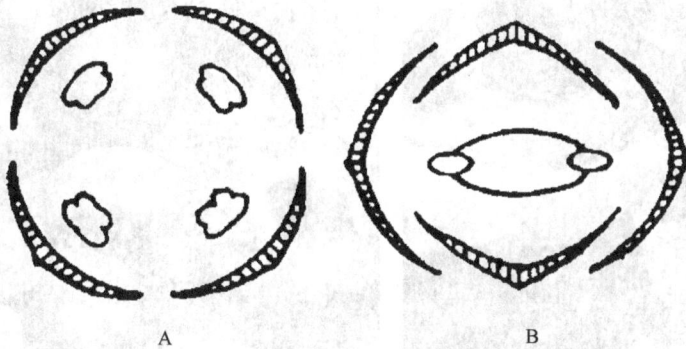

图 10-19　桑科花图式

A. 雄花；B. 雌花

8. 壳斗科（Fagaceae）

主要特征：常绿或落叶木本。单叶互生，常为革质，羽状脉，具托叶、早落。花单性，雌雄同株雄花成柔荑花序，萼片 4～8 裂，无花瓣，雄蕊与萼片同数或较多，常具退化雌蕊，雌花单生或 2 或 3 朵簇生，生于总苞内，萼片 4～8 裂，无花瓣，心皮 3，稀 6，子房下位，3～6 室，每室 2 个胚珠，常仅有 1 个胚珠发育。坚果外具壳斗。

花程式：♂ $* K_{4\sim8} C_0 A_{4\sim20}$

　　　　　♀ $* K_{4\sim8} C_0 \overline{G}_{(3\sim6:3\sim6:1\sim2)}$

花图式（图 10-21）：

板栗（*Castanea mollissima* Blume.），

图 10-20　桑，示聚花果

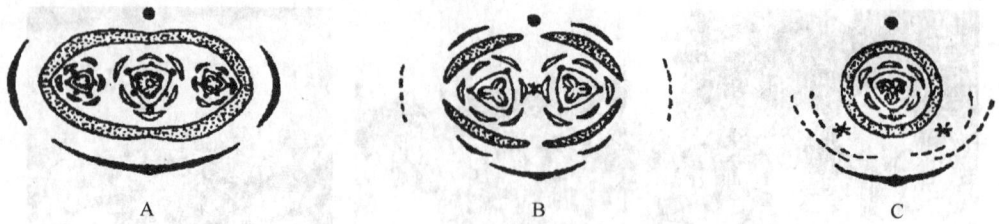

图 10-21　壳斗科花图式
A. 栗属；B. 水青冈属；C. 栎属

叶乔木，背密生毛，每个壳斗内具 2 或 3 个坚果。原产我国，各地均有栽培。坚果含淀粉 70％以上，蛋白质和脂肪也很丰富，为重要的木本粮食作物（图 10-22）。

图 10-22　板栗

9. 胡桃科 （Juglandaceae）

主要特征：落叶乔木，稀灌木。奇数羽状复叶，互生，无托叶。茎常具片状髓。花单性。雌雄同株，花成柔荑花序，雄蕊 3，具不规则的花萼裂片，雌花单生或成总状和穗状排列，苞片和小苞片与子房互相分离或多少结合，萼裂片 3～6，与子房合生，雌蕊由 2 个心皮合生，子房下位、1 室、1 胚珠。核果状或翅果。种子无胚乳。该科的突出特征：木本，奇数羽状复叶，花单性，雄花成柔荑花序，核果状或翅果，常具片状髓。

花程式：♂ * $K_{(4)} C_0 A_{3\sim\infty}$　　♀ * $K_{(3\sim5)} C_0 \overline{G}_{(2:1:1)}$

核桃 （*Juglans regia* L.），落叶乔木，具片状髓，奇数羽状复叶，小叶 5～9 片，全缘，顶端小叶明显比两侧小叶大，果常为 1～3 个簇生。雌雄同株，雄花成柔荑花序，每朵雄花具 1 苞片和 2 个小苞片，萼 4 裂，雄蕊多个。雌花数朵簇生或成穗状，具 1 片不明显的苞片和 2 个小苞片，4 裂花萼与子房合生，子房下位，1 室 1 胚珠。果实核果状。为重要的木本油料作物，现广为栽培（图 10-23）。

图 10-23　核桃

A. 核桃果枝；B. 核桃商品

10. 杜仲科（Eucommiaceae）

主要特征：落叶乔木。无托叶。雌雄异株，无花被，雄花簇生，具柄，由 10 个线形的雄蕊组成，花药 4 室，雌花具短柄，由 2 个心皮合生，仅 1 个发育，扁平，顶端具二叉状花柱，1 室，具 2 个倒生胚珠。翅果。种子具胚乳。

花程式：$\male * P_0 A_{10}$　　$\female * P_0 G_{(2)}$

杜仲（*Eucommia ulmoides* Oliv.）落叶乔木，树皮灰色，具片状髓心。单叶互生，卵状椭圆形。折断树皮，叶或果实均可见到银白色的橡胶丝。雌雄异株，无花被，花常先叶开放，生于小枝的基部，雄花具短柄，雄蕊 4～10，花药线形，花丝极短，雌花具短柄，子房狭长，顶端具二叉状花柱，1 室，2 胚珠。翅果。树皮中的硬橡胶，为制海底电缆的重要材料，树皮也可入药。特产于我国中部和西南各省，北方常有栽培（图10-24）。

图 10-24　杜仲

A. 杜仲枝；B. 杜仲药材

11. 石竹科（Caryophyllaceae）

主要特征：草本。叶对生，基部连以横线。节部膨大。花两性，辐射对称，组成聚伞花序或单生，萼片分离或合生，花瓣与萼片同数，有时无花瓣，雄蕊 5～10，分离，心皮 2～5，合生，子房上位，1 室，特立中央胎座，蒴果。常瓣裂或顶端齿裂，稀为浆果。胚弯曲，具外胚乳。该科的突出特征：草本，叶对生，节部膨大，特立中央胎座，蒴果。

花程式：$* K_{4～5；(4～5)} C_{4～5} A_{5～10} \underline{G}_{(2～5：1)}$

花图式（图 10-25）：

石竹（*Dianthus chinensis* L.），叶线状披针形，对生，花下具叶状苞片 4，花瓣顶端具细齿，蒴果齿裂。分布于我国北部及中部各省区（图 10-26）。

图 10-25 石竹科花图式

图 10-26 石竹

12. 蓼科（Polygonaceae）

主要特征：多为草本。茎的节部常膨大。单叶互生；托叶膜质，鞘状或叶状，包茎（托叶鞘）。花通常两性；花序穗状、圆锥状等。花被两轮，裂片 3～6，分离或合生，花瓣裂片 3～6，分离或合生，花瓣状，宿存，无花瓣，雄蕊 3～9，花被片对生，子房上位，1 室，1 胚珠。瘦果双凸镜状、三棱形或近圆形，全部或部分包于宿存的花被内。种子具胚乳。该科的突出特征是具托叶鞘。

花程式：$* K_{3～6} C_0 A_{6～9} \underline{G}_{(2～4：1：1)}$

花图式（图 10-27）：

何首乌（*Polygonum multiflorum* Thunb.），多年生草本，具块根，茎缠绕，多分枝，下部稍木质化，托叶鞘短筒状，膜质，无缘毛，花序圆锥状，顶生或腋生，花被 5 深裂，结果时外轮 3 片增大，肥厚，背部生宽翅，翅下延至花柄的节处，雄蕊 8，短于花被；花柱 3，柱头头状，瘦果 3 棱形，黑色，具光泽，包于宿存的花被内。块根药名"何首乌"，具有解毒消肿、润肠通便的功效，茎藤药名"夜交藤"，有安神通络的功效。块根也可提制淀粉，用于酿酒和制糖工业，多于冬季采块根，秋末采茎藤，晒干供药用。分布于华中、华东、西南、西北各地（图 10-29）。

荞麦（*Fagopyrum esculentum* Moench），叶卵状三角形，托叶鞘膜质、明显、斜生早落，花排成顶生或腋生的总状花序，或圆锥状，瘦果三棱形，黄褐色。我国各地均有栽培。种子胚乳含有丰富的淀粉，磨面（荞麦面）可食，茎、叶和种子均可入药；也为

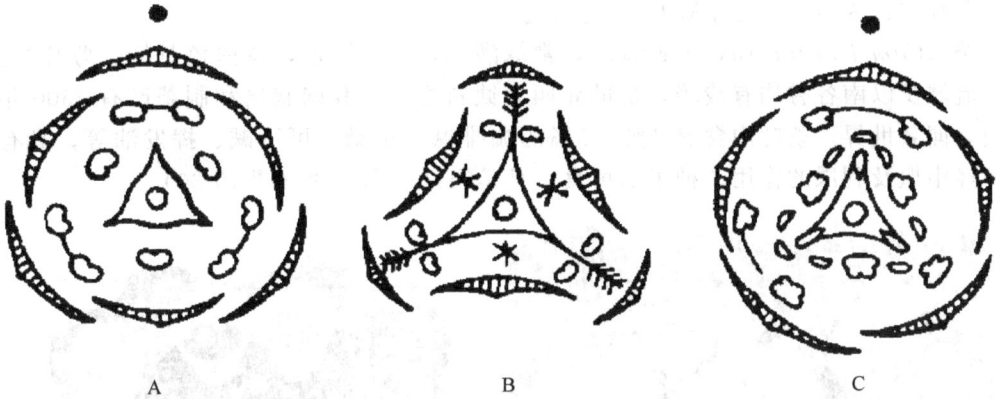

图 10-27　蓼科花图式

A. 大黄属（*Rheum*）；B. 酸模属（*Rumex*）；C. 蓼属（*Polygonum*）

蜜源植物（图 10-29）。

13. 山茶科（Theaceae）

主要特征：乔木或灌木。单叶互生；常革质，无托叶。花常为两性，辐射对称，单生于叶腋或簇生；萼片 5～7，花瓣常为 5，少为 4 或多数，雄蕊多数，离生或少为成单体或 5 束，基部与花瓣合生，子房上位；2～10 室，中轴胎座。蒴果、核果状或浆果。该科的突出特征：常绿木本。单叶互生。花两性；雄蕊多数，常集成数束，着生于花瓣上，子房上位，中轴胎座。蒴果。

图 10-28　何首乌

图 10-29　荞麦

A. 开花的植物；B. 果实（瘦果）

花程式：＊$K_{4\sim\infty}C_{5,(5)}A_\infty\underline{G}_{2\sim10;2\sim10;2\sim\infty}$

茶（*Camellia sinensis* O. Ktze.），常绿灌木，叶卵圆形，花白色具柄，萼片宿存。长江流域及以南各省均有栽培，是世界四大饮料之一，我国栽培和制茶已有 2500 年的历史，闻名世界。茶叶内含有 1‰～5％的咖啡碱、茶碱、可可碱、挥发油等，具有兴奋神经中枢及利尿的作用；种子油可食，且是很好的润滑油（图 10-30）。

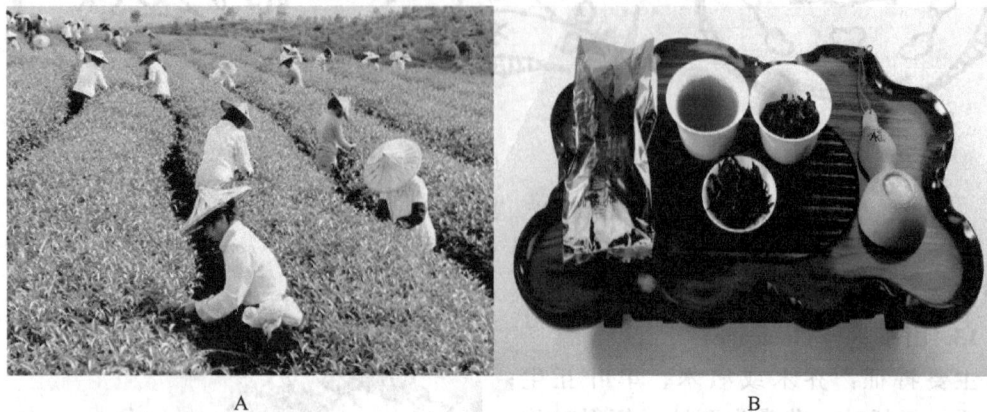

A　　　　　　　　　　　　　　　B

图 10-30　茶
A. 茶农在采茶；B. 饮用茶

山茶花（*Camellia japonica* L.），叶卵圆形，叶背光滑，花无柄，萼片脱落，花红色。各地常见栽培，供观赏（图 10-31）。

金花茶（*Camellia nitidissima chi*），花金黄色，是新发现的珍稀种，仅产于广西西南部小范围内，已列为国家一级保护植物。

14. 锦葵科（Malvaceae）

主要特征：木本或草本。茎皮纤维发达，具黏液。托叶早落，单叶互生常为掌状脉。花常两性，辐射对称，单生或聚合成花序；萼片 5，分离或合生，其外常具副萼（由苞片来的）；花瓣 5，螺旋状排列，近基部与雄蕊管连生；雄蕊多数，花丝连合成管，为单体雄蕊，花药 1 室、肾形，花粉粒大、具刺；子房上位，由 3 至多数心皮组成，形成 3 至多室，中轴胎座。蒴果或分果。种子具胚乳。该科有突出特征是单体雄蕊，花药 1 室，花粉粒大、具刺。

花程式：＊$K_{(5)}C_5A_{(\infty)}\underline{G}_{(3\sim\infty;3\sim\infty;1\sim\infty)}$

花图式（图 10-32）：

陆地棉（*Gossypium hirsutum* L.），灌木状草本。单叶互生，具掌状脉。叶常 3 裂。花大，两性，单生于叶腋；花通常共同色，副萼 3 片、具尖齿 7～13，花瓣 5，螺旋状排列。单位雄蕊，花药密生于等长的短花丝上。原产于美洲，我国广为栽培（图 10-33）。

木槿（*Hibiscus syriacus* L.），木本叶 3 裂、互生、具三出脉，花大美丽，副萼 5～15，1 花柱分枝 5，心皮 5，合生，中轴胎座。蒴果。种子肾形。为庭园的观赏植物（图 10-34）。

图 10-31　山茶花

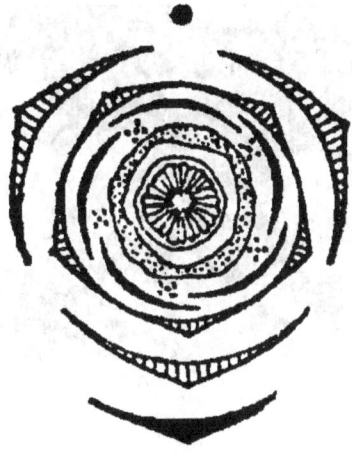

图 10-32　锦葵科花图式

A

B

图 10-33　陆地棉

A. 陆地棉；B. 陆地棉果实（蒴果已开裂）

15. 椴树科（Tiliacae）

主要特征：乔木或灌木，稀草本。常具星状毛或簇生短柔毛。髓及皮层具黏液腔。茎皮富纤维。单叶，互生，稀对生。花两性，稀单性，整齐，成聚伞或圆锥花序，萼片常为 5，分离或基部结合，花瓣 5，雄蕊多数，离生成基部结合成束。常具退化雄蕊，子房上位，二至多室，每室具 1 至多个胚珠。蒴果、核果状或浆果。该科和锦葵科的区别在于：椴树科的雄蕊不成单体雄蕊，花药为 2～4 室。

图 10-34　木槿

花程式：$* K_5 C_5 A_\infty \underline{G}_{(2\sim\infty:1\sim\infty)}$

椴树（*Tilia tuan* Szysz.），落叶乔木。单叶互生，叶缘具锯齿。聚伞花序具长柄，花序柄约一半与膜质舌状苞片合生；花具花瓣状退化雄蕊。果为核果（图 10-35）。

图 10-35　椴树
A. 椴树花；B. 椴树果实

16. 菫菜科 (Violaceae)

主要特征：多为草本。叶基生或在茎上互生，具托叶。花两性，两侧对称，萼片5，常宿存；花瓣5，下面1片常较大而具距，雄蕊5，花药多少靠合、内向、纵裂，药隔延伸于药室顶外而成膜附属体，心皮3，合生，子房上位。1室，侧膜胎座，胚珠多数。蒴果3瓣裂。该科的突出特征：草本，单叶互生或基生，具托叶。花两性，两侧对称，5基数，具距，子房上位，侧膜胎座。蒴果。

花程式：$\uparrow K_5 C_5 A_5 \underline{G}_{(3:1:\infty)}$

花图式（图 10-36）：

菫菜 (*Viola verecunda* A. Gray)，草本，叶多为基生，具托叶，萼片5，花瓣5，下面有1花瓣伸长成距，蒴果3瓣裂（图 10-37）。

图 10-36　菫菜科花图式

图 10-37　菫菜

17. 葫芦科 (Cucurbitaceae)

主要特征：草质藤本植物，常具卷须，卷须从叶腋发出，是枝条的变态，分枝或不分枝。单叶互生，具掌状脉，无托叶。花单性，腋生，雌雄同株或异株，辐射对称。雄花的花萼 5 裂，花冠 5 裂；雄蕊 5，在原始的种类中完全分离（如 *Fevillea* 属），但绝大多数种类雄蕊有种种的结合，或者完全结合成柱状，或者是 A(2)＋(2)＋1，外形似 3 枚雄蕊，花药常盘曲成"S"或"U"形；雄花中常具退化雌蕊。雌花花被数与雄花同数，雌蕊心皮 3，合生，子房下位，1 室，侧膜胎座，多数胚珠。瓠果，稀蒴果。该科的突出特征：草质藤本，植物体具卷须。单性花，雄蕊常结合，子房下位，侧膜胎座。常为瓠果。

花程式：♂ * $K_{(5)} C_{(5)} A_{(2)+(2)+1}$　　♀ * $K_{(5)} C_{(5)} \overline{G}_{(3:1:\infty)}$

花图式（图 10-38）：

图 10-38　葫芦科花图式

A. 雄花；B. 雌花

黄瓜（*Cucumis sativus* L.）草质藤本植物，卷须不分枝。叶掌状 5 浅裂。雌雄同株；雄花腋生，萼片 5，花瓣 5，黄色，雄蕊 [$A_{(2)+(2+1)}$]，外表为 3 个雄蕊；雌花单生，子房下位，由 3 个合生心皮组成，胚珠多数，侧膜胎座。瓠果外面具刺或光滑。为重要的瓜类蔬菜，原产印度。现已广泛栽培（图 10-39）。

西瓜 [*Citrullus lanatus* (Thunb.) Mansfeld]，原产非洲，我国久经栽培，为夏天著名的水果，主食其胎座（图 10-40）。

18. 杨柳科（Salicaceae）

主要特征：落叶乔木或灌木。单叶互生，具托叶。花单性，雌雄异株，稀同株，柔荑花序，常先叶开花；每花基部具 1 苞片，无花被；雄花具 2～∞雄蕊；雌花子房

图 10-39　黄瓜

上位，1 室，由 2 个合生心皮组成，侧膜胎座；花具由花被退化而来的花盘或蜜腺。蒴

图 10-40　西瓜

果，2～4 瓣裂。种子小，具由珠柄上长出的许多柔毛；胚珠直生，无胚乳。该科的突出特征：木本；单叶互生；花单性，雌雄异株，柔荑花序，无花被，具蜜腺或花盘，侧膜胎座；蒴果，种子基部具丝状毛。

花程式：♂ $K_0 C_0 A_{2～∞}$　　♀ $K_0 C_0 \underline{G}_{(2:1:∞)}$

花图式（图 10-41）：

杨属（*Populus* L.）乔木；具顶芽，芽鳞多片；柔荑花序下垂，苞片具裂，花具花盘，雄蕊多数；蒴果 2 裂，种子具毛；风媒花。北方常见的有毛白杨（*Populus tomentosa* Carr.）和银白杨（*Populus alba* L.）。毛白杨叶三角状卵形，幼时叶背密被白色绒毛，为我国北部防护林和庭园绿化的主要树种。银白杨和毛白杨很相似，叶背密生白色绵毛，叶具 3～5 裂可与毛白杨区别。

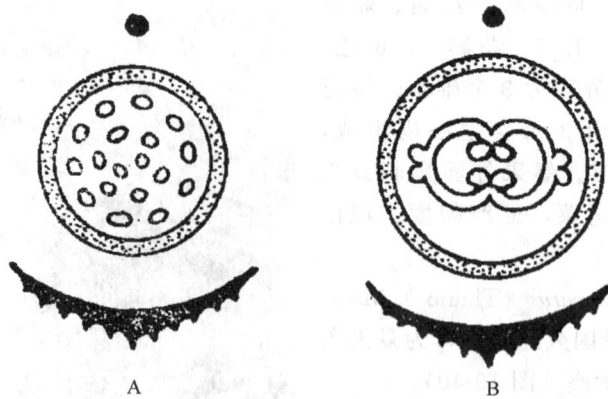

图 10-41　杨属花图式
A. 雄花；B. 雌花

柳属（*Salix* L.）和杨属的主要区别：无顶芽，芽鳞 1 片；柔荑花序直立，苞片全缘，雄蕊 2、少为 3～5，花具蜜腺，虫媒花。

花图式（图 10-42）：

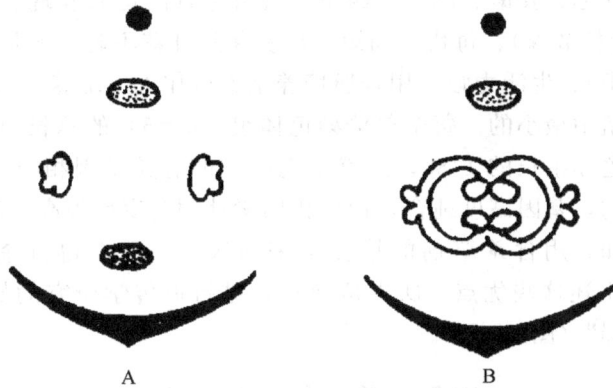

图 10-42　柳属花图式

A. 雄花；B. 雌花

垂柳（*Salix babylonica* L.），枝细软下垂，叶狭披针形，苞片线状披针形，雌花只具 1 蜜腺，根系发达，保土力强，可作河堤造林树种（图 10-43）。

19. 十字花科（Cruciferae）

主要特征：多为草本。叶互生。植物体常被单毛、分叉毛、星状毛或腺毛。花两性，多成总状花序；萼片 4，分离，2 轮，花瓣 4，具爪，排成十字形（十字形花冠），雄蕊 6，2 短 4 长（四强雄蕊）。稀更少或更多，如独行菜仅具 12 个雄蕊；雌蕊心皮 2、合生，子房上位，侧膜胎座、中央具假隔膜，分成 2 室，每室通常具多数胚珠，稀为 1 个胚珠，如独行菜、菘蓝。果常为长角果或短角果。该科的突出特征：草本，十字形花冠，四强雄蕊，侧膜胎座，具假隔膜，角果。

花程式：* $K_{2+2}C_{2+2}A_{2+4}\underline{G}_{(2:1:1\sim\infty)}$

花图式（图 10-44）：

图 10-43　垂柳

图 10-44　十字花科花图式

拟南芥（*Arabidopsis thaliana* L.），二年生草本，高 7～40 cm。基生叶有柄呈莲座状，叶片倒卵形或匙形；茎生叶无柄，披针形或线形。总状花序顶生，花瓣 4 片，白色，匙形。长角果线形，长 1～1.5 cm。花期 3～5 月。我国内蒙古、新疆、陕西、甘肃、西藏、山东、江苏、安徽、湖北、四川、云南等省区均有发现。拟南芥的优点是：植株小（1 cm² 可种植数棵）、每代时间短（从发芽到开花不超过 6 周）、结籽多（每棵植物可产很多粒种子）、生活力强（用普通培养基就可作人工培养）。拟南芥的基因组是目前已知植物基因组中最小的。每个单倍染色体组（$n=5$）的总长只有 7000 万个碱基对，即只有小麦染色体组长的 1/80，这就使克隆它的有关基因相对说来比较容易。拟南芥是自花授粉植物，基因高度纯合，用理化因素处理突变率很高，容易获得各种代谢功能的缺陷型。例如，用含杀草剂的培养基来筛选，一般获得抗杀草剂的突变率是1/100 000。由于有上述这些优点，所以拟南芥是进行遗传学研究的好材料，被科学家誉为"植物中的果蝇"（图 10-45）。

A　　　　　　　　　　　　　　　　　B

图 10-45　拟南芥

A. 拟南芥植株；B. 花和果实

萝卜（*Raphanus sativus* L.），花通常为淡紫色或白色，角果成串珠状，不开裂，先端具长喙，子叶对褶。具肉质直根，为重要的根菜类植物，品种很多（图 10-46）。

A　　　　　　　　　　　　　　　　　B

图 10-46　萝卜

A. 萝卜肉质直根；B. 萝卜花

荠菜［*Capsella bursa pastoris*（L.）Medic.］，草本，具单毛和分枝毛，基生叶丛生、叶上部羽状分裂。总状花序，花白色，短角果倒三角形。嫩的茎叶可作蔬菜，全草也可入药。全国均有分布（图10-47）。

图 10-47　荠菜，示荠菜花和果实（短角果）

菘蓝（*Isatis tinctoria* L.），花黄色，短角果长圆形，边缘具翅，仅具 1 种子。栽培药材，根称板蓝根，叶称大青叶，均可入药，具有清热解毒的作用（图10-48）。

图 10-48　菘蓝
A. 菘蓝花；B. 菘蓝根（板蓝根）制的药品

20. 杜鹃花科（Ericaceae）

主要特征：灌木，少为乔木。花两性，常为辐射对称；萼宿存；花瓣合生，4 或 5 裂；雄蕊为花冠裂片的 2 倍，分离，着生于花盘上，花药 2 室，常具尾和顶孔开裂；心皮 5（4～10），合生，子房上位，中轴胎座。蒴果，稀核果或浆果。

花程式：＊ $K_{(5)} C_{(5)} A_{5,5+5} \underline{G}_{(2\sim5 : 2\sim5)}$

花图式（图 10-49）：

杜鹃（*Rhododendron simsii* Planch.），灌木或小乔木。叶互生，全缘，无托叶。花排成伞形总状花序；萼片 5 裂；花瓣合生，辐射状，常 5 裂；雄蕊 5～10，稀更多，花药顶孔开裂；心皮常为 5，合生，5 室，中轴胎座，每室具多数胚珠。蒴果卵圆形或长圆形，室间开裂。该属植物以西南地区最多，许多为世界著名的观赏植物。外国人称"无中国花卉便不成花园"与杜鹃花的美有关。北方有盆栽，已培育出许多观赏性好的品种（图 10-50）。

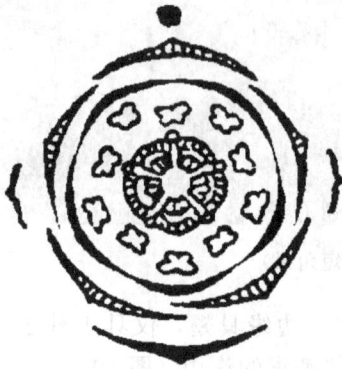

图 10-49　杜鹃花科花图式

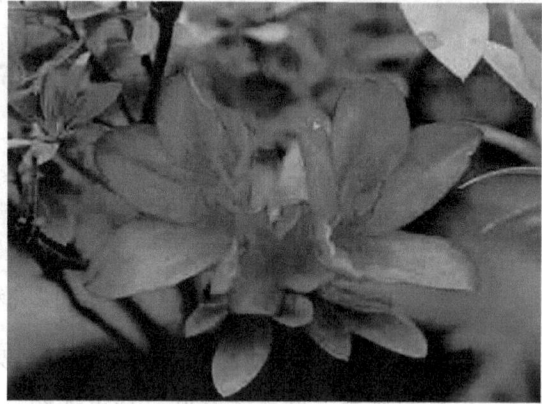

图 10-50　杜鹃花

21. 柿树科（Ebenaceae）

主要特征：木本。单叶互生，全缘，革质，无托叶。花单生或成聚年花序，花单性，常为雌雄异株，辐射对称。雄花的萼片常为 4 裂，稀 3～7 裂，花冠常为 4 裂，稀 3～7 裂，雄蕊常为花冠裂片的 2 或 3 倍，着生在花冠筒的基部，常具退化雄蕊。雌花的花萼与花冠和雄花相同，常具不育的雄蕊，子房上位，2～16 室。每室具 1 或 2 胚珠，中轴胎座。浆果。该科的突出特征：木本，单叶互生，全缘，无托叶，雌雄异株，浆果。

花程式：＊ $K_{(3\sim7)} C_{(3\sim7)} A_{3\sim7,6\sim14,9\sim12} \underline{G}_{(2\sim16 : 2\sim16)}$

花图式（图 10-51）：

柿树（*Diospyros kaki* Linn. f.），乔木。单叶互生。花黄色，花冠钟状，雄花常 3 朵簇生，花萼和花冠均为 4 裂，雄蕊 16～24；雌花单生，萼片 4 裂，花冠 4 裂。浆果。原产我国，是我国分布广而又常见的果树，浆果可食，富有糖分，可制柿饼、柿糕等，据近年来的研究，证明柿叶中含有维生素 C，具有软化血管的作用，对高血压及冠心病有疗效（图 10-52）。

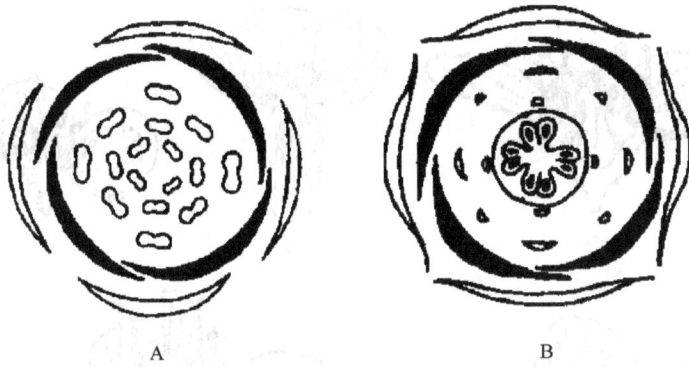

图 10-51　柿树科花图式
A. 雄花；B. 雌花

图 10-52　柿树

22. 蔷薇科 （Rosaceae）

主要特征：乔木、灌木或草本，常具刺，有时为藤本。叶互生，单叶或复叶，常具托叶，托叶有时早落或连生叶柄。花两性，偶单性，辐射对称，花托凸起或凹陷，花被与雄蕊愈合成一碟状、杯状、坛状或壶状的花筒，花萼、花瓣和雄蕊均着生于花筒的边缘，形成周位花，萼裂片 5；花瓣 5，分离，覆瓦状排列，雄蕊通常多数。花丝分离，偶 5 或 10 枚；心皮 1 枚至多数，分离或结合，子房上位至下位，每室具 2 至数枚胚珠。果实为蓇葖果、瘦果、梨果、核果，稀为蒴果，种子无胚乳。该科和相近科的主要区别是：叶互生，具托叶，五数花，通常具杯形、盘形或壶形花筒，形成周位花；雄蕊多数，轮生，种子无胚乳。

该科根据花托，花筒，雌蕊心皮数目、子房位置、结合情况和果实类型分为四个亚科，即绣线菊亚科、蔷薇亚科、李亚科和苹果亚科。四个亚科的区别如下（图 10-53，图 10-55）：

花程式：＊ $K_{(5)} C_5 A_{5\sim\infty} \underline{G}_{1\sim\infty}$

花图式（图 10-54）：

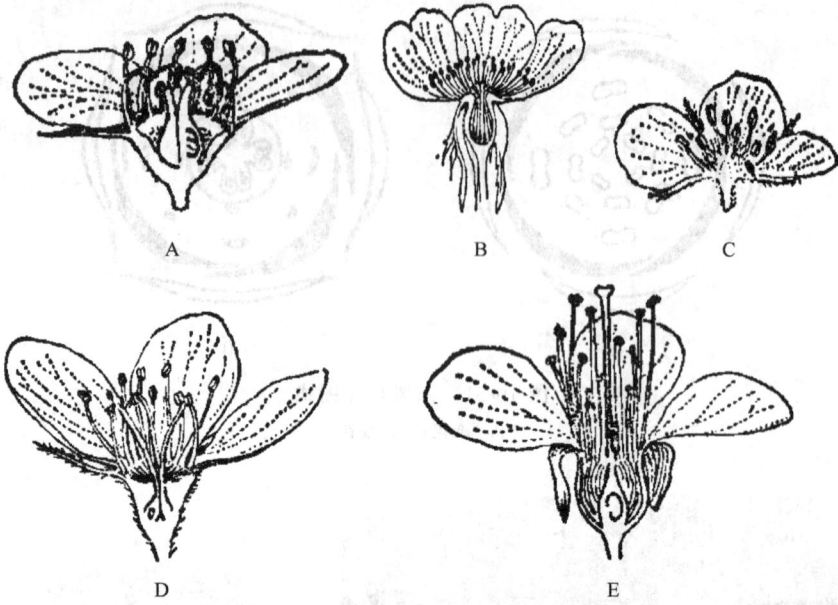

图 10-53　蔷薇科 4 个亚科花纵剖面示意图
A. 绣线菊亚科；B、C. 蔷薇亚科；D. 苹果亚科；E. 李亚科

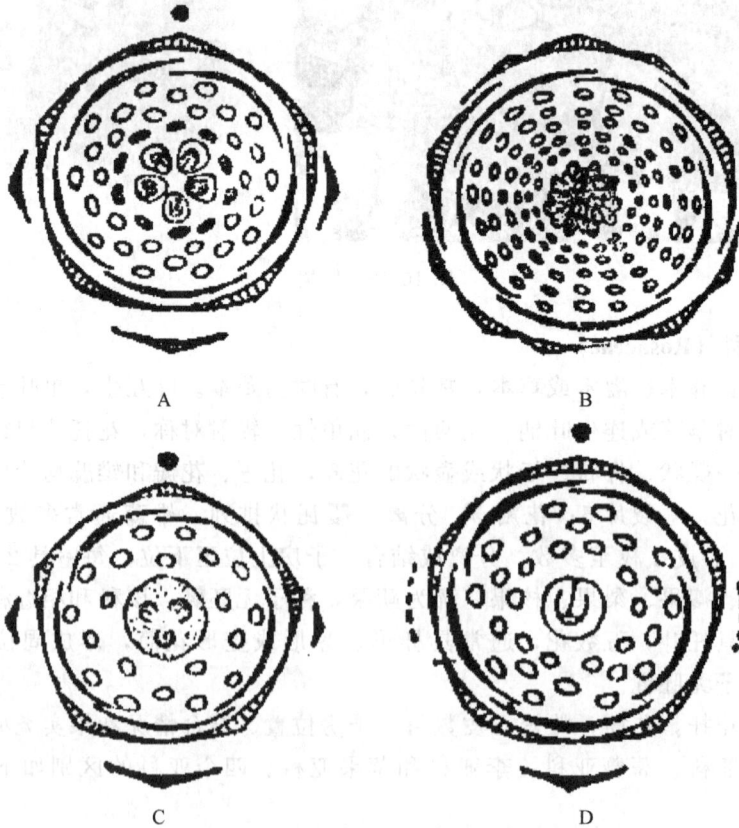

图 10-54　蔷薇科 4 个亚科花图式
A. 绣线菊亚科；B. 蔷薇亚科；C. 苹果亚科；D. 李亚科

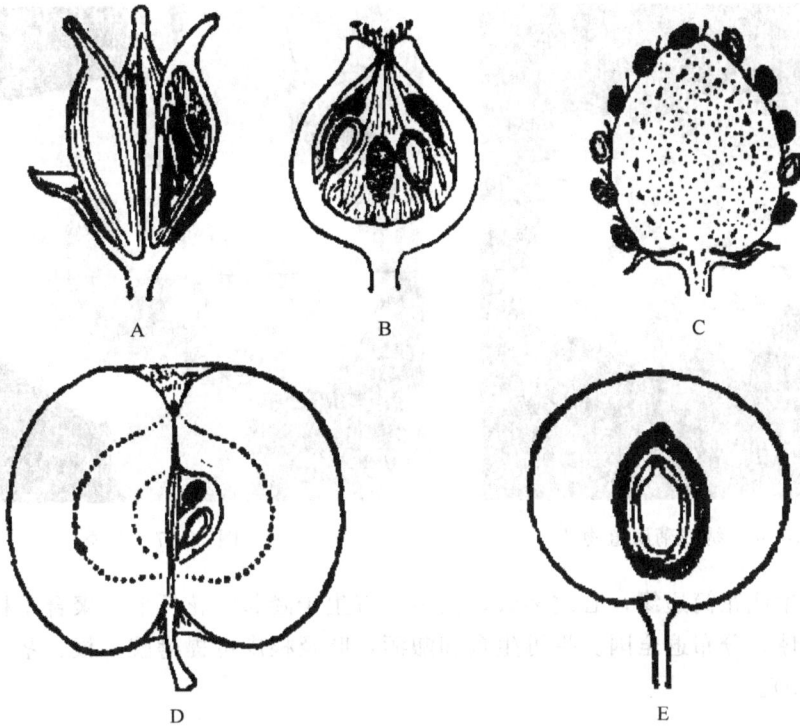

图 10-55　蔷薇科 4 个亚科果实纵剖面示意图

A. 绣线菊亚科，蓇葖果；B. 蔷薇亚科，聚合瘦果，花托壶状；C. 蔷薇亚科，
聚合瘦果，花托突起；D. 苹果亚科，梨果；E. 李亚科，核果

亚科 1. 绣线菊亚科（Spiraeoideae）

灌木。单叶或复叶，多无托叶。心皮通常 5，分离，花筒微凹成盘状，子房上位，周位花。蓇葖果。

绣线菊属（Spiraea L.），灌木。单叶，无托叶。花序伞形、伞房状、总状或圆锥状；花两性，辐射对称；萼片 5，花瓣 5，雄蕊多数，花筒盘状，心皮 5，离生，子房上位，周位花。聚合蓇葖果。

三裂绣线菊（S. trilobata L.），叶片近圆形，先端 3 裂，伞形花序，花白色。分布于东北、华北、河南、陕西、甘肃、安徽等省区，生阴坡。

光叶绣线菊 [S. japoniea L. var. fortunei（Planch.）Rehd.]，叶披针形，下面灰白色，花红色。产于长江流域各省区。常庭园栽培，供观赏（图 10-56）。

亚科 2. 蔷薇亚科（Rosoideae），灌木或草本。多为羽状复叶或深裂，互生，具托叶。周位花，花筒壶状或凸起，心皮多数，离生，子房上位。聚合瘦果。

月季（Rosa chinensis Jacq.），具刺灌木，羽状复叶，托叶常连生叶柄，小叶 3～5，托叶有腺毛。花常单生，萼片羽状裂，花筒壶状，成熟时肉质而有色泽，形成蔷薇果。原产我国，各地栽培，为著名观赏植物（图 10-57）。

玫瑰（Rosa rugosa Thunb.），小叶 7～9，叶表面有皱缩，花玫瑰红色，萼裂片全缘。原产我国北部，花供观赏或作香料和提取芳香油（图 10-58）。

悬钩子属（Rubus L.），具刺灌木。单叶或复叶，具托叶。萼 5 裂，宿存，花瓣 5，

图 10-56　绣线菊属植物花

图 10-57　月季

雄蕊多数，生浅花筒边缘，心皮多数，离生，着生于隆起的花托上。聚合小核果，多红色。广布全球。分布遍全国。果可生食和酿酒，叶及根皮可提栲胶，根、茎、叶均可入药（图 10-59）。

图 10-58　玫瑰

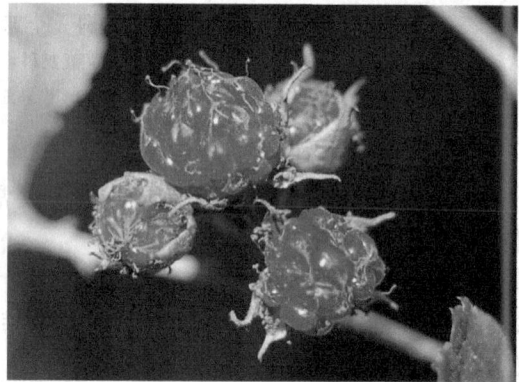

图 10-59　悬钩子属植物的果实

草莓（*Fragaria ananasa* Duch.），具匍匐茎草本。三出复叶。均具副萼，花托凸起。花白色，花托成熟时肉质。为栽培果品，果可生食，亦可制果酱和罐头（图 10-60）。

亚科 3. 李亚科（Prunoideae）

灌木或小乔木。单叶，互生，有托叶。花筒杯状。周位花，心皮 1，稀 2～5，子房上位。核果。

桃 [*Prunus persica* (L.) Batsch.]，小乔木，叶长圆状披针形，托叶常早落，花单生，粉红色，核果有纵沟，表面被茸毛，果核表面有沟、横沟纹和孔穴。主产于长江流域，各地栽培。果食用，桃仁药用，能活血通经、祛淤止痛、润肠通便效用（图 10-61）。

杏（*Prunus armeniaca* L.），叶卵形，花单生，淡粉红色，核果熟时黄色，无柄，具沟，表面微被短柔毛，果核平滑，两侧扁。果食用，杏仁可榨油，亦可药用，有宣肺

图 10-60　草莓
A. 花；B. 果实，示花托成熟时膨大肉质

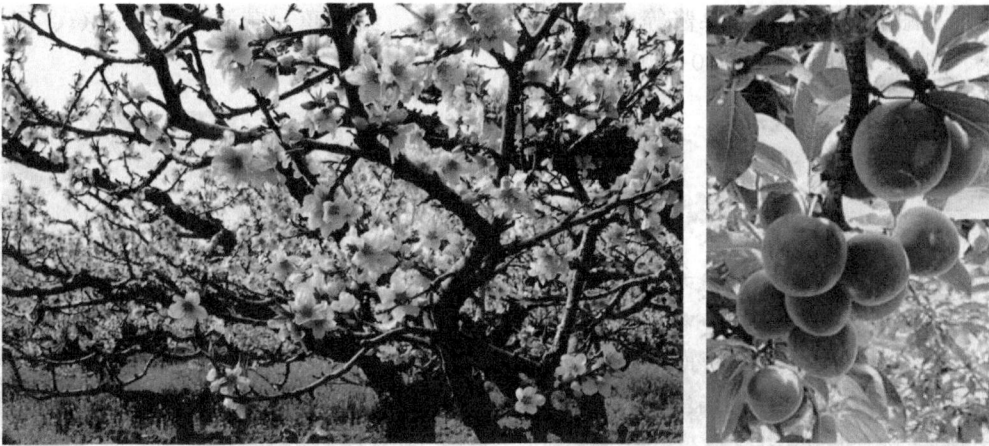

图 10-61　桃
A. 花；B. 果实（核果）

平喘、润肠通便效用（图 10-62）。

　　樱桃（*Prunus pseudocerasus* Lindl.），叶卵形，花丛生，白色至淡粉色，核果熟时红色，有柄果，可食用（图 10-63）。

　　日本樱花（*Prunus yedoensis* Matsum.）落叶乔木，树皮暗褐色，平滑；小枝幼时有毛。叶卵状椭圆形至倒卵形，长 5～12 cm，叶端急渐尖，叶基圆形至广楔形，叶缘有细尖重锯齿，叶背脉上及叶柄有柔毛。花白色至淡粉红色，径 2～3 cm，常为单瓣，微香；萼筒管状，有毛；花梗长约 2 cm，有短柔毛；3～6 朵排成短总状花序。核果，近球形，黑色。花期 4 月，叶前或与叶同时开放。春天开花时满树灿烂，很美观，但花期很短，仅能保持 1 周左右就凋谢；适宜种植于山坡、庭院、建筑物前及园路旁（图 10-64）。

图 10-62　杏

图 10-63　樱桃

亚科 4. 苹果亚科（Maloideae）

乔木。单叶，互生，有托叶。萼片 5；花瓣 5，雄蕊多数，心皮 2～5，合生，子房下位。梨果。

苹果（*Malus pumila* Mill.），乔木；叶椭圆形，边缘有钝锯齿；伞房花序有 3～7 花，花粉红色；梨果扁球形，萼宿存。原产欧洲、西亚，我国北部和西南有栽培。果鲜食或加工酿酒。制果脯、果酱等。著名品种有红星、红香蕉、黄香蕉、青香蕉、国光、红玉、鸡冠、印度等（图 10-65）。

图 10-64　日本樱花

图 10-65　苹果

白梨（*Pyrus bretschneideri* Rehd.），乔木；叶卵形，边缘有刺芒状尖锐锯齿；伞形花序，花白色；梨果倒卵形或近球形，熟时黄色，果萼脱落。北方各省习见栽培，著名品种有北京鸭梨、山东莱阳的慈梨、河北的雪花梨、青岛的恩梨等（图 10-66）。

山楂（*Crataegus pinnatifida* Bge.），小乔木，枝端刺状，叶羽状深裂，伞房花序，花白色；心皮在成熟时变为坚硬骨质，内含 1～5 个小核，成梨果状核果。果小，直径 1～1.5 cm（图 10-67）。

枇杷 [*Eriobotrya japonica* (Thunb.) Lindl.] 主产于长江流域各省，果黄色，可生食或酿酒，叶供药用，治咳嗽（图 10-68）。

A   B

图 10-66 白梨
A. 花；B. 果实

图 10-67 山楂   图 10-68 枇杷

23. 虎耳草科（Saxifrgaceae）

主要特征：草本或木本。叶互生或对生，无托叶。花通常两性。辐射对称，萼片 4 或 5；花瓣 4 或 5 或缺，常具爪，雄蕊与花瓣同数或为其 2 倍，偶多数，着生于花瓣上，心皮 2～5，分离或结合，子房上位或下位（有时半下位）2～5 室，中轴胎座，或 1 室而成侧膜胎座，胚珠多数。蒴果或浆果，种子胚小，胚乳丰富。该科和蔷薇科很接近，其主要区别在于该科无托叶，种子含丰富胚乳，花部多为定数。和景天科的区别在于该科心皮下无鳞片状腺体。

花程式：$* K_{4\sim5} C_{4\sim5} A_{4\sim5+4\sim5} G_{(2\sim5;2\sim5;1\sim\infty)}$

花图式（图 10-69）：

虎耳草（*Saxifrga stolonifera* Cutt.），叶肾形或圆形，花白色。花两性，微两侧对称，萼片 5，花瓣 5，常不等大，雄蕊 10，心皮 2，合生，子房上位，2 室。蒴果（图 10-70）。

图 10-69 虎耳草科花图式

图 10-70 虎耳草

太平花（*Philadelphus pekinensis* Rupr.），灌木，叶对生；花白色，4 数，雄蕊多数；蒴果。产于北部，为栽培观赏植物（图 10-71）。

24. 含羞草科（Mimosaceae）

主要特征：多为木本，稀草本。一或二回羽状复叶。花两性，辐射对称，穗状或头状花序，萼片 5；花瓣 5，镊合状排列，基部常结合；雄蕊通常多数，稀与花瓣同数。荚果有时具次生横隔膜。该科的突出特征是：花辐射对称，花瓣镊合状排列，雄蕊多数，荚果。

花程式：$* K_{(5)} C_{(5)} A_{\infty \sim 4} \underline{G}_{1 \cdot 1}$

花图式（图 10-72）：

图 10-71 太平花

图 10-72 含羞草科花图式

合欢（*Albizzia julibrissin* Durazz.），乔木。二回偶数羽状复叶，小叶镰刀形。头状花序集成伞房状，花淡粉红色，萼片 5，合生；花瓣 5，合生，均小而不明显；雄蕊多数，花丝细长，淡红色。荚果扁。产于东北至华南及西南部。为行道树，花和树皮可入药，能镇静安神（图 10-73）。

含羞草（*Mimosa pudica* L.），草本，具刺。二回羽状复叶。头状花序，萼片具 8 小齿；花瓣 4；雄蕊 4。原产于美洲，我国广东等热带地区已成绿化杂草。全草药用，亦可栽培，供观赏（图 10-74）。

图 10-73　合欢

25. 云实科（Caesalpiniaceae）

主要特征：多为木本。通常为偶数羽状复叶，稀单叶。花两性，两侧对称，萼片5；花瓣5，常成上升覆瓦状排列，即最上1瓣最小在最内，形成假蝶形花冠，雄蕊10，多分离。荚果，有时具横隔。该科的突出特征是：花两侧对称，假蝶形花冠；雄蕊10，多分离；荚果。

花程式：$\uparrow K_{(5)} C_5 A_{10} \underline{G}_{1:1}$

花图式（图10-75）：

图 10-74　含羞草

图 10-75　云实科花图式

紫荆（*Cercis chinensis* Bge.），灌木。单叶，互生，叶片圆心形，全缘。花紫色，簇生于老枝上。假蝶形花冠，最上1片旗瓣最小且在最内；雄蕊10，分离。原产我国及日本，常于庭园栽培，供观赏（图10-76）。

皂荚（*Gleditsia sinensis* Lam.），落叶乔木，具分枝刺。一回偶数羽状复叶。花小，杂性同株，萼片4；花瓣4；雄蕊6～8。荚果大，长12～30 cm，黑棕色。分布在东北、华北、华东、华南及四川、贵州。

图 10-76　紫荆

荚果浸汁可代肥皂,枝刺入药(图 10-77)。

图 10-77 皂荚

图 10-78 决明

决明(*Cassia obtusifolia* L.),一年生草本。偶数羽状复叶,小叶 6,在叶轴两小叶间有 1 腺体。花黄色,能育雄蕊 7 枚。荚果线形,微弯;种子近菱形。种子入药称决明子,能降血压、明目(图 10-78)。

26. 蝶形花科(Fabaceae, Papilionaceae)

主要特征:草本、灌木或乔木,有时为藤本。根具根瘤和根瘤菌共生。羽状复叶或三出复叶,稀为单叶(补骨脂属),具托叶和小托叶,顶端小叶有时形成卷须。花两性,两侧对称,萼片 5,常合生,花瓣 5,形成蝶形花冠,下降覆瓦状排列,最上一片为旗瓣在最外方,两侧两片为翼瓣,最内两片为龙骨瓣。雄蕊通常 10 枚,结合成(9)+1 的二体雄蕊,稀 10 枚分离(槐属)或全合生(毒豆属)或成(5)+(5)的二体;心皮 1,子房上位,1 室,边缘胎座,通常具多胚珠,稀仅 1 胚珠(胡枝子属),稀因背腹扁压而成假 2 室(黄耆属或棘豆属)。荚果含多种子,成熟沿背腹缝开裂,稀不开裂或在种子间收缩成串珠状,或形成横断开裂的节荚,种子无胚乳。该科的突出特征是:复叶,具托叶,小叶常全缘,蝶形花冠,二体雄蕊,荚果。

花程式:$\uparrow K_{(5)} C_5 A_{(9)+1,(5)+(5),10} \underline{G}_{1:1:1\sim\infty}$

花图式(图 10-79):

豌豆(*Pisum sativum* L.),一年生栽培作物。偶数羽状复叶,小叶 6 枚,叶轴顶部有分枝的卷须,托叶大,叶状。花白色或紫色,萼钟状,5 裂,旗瓣大,圆形,翼瓣与龙骨瓣贴生,二体雄蕊;子房细长,花柱内侧有毛。荚果长椭圆形,背部直,种子数粒，圆珠状，黄色。花期4～5月，栽培蔬菜，嫩荚、幼苗、种子供食用（图10-80）。

图 10-79 蝶形花科花图式

图 10-80 豌豆

槐（*Sophora japonica* L.），乔木。奇数羽状复叶。圆锥花序，花黄白色，雄蕊10，分离。荚果不开裂，在种子间收缩成串珠状。原产于我国。各地栽培，作行道树，又是蜜源植物。槐花、槐角（荚果）可入药（图10-81）。

图 10-81 槐

刺槐（洋槐）（*Robinia pseudoacacia* L.），乔木，奇羽状复叶，和槐的区别是：托叶刺状，总状花序，花白色，二体雄蕊，荚果扁平。原产于美洲。各地广为栽培，作行道树、风景树及低山造林树种，又是很好的蜜源植物（图10-82）。

大豆〔*Glycine max*（L.）Merr.〕，一年生草本，三出复叶，花小淡紫色，荚果被黄毛。原产我国，为重要油料作物，营养丰富，种子含脂肪17.8％，蛋白质38％。东

图 10-82　刺槐，示花和总状花序

北产量居全国首位，我国亦为世界大豆主产国之一。种子除榨油外，可制豆浆、豆腐。榨油后的豆饼是良好的饲料和肥料（图 10-83）。

落花生（*Arachis hypogaea* L.），一年生草本，羽状复叶小叶 2 对，花黄色，花后子房以雌蕊柄延长伸入土中，结成种子间略收缩的荚果。原产于巴西。我国广泛栽培，种子富含蛋白质和脂肪（50％），为重要食用油（图 10-84）。

紫苜蓿（*Medicago sativa* L.），多年生草本，羽状三出复叶，叶缘微具齿，花紫色，荚果呈螺旋状弯曲。栽培优良牧草，也可作绿肥（图 10-85）。

图 10-83　大豆

27. 卫矛科（Celastraceae）

主要特征：乔木、灌木或木质藤本。单叶，对生或互生。聚伞花序或单生，花两性或单性，辐射对称，常带绿色，萼片小，4 或 5 裂，宿存，花瓣 4 或 5，下位花盘显著；雄蕊 4 或 5，对萼；心皮 2～5，合生，子房上位，2～5 室，中轴胎座，每室 2 胚珠，子房常为花盘所围绕，或多少陷入其中。蒴果、浆果、翅果或核果，种子常有鲜艳色彩的假种皮，具胚乳。该科和相近科的主要区别是：木本，花小，淡绿色，聚伞花序，子房上位，具花盘。子房常为花盘所围绕或陷入其中，雄蕊位于花盘之上或其边缘在花盘下方，每室有 2 个下转胚珠，种子常具肉质假种皮。

花程式：＊ $K_{4～5}C_{4～5}A_{4～5}\underline{G}_{(2～5:2～5:2)}$

花图式（图 10-86）：

卫矛〔*Euonymus alatus*（Thunb.）Sieb.〕，灌木。枝常具木栓质翅。叶对生。花通常 4 数，稀 5 数，花瓣分离，果时脱落；花盘肉质，扁平；子房基部常与花盘合生，雄蕊着生花盘上，子房 4 室。蒴果 4 裂，种子具红色假种皮（图 10-87）。

图 10-84　落花生

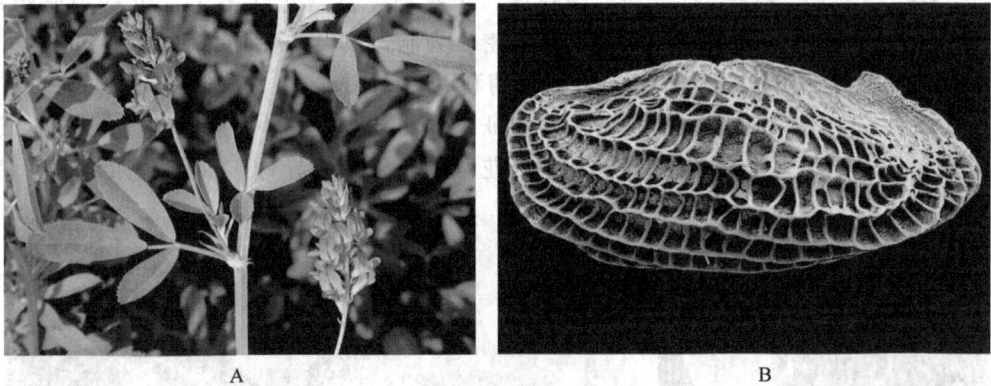

图 10-85　紫苜蓿
A. 植株和花；B. 种子

28. 鼠李科（Rhamnaceae）

主要特征：乔木或灌木，常具刺。单叶，通常互生，有托叶，有时变为刺状。花小，两性，稀单性，辐射对称，多排成聚伞花序。萼片大，4 或 5 裂，花瓣小，4 或 5 片，偶缺，雄蕊 4 或 5 枚，和花瓣对生，下位花盘肉质，子房上位或部分埋藏在花盘中，2～4 室，每室具 1 基生胚珠。核果，有时为蒴果或翅果状。该科的突出特征是：直立木本，单叶，不裂，周位花，雄蕊对瓣，胚珠基生。

花程式：$* \ K_{4\sim5} C_{4\sim5,0} A_{4\sim5} \underline{G}_{(2\sim4:2\sim4:1)}$

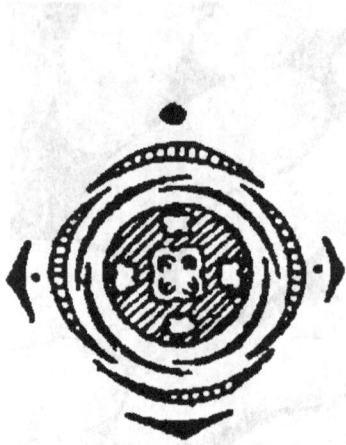

图 10-86 卫矛科花图式

图 10-87 卫矛

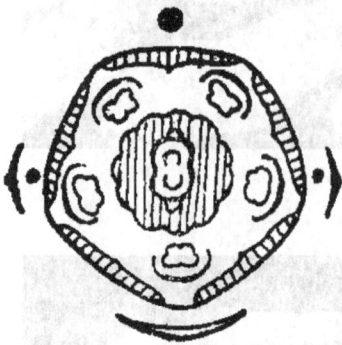

图 10-88 鼠李科花图式

花图式（图 10-88）：

枣（*Zizyphus jujuba* Mill.），小乔木。叶卵形，三出脉，托叶刺一直一弯曲成钩状。聚伞花序腋生，花黄绿色，两性花；萼片大，5 裂，花瓣 5，舌状，花盘5～10 裂，雄蕊 5，和花瓣对生；心皮 2，合生，子房上位，2 室，每室 1 胚珠。核果，通常仅 1 种子发育。各地广为栽培。果味甜，富含维生素 C，可食用或药用，木材坚硬致密，为制器具及雕刻用材（图 10-89）。

29. 葡萄科（Vitaceae）

主要特征：木质或草质藤本，具茎卷须。单叶或复叶，互生。花两性，稀单性异株，辐射对称，花序聚伞

图 10-89 枣

状或为圆锥花序，与叶对生；花萼 4 或 5 裂。细小；花瓣大，4 或 5 片，镊合状排列，分离或顶端结合成帽状；花盘环形或有裂；雄蕊 4 或 5 枚，和花瓣对生心皮 2，合生，子房上位，2 室，中轴胎座，每室 2 胚珠。浆果。该科和相近科的主要区别是：藤本，合轴分枝，具茎卷须；花序和叶对生，雄蕊对瓣，子房 2 室，中轴胎座，柱头头状或盘状；浆果。

花程式：$* K_{4\sim5} C_{4\sim5} A_{4\sim5} \underline{G}_{(2:2:2)}$

花图式（图 10-90）：

图 10-90　葡萄科花图式

葡萄（*Vitis vinifera* L.），本质藤本，髓心褐色，具卷须，树皮成条状剥落，无皮孔。叶近圆形，3～5 深裂；圆锥花序；两性花；萼 5 裂；花瓣 5，顶端帽状连合，花后整个脱落。浆果紫色或绿色。原产亚洲西部，我国西北、华北、东北广为栽培。品种达 200 个以上，栽培已有数千年历史，我国约在汉朝由张骞自西域引入。果除鲜食外，可酿酒、制葡萄干、葡萄汁等，新疆吐鲁番产的葡萄干尤负盛名（图 10-91）。

爬山虎〔*Parthenocisissus tricuspidata*（Sieb. et Zucc.）Planch〕，卷须顶端形成吸盘，叶宽卵形，3 裂。浆果蓝色。分布在吉林至广东，多栽培，为城市立体绿化优良树种（图 10-92）。

图 10-91　葡萄

图 10-92　爬山虎

30. 无患子科（Sapindaceae）

主要特征：木本，稀为草质藤本。叶互生，通常为羽状复叶，无托叶。花两性、单性或杂，辐射对称或近两侧对称；萼片 4 或 5，花瓣 4 或 5 或缺，常具腺体或鳞片附属物（荔枝属），单侧生花盘发达，生于雄蕊外，雄蕊 8～10，2 轮；心皮通常 3，合生，子房上位，3室，中轴胎座，每室具1或2胚珠。核果、蒴果、浆果、坚果或翅果，种子无胚乳，常有假种皮。该科的突出特征是：通常羽状复叶，花常杂性，花瓣内侧基部常有腺体或鳞片，花盘发达，位于雄蕊外方，心皮3，种子常具假种皮，无胚乳。广布于热带和亚热带，少数产于温带。

花程式：$* K_{4\sim5} C_{4\sim5} A_{8\sim10} \underline{G}_{(3:3:1\sim2)}$

荔枝（*Litchi chinensis* Sonn.）为乔木，偶数羽状复叶，互生。为我国南方特产的果树，果核果状，不开裂，外皮粗糙或有瘤状突起，种子1枚，外面为肉质、白色、多汁而味甜韵假种皮所包。为著名水果，主食其肉质假种皮（图10-94）。

图 10-93　荔枝

龙眼（*Dimocarpus longan* Lour.），又称桂圆，乔木，偶数羽状复叶，互生。果核果状，不开裂，幼果时外皮有瘤状突起，后变光滑。种子1枚，外面为肉质、白色、多汁而味甜的假种皮所包。为我国南方特产的著名水果，主食其肉质假种皮。

图 10-94　龙眼

31. 芸香科（Rutaceae）

主要特征：乔木、灌木，稀为草本，有时具刺，全体含挥发油。叶互生，少数对生，羽状复叶、单身复叶，稀为单叶，具透明油腺点，无托叶。花两性，稀单性，辐射对称，萼片 3～5；花瓣 3～5，离生，稀无瓣；雄蕊 8～10，通常 2 轮，稀多数，具花盘，位于雄蕊内方，心皮 4 或 5，稀多个，合生，稀离生，子房上位，4 或 5 室，中轴胎座，每室通常具 1 或 2 胚珠，稀更多。果为蓇葖、柑果、蒴葖果，稀为核果、翅果、浆果。该科和相近科的主要区别是：叶通常具透明芳香挥发油腺点，具雄蕊内下位花盘，雄蕊 2 轮。

花程式：$* K_{3\sim5} C_{3\sim5} A_{8\sim10} \underline{G}_{(4\sim5,\infty+4\sim5+1\sim2)}$

花图式（图 10-95）：

柑橘（*Citrus reticulata* Blanco.）常绿木本，常具枝刺。叶为仅 1 枚小叶的单身复叶（由于三出复叶的 2 枚侧生小叶退化形成，小叶与叶柄间具关节，叶轴常具翅，通称箭叶），叶片革质，具透明油腺点。花两性，辐射对称。萼片 5，合生；花瓣 5。分离，雄蕊多数，结合成多体，心皮 8～15，合生，子房上位，中轴胎座，8～15 室，每室有胚珠 4～12 枚。柑果（图 10-96）。

图 10-95　芸香科花图式

柚［*Citrus maxima*（Burm.）Merr.］，箭叶具宽翅，果大，直径 10～15 cm。以广西容县产的沙田柚为最著名（图 10-97）。

柠檬［*Citrus limon*（L.）Burm. f.］，果味酸，可做饮料或蜜饯。柑橘类为我国南方著名水果，果肉可供食用或制蜜饯，也是提制枸橼酸、柠檬油、橙皮油、橙皮甙等的原料。经过加工的果皮及幼果有陈皮、青皮、橘红、枳壳、枳实等，都是常用的中药。

佛手柑（*Citrus medica* var. *sarcodactylis* Swingle），果味香，供观赏（图 10-99）。

图 10-96 柑橘

图 10-97 柚

图 10-98 柠檬

花椒（*Zanthoxylum bungeanum* Maxim.），灌木，具皮刺。奇数羽状复叶，互生，具透明腺点。花单性，蓇葖果。常见栽培，分布几遍全国，果皮作调味料，并可提取芳香油。种子可榨油（图 10-100）。

图 10-99 佛手柑

图 10-100 花椒

金桔〔*Fortunella margarita*（Lour.）Swing.〕属于金桔属。和柑橘属的区别在于子房 2～5 室，每室具 2 胚珠。原产我国南部。各地多有盆栽，果长椭圆形，金黄色，可生食或制蜜饯（图 10-101）。

图 10-101　金桔

32. 漆树科（Anacardiaceae）

主要特征：木本。树皮多含树脂。叶互生，稀对生，单叶、掌状三出复叶或羽状复叶，无托叶。花小，两性、单性或杂性，圆锥花序或总状花序。辐射对称，通常双被花，稀单被或无花被萼片 3～5，花瓣 3～5，雄蕊和花瓣同数或为其 2 倍，具雄蕊内花盘，成环状、盘状或杯状，心皮 3～5，通常仅 1 枚发育，子房上位，1 室，具 1 胚珠。核果。该科的突出特征是：有树脂道，具雄蕊内花盘，子房 1 室，核果。

花程式：$* K_{(3\sim5)} C_{3\sim5} A_{3\sim5,6\sim10} \underline{G}_{(3\sim5:1:1)}$

漆树〔*Toxicodendron verniciflnum*（Stokes）F. A. Barkl.〕，落叶乔木，奇数羽状复叶，互生。圆锥花序腋生；萼片 5，花瓣 5，雄蕊 5，心皮 3，子房 1 室，1 胚珠，核果，核果下垂。树干韧皮部可割取生漆，国产生漆在国际市场上占很重要地位。漆是优良防腐、防锈涂料。用于涂漆车船、机器、建筑物、农机具等；种子油可制油墨、肥皂；木材可制家具等（图 10-102）。

毛黄栌（*Cotinus coggygria* var. pubescens Engl.），灌木；单叶。近圆形；果实不育，花梗伸长而被长柔毛。北京西山红叶即为该种，秋日由于叶绿素破坏，显出花青素而呈红色，为秋日著名观赏风景树（图 10-103）。

芒果（*Mangifera indica* L.），单叶。常集生枝顶；花小，杂性、异被，雄蕊 5，仅 1 枚发育；核果椭圆形或肾形，熟时黄色。产于云南、广东、广西、福建、中国台湾等地，为热带著名水果（图 10-104）。

腰果（*Anacardium occidentale* L.），核果肾形。为花梗在果时膨大而成梨形的假果所托，假果熟时紫红色。原产美洲热带，我国南部有引种。假果可生食或制果汁、果酱、罐头等，种子可炒食或榨油，为上等食用油或工业用油（图 10-105）。

图 10-102　漆树

图 10-103　毛黄栌

图 10-104　芒果

33. 槭树科 (Aceraceae)

主要特征：木本。单叶或复叶，对生，无托叶。花两性或单性，辐射对称，萼片 5(4)，花瓣 5(4)，雄蕊通常 8；花盘环状或浅裂，心皮 2，合生，子房上位，2 室，每室 2 胚珠，通常仅 1 枚发育。双翅果。

花程式：$* K_{4\sim5} C_{4\sim5} A_8 \underline{G}_{(2:2:2)}$

花图式（图 10-106）：

槭属 (Acer L.) 乔木；单叶或为掌状复叶（图 10-107）。对生双翅果。

色木槭 (Acer mono Maxim.)，单叶，掌状 5 裂，翅果果翅长为果的 2 倍。

元宝槭 (Acer truncatum Bge.)，翅与果近等长。两种均分布于东北、华北，西至陕西及中部各省；常栽培为行道树及庭园绿化树种。产于北美的糖槭 (Acer saccharum Mash.) 春天从树干中提取的液汁可以制糖。

图 10-105　腰果

34. 大戟科 （Euphorbiaceae）

主要特征：草本、灌木或乔木，有时成肉质植物，常具乳汁。单叶，互生，具托叶。花通常单性，雌雄同株或异株，常成聚伞花序；双被、单被或无花被；具雄蕊内花盘或腺体；雄花雄蕊 1 至多数，稀退化仅 1 枚，花丝分离或结合成单体雄蕊；雌花心皮 3，合生，子房上位，3 室，中轴胎座，每室具 1 或 2 枚胚珠，珠孔外常盖有种阜（caruncle），花柱 3 或 6。蒴果通常成熟时分裂成 3 个分果，种子具胚乳。该科的突出特征是：具乳汁，单性花；子房上位，3 室；中轴胎座，胚珠悬垂，形成 3分果。

图 10-106　槭树科花图式

花程式：♂ * $K_{0\sim5}C_{0\sim5}A_{1\sim\infty}$　　♀ * $K_{0\sim5}C_{0\sim5}\underline{G}_{(3:3:1\sim2)}$

蓖麻（*Ricinus communis* L.），一年生草本。单叶，互生，掌状分裂。花单性同株，成圆锥花序，雌花在上，雄花在下，雄花萼片 3～5，无花瓣，雄蕊多数结合成多体雄蕊，花药 2 室；雌花萼片 3～5，子房上位，3 室，每室 1 胚珠。蒴果具软刺，种子具明显的种阜，具胚乳。各地栽培。种子可榨油，含油量 55%～70%，叶可饲蓖麻蚕（图 10-108）。

油桐 [*Vernicia fordii* （Hemsl.） Airy-Shaw]，小乔木，叶卵形或卵状心形，花白色，有花瓣；核果近球形。原产于我国，中南、西南、华东以及陕西、甘肃均有栽

图 10-107　槭属

A. 槭属植物盆景；B. 槭属植物枝和果实

图 10-108　蓖麻

培。重要木本油料植物，种仁含油达 70％，为干性油，是良好的油漆原料。桐油为我国特产，闻名世界，产量占世界总产量 70％（图 10-109）。

图 10-109　油桐

巴西橡胶树（*Hevea brasiliensis* Muell. Arg.），乔木，掌状三出复叶，蒴果。原产巴西，世界各热带地区均有栽培，印尼和马来西亚为产胶中心；我国台湾、海南、云南有栽培。乳汁含橡胶，为优良的天然橡胶原料（图10-110）。

图 10-110 巴西橡胶树

木薯（*Manihot esculenta* Crantz.），直立亚灌木，叶掌状 3～7 深裂至全裂，块根肉质。原产于巴西，我国广东有栽培。块根含淀粉，可食用或工业用，但含氰酸，食前必须浸水去毒（图10-111）。

图 10-111 木薯

乌桕 [*Sapium sebiferum* (L.) Roxb.]，乔木，叶近菱形，蒴果球形。种子外被白蜡层，为制蜡烛和肥皂原料（图10-112）。

35. 伞形科（Umbelliferae）

主要特征：草本，具分泌腔，常含芳香油，其成分以香豆精为主。叶互生，通常复叶，稀为单叶，叶柄基部膨大，常成鞘状。通常为复伞形花序，稀为伞形花序。复伞形花序基部具总苞苞片或缺，小伞形花序的柄称伞辐，每朵花的柄称为花梗，花两性，辐

图 10-112　乌桕

射对称，有时边缘花具辐射瓣而成两侧对称，萼片 5，与子房结合，萼齿 5 或不明显；花瓣 5，顶端钝圆或有内折的小舌片；雄蕊 5，和花瓣互生，心皮 2，合生，子房下位，2 室，每室有 1 胚珠，子房顶端有盘状或短圆锥状花柱基，花柱 2，直立或外曲。双悬果成熟时从 2 心皮合生面分离成 2 分果，悬在心皮柄上，心皮柄为来源于花托或花轴，或由心皮腹面分化出来的构造，仅基部来源于花托，分果外面有 5 条主棱，棱间称棱槽。分果背腹压扁或两侧压扁，表面平滑或有毛、皮刺或瘤状突起，种子胚乳丰富，胚乳腹面平直、凸起或凹。该科的突出特征是：芳香草本，具叶鞘，复伞形花序，子房下位，具上位花盘（花柱基），双悬果。

花程式：＊ $K_{(5)\sim0} C_5 A_5 \overline{G}_{(2:2:1)}$

花图式（图 10-113）：

胡萝卜（*Daucus carota* var. *sativus* Hoffm.），二年生或一年生草本，具肉质圆锥根。叶互生，叶柄基部扩展成叶鞘，叶片 2 或 3 回羽状全裂。复伞形花序，总苞和小总苞片叶状，羽状分裂，伞辐多条，不等长，两性花，萼齿不明显，花瓣 5（图 10-114）。白色或淡粉红色，先端内卷，边缘花具辐射瓣，花柱 2，花柱基短圆锥形。双悬果宽卵形或椭圆形。背腹压扁，主棱不显，棱槽隆起成翅状，翅上有一行刺，每棱槽下具油管 1 条，合生面 2 条，胚乳腹面 平或微凹，心皮柄不分裂。原产欧亚大陆，各地广泛栽培，根含胡萝卜素，营养丰富，作蔬菜或多汁饲料（图 10-115）。

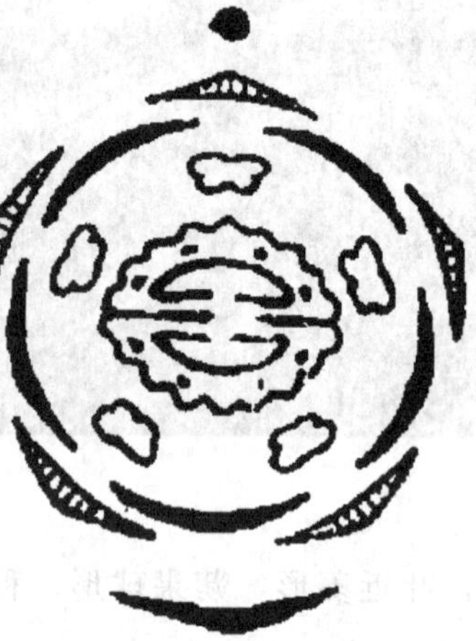

图 10-113　伞形科花图式

图 10-114　胡萝卜的花图式

茴香（*Foeniculum vulgare* Mill.）叶或回羽状细裂，小裂片丝状，具叶鞘。复伞形花序大，无总苞和小总苞片，伞辐 8～30；萼齿不明显；花黄色。双悬果长圆形，背腹

图 10-115　胡萝卜
A. 花序；B. 胡萝卜肉质直根

压扁，主棱 5 条，尖锐，每主棱下有维管束 1 条，棱槽间有油管 1 条，合生面 2 条，胚乳腹面平坦，心皮柄 2 裂达基部。原产地中海地区，各地栽培。嫩茎叶作蔬菜，果作调味料，也可提取芳香油，并可入药称小茴香，能行气止痛，健胃散寒（图 10-116）。

图 10-116　茴香
A. 花序；B. 果实

　　伞形科的蔬菜还有芹菜（*Apium graveolens* L.）、芫荽（香菜）（*Coriandrum sativum* L.）等（图 10-117）。

　　北柴胡（*Bupleurum chinensis* DC.），单叶、不分裂，花黄色。根入药。有解热、镇痛、利胆作用（图 10-118）。

　　白芷［*Angelica dahurica*（Fisch.）Benth. et Hook. ex Fravch. et Savat］，高大草本，花白色，双悬果背腹扁，侧棱发达成翅。各地野生或栽培，根入药，为镇痛剂（图 10-119）。

图 10-117 芹菜（A）和芫荽（香菜）（B）

图 10-118 北柴胡

A. 北柴胡花序；B. 用柴胡制的中药

伞形科植物对昆虫传粉的适应：该科植物为异花传粉，通常靠雄蕊先熟来保证。花序的特化为虫媒传粉创造了有利条件，多数密集的小花在一平面上，便于昆虫落足，边缘花常增大而具辐射瓣，有引诱昆虫的作用，适于各种昆虫采蜜，对短吻的蝇类更为方便，因此，向伞形科植物采蜜的昆虫种类最多。

36. 五加科 (Araliaceae)

主要特征：木本，稀为草本，有刺或无刺。通常为掌状复叶或羽状复叶，很少为单叶，互生，有托叶。花两性，稀单性，辐射对称，单伞形花序，萼齿 5，小形；花瓣 5，雄蕊 5，和花瓣互生，生花盘边缘；子房下位，2～5 室，中轴胎座。每室 1 胚珠。浆果或核果；胚小，胚乳丰富。该科的突出特征是：木本；单伞形花序，五数花。下位子房，每室具 1 胚珠；浆果。

花程式：$* K_5 C_5 A_5 \overline{G}_{(2\sim5:2\sim5:1)}$

图 10-119　白芷
A. 白芷植物体和花序；B. 白芷药材（根）

花图式（图 10-120）：

人参（*Panax ginseng* C. A. Mey.），草本，掌状复叶 3～5，轮生茎顶，小叶 3～5 片，有锯齿；伞形花序单个顶生，浆果球形，红色。根状茎短，下端为纺锤形肉质根。主产于我国东北长白山区和朝鲜，现野生者极少，药用多为栽培，称园参。根为著名中药，含多种皂苷及少量挥发油，为补气强壮剂（图 10-121）。

图 10-120　五加科花图式

图 10-121　人参

西洋参（*Panax quinquefolius* L.），原产于美国，我国近年有引种，亦为补气良药（图 10-122）。

图 10-122　西洋参
A. 种植的西洋参；B. 西洋参药材（根）

37. 夹竹桃科（Apocynaceae）

主要特征：木本或草本，常蔓生，具乳汁。单叶，对生或轮生，全缘，常无托叶，稀具假托叶。花单生或成聚伞花序，两性，辐射对称；花萼 5 裂，花冠合瓣，5 裂，卷旋状排列，喉部常有鳞片或毛，雄蕊与花冠裂片同数，花粉粒大，花盘环状、杯状或舌状；心皮 2，分离或合生，子房上位，1 或 2 室，中轴胎座或侧膜胎座；胚珠少数至多数。蓇葖果，少数蒴果、浆果或核果状，种子有种毛。该科和萝藦科的区别在于：花柱 1 条，无副花冠，花粉粒状或四分体状，不形成花粉块，雄蕊和柱头分离，无载粉器。

花程式：　$* K_{(5)} C_{(5)} A_5 \underline{G}_{(2:1\sim2:1\sim\infty)}$

花图式（图 10-123）：

夹竹桃（*Nerium indicum* Mill.），常绿灌木，具乳汁。叶革质，披针形，全缘，轮生。花大，粉红色或白色，花冠喉部有分裂或线形的附属物。原产于印度，各地栽培供观赏。叶和树皮含强心甙，可供药用，为强心剂和杀虫剂（图 10-124）。

图 10-123　夹竹桃科花图式

图 10-124　夹竹桃

38. 旋花科 (Convolvulaceae)

主要特征：缠绕草本，常具乳汁。茎具双韧维管束。单叶，互生，无托叶。花两性，辐射对称；萼片5，覆瓦状排列；花瓣5，合生成漏斗状，通常卷旋状排列；雄蕊5，着生在花冠管基部，和花冠裂片互生，常具环状或杯状花盘，花粉粒具刺，心皮2（稀3~5），合生，子房2室（稀3~5室），每室具2胚珠。蒴果；种子具软骨质胚乳，子叶折叠状。该科的突出特征是：草质藤本，常具乳汁，双韧维管束，花冠卷旋折扇状，中轴胎座，具直立无柄倒生胚珠，子叶折叠状。

花程式：$* K_5 C_{(5)} A_5 \underline{G}_{(2,3\sim5\,:\,2,3\sim5\,:\,2)}$

花图式（图 10-125）：

甘薯（*Ipomoea batatas* Lam.），一年生草本，具块根，茎平卧，单叶全缘或3~5裂，具乳汁。花冠漏斗状；花柱1条，柱头头状；子房2室，每室2胚珠；花粉粒具刺。种子无毛。原产于美洲热带，现广泛栽培于

图 10-125　旋花科花图式

世界各地。块根可做粮食，还可制淀粉或酿酒及做工业原料；茎、叶可做饲料。该种在北方很少开花，繁殖用块根上的芽（图 10-126）。

图 10-126　甘薯
A. 花；B. 块根

旋花属（*Convolvulus* L.），缠绕草本，花冠漏斗状，5数；花柄上有小苞1对和萼片远离。花柱2，柱头线形；子房2室（图 10-127）。田旋花（*Convolvulus arvensis* L.），叶披针形，基部戟形，花冠粉红色，为各地习见杂草。

打碗花属（*Calystegia* R. Br.）和旋花属相似，主要区别在于花萼包藏在2片大苞片内。打碗花（*Calystegia hederacea* Wall.），叶三角形，基部戟形，亦为北方荒地常见杂草（图 10-128）。

39. 茄科 (Solanaceae)

主要特征：木本或草本，具双韧维管束，植物常含多种甾体生物碱。单叶互生，全缘、分裂或为复叶，无托叶。花两性，辐射对称，单生或为聚伞花序，常由于花轴与茎结合，致使花序生于叶腋之外；花萼5裂，宿存或在结果时增大；花冠合瓣，5裂，多

图 10-127　旋花属植物

图 10-128　打碗花

呈折扇状；雄蕊 5，稀 4，分离或靠合，着生于花冠筒部与花冠裂片互生，花药 2 室，纵裂或孔裂（茄属）；子房下常具花盘，心皮 2，合生，子房 2 室，位置偏斜，稀因假隔膜而成 3～5 室，或胎座延伸成假多室，中轴胎座，胚珠多数。浆果或蒴果；种子具丰富的肉质胚乳。该科的突出特征是：叶互生；花辐射对称，花冠折扇状，雄蕊 5（稀 4）；子房 2 室，偏斜，多胚珠，双韧维管束；细胞型胚乳。

花程式：＊ $K_{(5)} C_{(5)} A_5 \underline{G}_{(2:2:\infty)}$

花图式（图 10-129）：

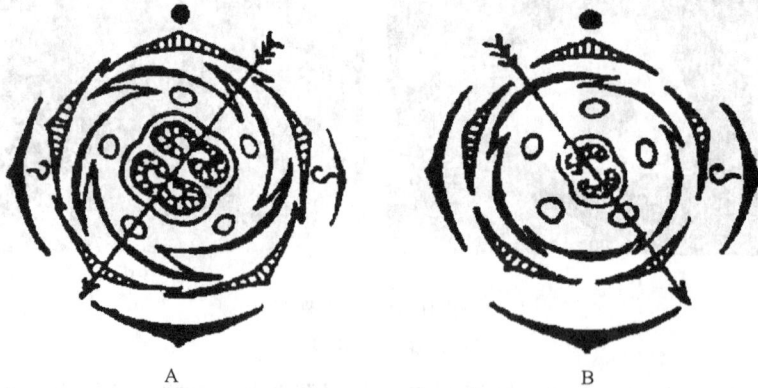

图 10-129　茄科花图式
A. 曼陀罗属；B. 天仙子属

　　茄（*Solanum melongena* L.），草本，全株被星状毛；叶互生，卵状椭圆形，边缘波状，花紫色，单生。花冠辐状；雄蕊 5，花药靠合，顶孔开裂；子房 2 室。浆果。为世界各地广泛栽培的果菜（图 10-130）。

　　马铃薯（*Solanum tuberosum* L.），多年生草本，栽培为一年生，具块茎；奇数羽状复叶，互生；聚伞花序，花萼 5 裂，宿存，花冠辐状，5 裂，白色或淡紫色，浆果小，球形，直径约 1.5 cm，绿色。原产于南美秘鲁，世界各地广为栽培，性喜凉冷气候。块茎含淀粉 12%～15%，蛋白质 2%～3%，且富含维生素 C，是重要粮食作物，

图 10-130　茄
A. 植株和花；B. 果实（浆果）

且为蔬菜，又可制淀粉、糖浆、酿酒等（图 10-131）。

图 10-131　马铃薯
A. 花；B. 马铃薯块茎

　　番茄（*Lycopersicum esculentum* Mill.）多年生草本，栽培为一年生。被腺毛，羽状复叶。聚伞圆锥花序，腋外生，花黄色；花药靠合，纵裂。浆果多汁，子房常因胎座延伸成假多室。原产于南美秘鲁，性不耐寒而喜高温，世界各地广为栽培。果富含维生素，营养价值很高，为重要蔬菜和水果（图 10-132）。

　　辣椒（*Capsicum annuum* L.），一年生栽培蔬菜，花单生，白色，浆果中空。原产于南美，果供蔬菜食用（图 10-133）。

　　枸杞（*Lycium chinense* Mill.），具刺小灌木，花淡紫色，浆果红色。野生或栽培，果入药称枸杞子，能补肝肾，强筋骨；根皮称地骨皮，亦作药用，嫩茎叶在广州等地作蔬食（图 10-134）。

40. 唇形科（Labiatae）

　　主要特征：多为草本，植株常含挥发油，有芳香气味。茎通常四棱。叶对生，无托叶。花序通常为腋生聚伞排列成假轮生称轮伞花序（verticillaster），有时成顶生穗状或

图 10-132　番茄

图 10-133　辣椒

图 10-134　枸杞

总状花序；花两性，两侧对称；花萼合生，5 齿裂，宿存，花冠通常二唇形，上唇 2 裂，下唇 3 裂，有时成假单唇或花冠裂片近相等；雄蕊 4，2 长 2 短，成二强雄蕊，稀仅 2 枚，分离或药室贴近，两两成对，着生于花冠筒部；花药 2 室，平行、叉开至平展或为延长的药隔所分开，纵裂；子房下具肉质花盘，心皮 2，合生，子房上位，4 深裂形成 4 室，每室 1 胚珠，花柱生于子房的基部。果为 4 小坚果，种子有少量胚乳或无。该科的突出特征是：四棱茎，对生叶，唇形花冠，子房 4 深裂，花柱生子房基部；结 4 小坚果；植物含挥发油，有香气。

花程式：$K_{(5)} C_{(4\sim5)} A_{2+2,2} \underline{G}_{(2:4:1)}$

花图式（图 10-135）：

图 10-135　唇形科花图式

益母草（*Leonurus japonicus* Houtt.）二年生草本，具四棱茎。叶对生；基生叶近圆形，具长叶柄和浅齿，开花时枯死；茎生叶具长柄，3 全裂或深裂。花腋生，淡紫红色，萼钟形，5 裂，具 5 脉；花冠二唇形，上唇全缘，下唇 3 裂；雄蕊 4，二强，近下唇一对长；心皮 2，子房 4 深裂，具蜜腺盘，结成 4 小坚果，有时仅 2 或 3 发育。广布于南北各省。茎叶入药，能活血调经、祛淤生新，种子名茺蔚子，能清肝明目（图 10-136）。

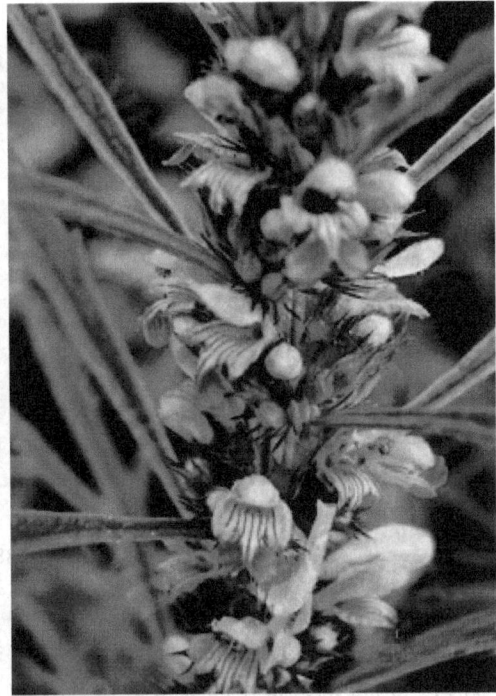

图 10-136　益母草

鼠尾草属（*Salvia* L.）花冠唇形。上唇直立拱曲、2 裂，下唇开展、3 裂。雄蕊 2，着生于花喉，药隔伸长；使两药室分离，上端 1 药室能产生花粉，下端 1 药室退化，不产生花粉，成小锤状，花丝与药隔相连处有关节，两个雄蕊下端的药室凑合，堵塞花喉，子房基部具蜜腺盘，当昆虫采蜜时，触动锤状退化药室，而使药隔下弯，致使产生花粉的药室接触昆虫背部，将花粉擦在昆虫背上，当昆虫再飞到另一花中采蜜时，其背上的花粉随即抹在该花的柱头上，达到异花传粉的目的。这是鼠尾草属花部构造对昆虫传粉的长期适应的结果，产生了这种巧妙的配合。同时，它们又有雄蕊先熟的特性，保证了完善地进行异花传粉（图 10-137）。

图 10-137　鼠尾草属植物

丹参（*Salvia miltiorrhiza* Bge.），多年生草本。根红色，羽状复叶，对生；轮伞花序集生茎顶成总状，花蓝紫色。分布在南北各省。根入药，能活血调经、祛淤生新，近年研究表明为治疗冠心病的良药（图 10-138）。

薰衣草（*Lavandula officinalis* Chaix），多年生草本或小矮灌木，丛生，多分枝，直立生长，株高依品种有 30～40 cm 或 45～90 cm，在海拔相当高的山区，单株能长到 1 m。叶互生，椭圆形披尖叶，或叶面较大的针形，叶缘反卷。穗状花序顶生，长 15～

图 10-138　丹参
A. 丹参植株和花；B. 丹参药材（根）

25 cm；花冠下部筒状，上部唇形，上唇 2 裂，下唇 3 裂；花长约 1.2 cm，有蓝、深紫、粉红、白等色，常见的为紫蓝色，花期 6～8 个月。全株略带木头甜味的清淡香气，因花、叶和茎上的绒毛均藏有油腺，轻轻碰触油腺即破裂而释出香味（图 10-139）。

图 10-139　薰衣草
A. 薰衣草植株和花；B. 大田种植的薰衣草

41. 木犀科（Oleaceae）

主要特征：乔木或灌木。单叶或复叶，对生，无托叶。花通常两性，稀单性；辐射对称；萼小，4～6 裂；花冠合瓣，4～6 裂，少数无花瓣，雄蕊 2，稀 3～5，药室背对背着生，生花冠管上；心皮 2，合生，子房上位，2 室，每室通常 2 胚珠（连翘属具多胚珠），花柱 1 条，柱头 2 裂。果为蒴果、浆果、核果或翅果。该科的突出特征是：木本，叶对生，4 数花，雄蕊 2，药室背对背着生，子房上位，2 室，每室 2 胚珠。

花程式：＊ $K_{(4)} C_{(4)} A_2 \underline{G}_{(2:2:2)}$

花图式（图 10-140）：

连翘 [*Forsythia suspensa* (Thunb.) Vahl] 灌木，枝中空。花黄色，4 数，蒴果

具多种子。原产于华北。常栽培，蒴果入药，能清热解毒，治感冒（图10-141）。

图 10-140　木犀科花图式

图 10-141　连翘

茉莉花 [*Jasminum sambac* (L.) Ait.]，常绿灌木，单叶，花白色、芳香。浆果。各地广泛栽培。观赏植物，花用以薰茶（图10-142）。

迎春花 (*Jasminum nudiflorum* Lindl.)，花黄色，花瓣 6，栽培观赏植物（图10-143）。

图 10-142　茉莉花

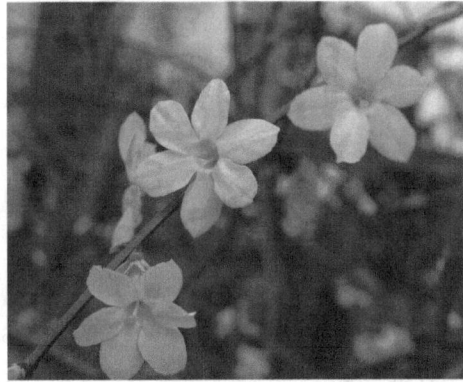

图 10-143　迎春花

桂花 [*Osmanthus fragrans* (Thunb.) Lour.]，观赏植物，花极芳香，糖渍后食用或制食品糕点（图10-144）。

紫丁香 (*Syringa oblata* Lindl.)，灌木，叶广卵形，花紫色，花冠管长，蒴果。庭园绿化观赏植物（图10-145）。

42. 玄参科（Scrophulariaceae）

主要特征：草本，稀为乔本（泡桐属），具双韧维管束。叶对生、互生或轮生，无托叶。花两性，两侧对称，有时近辐射对称（毛蕊花属或婆婆纳属），花萼 4 或 5 裂，花冠合瓣，二唇形，裂片 4 或 5，覆瓦状排列，有时有距（柳穿鱼属），雄蕊 4，2 强，

图 10-144 桂花

图 10-145 紫丁香

稀2或5枚，花盘常存在，心皮2，合生，子房上位，2室，每室具多胚珠，中轴胎座。蒴果，稀不开裂成浆果或核果状；种子有胚乳。该科的突出特征是：草本，花两侧对称，唇形花冠，子房2室，中轴胎座，具多胚珠；种子有胚乳。

花程式：$↑K_{(4\sim5)}C_{(4\sim5)}A_{2+2,2,5}\underline{G}_{(2:2:\infty)}$

花图式（图 10-146）：

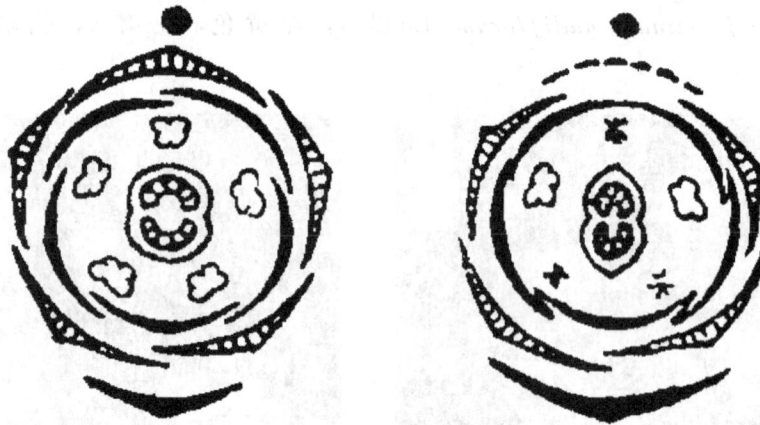

图 10-146 玄参科花图式

地黄（*Rehmannia glutinosa* Libosch.），多年生草本，全株密被黏毛。根茎鲜时黄色，栽培常成块状。基生叶丛生，椭圆形，上面绿色，下面略带紫红色。总状花序；花萼5裂，花冠二唇形，紫红色，雄蕊4，2强，药室叉开成一直线；心皮2，子房幼时2室，老时因隔膜撕裂而成1室，含多胚珠。蒴果卵形。产于长江流域以北各省区。根含地黄素、梓醇、甘露醇等，入药，分生地、熟地；生地黄能滋阴凉血、清热生津；熟地黄能滋肾补血（图 10-147）。

毛泡桐［*Paulownia tomentosa*（Thunb.）Steud.］，乔木，叶卵形，叶对生。花大，圆锥花序，花冠二唇形，雄蕊4。蒴果室背开裂。速生树种，材质轻，纹理美观，耐酸耐腐、防湿隔热，为家具、航模、乐器及胶合板的良材，又为庭园绿化树种（图 10-148）。

图 10-147　地黄
A. 花；B. 块根；C. 用地黄制的药品

图 10-148　毛泡桐

43. 桔梗科（Campanulaceae）

主要特征：通常为草本，具乳汁。单叶互生，稀对生或轮生，无托叶。花两性，单生或成聚伞花序；辐射对称，5数，花萼合生，通常5裂，花冠钟状，5裂，雄蕊5，和花冠裂片同数，分离或结合，心皮3（稀2、5），合生，子房下位或半下位，中轴胎座，3室（2，5室），胚珠多数。蒴果，瓣裂或孔裂，稀为浆果，种子小，胚乳丰富。该科的突出特征是：草本，具乳汁，花冠钟状，辐射对称，雄蕊靠合；雌蕊或花药连合，子房下位，具多胚珠；蒴果。

花程式： * $K_{(5)} C_{(5)} A_5 G_{(3:3:\infty)}$

花图式（图 10-149）：

桔梗 [*Platycodon grandiflorus* (Jacq.) A.DC.]，直立多年生草本，具乳汁。叶对生或轮生。花5数，钟状，花冠蓝紫色，雄蕊5，花丝基部膨大而彼此相连，心皮5，子房下位，5室。蒴果顶端5瓣裂。产于南北各省。根入药，能宣肺祛痰，也可栽培供观赏（图 10-150）。

图 10-149　桔梗科花图式

图 10-150　桔梗

图 10-151　党参

党参 [*Codonopsis pilosula* (Franch.) Nannf.]，缠绕草本，具乳汁。植株具强臭味，叶互生，花黄绿色略带紫晕。花5数，花冠钟状，心皮3，子房下位，3室。蒴果3瓣裂。产于东北、华北，各地栽培，以山西为最著名。根茎药用，能补中益气，调和脾胃，生津止渴（图10-151）。

44. 忍冬科（Caprifoliaceae）

主要特征：木本，稀草本。叶对生，单叶或复叶，常无托叶。花两性，辐射对称至两侧对称，4或5数，聚伞花序；花萼4或5裂，花冠合瓣，有时二唇形，雄蕊和花冠裂片同数而互生，花冠上着生，无花盘；子房下位，通常3室（2～5室）。每室通常1胚珠，有时仅1室发育。浆果、核果或蒴果，种子有胚乳。

花程式： * ，↑ $K_{(4\sim5)} C_{(4\sim5)} A_{4\sim5} \overline{G}_{(2\sim5:2\sim5:1\sim\infty)}$

花图式（图 10-152）：

忍冬（*Lonicera japonica* Thunb.），又名金银花，木质藤本，单叶卵状椭圆形，全缘，叶对生。花成对腋生，花开后由白变黄，花冠二唇形，花常 2 朵并生，花冠二唇形，雄蕊 5，子房 3 室。浆果黑色。产于我国南北各省，常栽培。花蕾含环己六醇，入药称双花，有清热解毒、抗病毒、抑菌消炎效用。该属多种均可作金银花入药（图 10-153）。

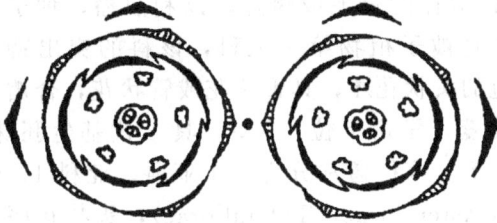

图 10-152　忍冬科花图式

图 10-153　忍冬

接骨木（*Sambucus williamsii* Hance）灌木。奇数羽状复叶，对生，有托叶。圆锥花序顶生，花小，5 数。浆果状核果。果熟黑色（图 10-154）。

图 10-154　接骨木

45. 菊科（Compositae）

主要特征：草本、半灌木、灌木，稀乔木或藤本，有些具乳汁。叶互生、对生，稀轮生，无托叶。无限头状花序，由一至多朵小花组成，集生在扁平、突起成圆顶状、柱状、圆锥状或凹陷的花序托上，花序托为花序轴的缩短。整个花序很像一朵花，在花序外面有总苞；总苞由多数苞片组成，1 或 2 轮或多层，分离或结合，有时成覆瓦状排列。苞片叶状、干膜质、边缘干膜质、具钩刺或顶端形成各种副器，有时苞片具彩色干膜质成花瓣状，形成不凋花。头状花序再集成总状、穗状，伞房状或圆锥状的复花序，稀成复头状花序，在花序托每朵花的基部具苞片 1 片，称为托片。花两性，稀单性或中性，极少雌雄异株，辐射对称或两侧对称；花萼退化，通常变成冠毛或鳞片、倒刺芒状或无冠毛。花冠合瓣，通常分为五种类型：①管状花，辐射对称，先端 5 裂，通常位于花序的中央，称盘花。②舌状花，两侧对称，花冠上部连合成舌状．先端具 5 齿。③假舌状花，先端仅 3 齿裂。④二唇形花，上唇 2 裂片较短，下唇 3 裂片较长（大丁草）。⑤漏斗状花，花冠斜向外伸成漏斗状（矢车菊属）。在头状花序上有同形的小花，即全为管状花或舌状花，或具异形的小花，即外围为假舌状花，中央为管状花。雄蕊 5 枚，花丝分离，着生在花冠管上，而花药连接成管状，称聚药雄蕊。包在花柱的外面，花药 2 室，内向纵裂，花药基部钝或延伸成尾状，顶端药隔突出或钝，常是区分族属的重要依据。雌蕊心皮 2，合生，子房下位，1 室，内含 1 倒生胚珠，具 1 层珠被，花柱细长，柱头 2 裂，裂片圆柱形、细长钻形、线形，有时在顶端具三角形附器或上端膨大有被毛的节，柱头的形状也是菊科各族区分的依据。柱头下有毛状环，以使花柱伸长时，将花药管内侧花粉刷出。果实为瘦果（有人把菊科的下位子房形成的瘦果称连萼瘦果 cypse-la）。顶端具宿存的冠毛或鳞片，以利散播，种子无胚乳。菊科是被子植物第一大科，该科的突出特征是：具总苞的头状花序，具舌状花或管状花，合瓣花冠，聚药雄蕊，子房下位，1 室，具 1 枚基生胚珠，瘦果常具冠毛。该科通常分为 2 个亚科。亚科 1、管状花亚科（Asteroideae，Tubuliflorae），头状花序具同型小花（全为管状花）或异型小花（有管状花和舌状花）。亚科 2、舌状花亚科（Liguliflorae，Cichori-oideae），头状花序全为舌状花，植物体具乳汁。

花程式：$* \uparrow K_{0 \sim \infty} C_{(5)} A_{(5)} \overline{G}_{(2:1)}$

花图式（图 10-155）：

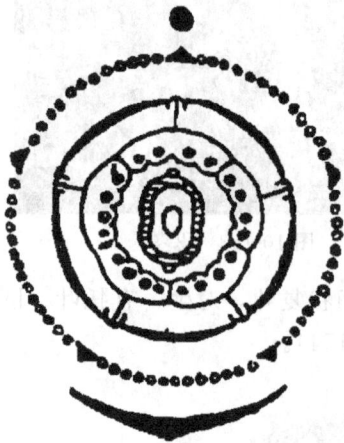

图 10-155　菊科花图式

向日葵（*Helianthus annuus* L.），一年生，叶卵形；具长柄，头状花序大，花黄色；花序托盘状，具托片，外层总苞叶状，边花舌状，中性不孕；盘花管状，两性，花药基部钝，药隔突出。瘦果即通称的葵花籽。原产于北美，北方各省多有栽培。为重要油料作物，含油量 40% 以上，油味清香，是良好的食用油（图 10-156）。

菊花〔*Dendranthema morifolium*（Ramat.）Tzvel.〕，多年生草本。头状花序具舌状花和管状花，总苞片遗缘干膜质。瘦果无冠毛。原产于我国，品种极多，是著名的观赏植物，杭菊花又是良好药材，有散风清热、明目平肝效用（图 10-157）。

图 10-156　向日葵

图 10-157　菊花

蒲公英（*Taraxacum mongolicum* Hand.—Mazz.），多年生草本，叶基生。头状花序单生花葶上，舌状花黄色，先端 5 齿。瘦果具长喙，冠毛简单。是常见的杂草，广布全国各地。全草入药，能清热解毒（图 10-158）。

图 10-158　蒲公英

莴苣（*Lactuca sativa* L.），花黄色，为栽培蔬菜，主食其叶：其变种莴笋（*Lactuca sativa* var. *angustata* Irish.），茎肥厚肉质，为其食用部分（图 10-159）。

菊科植物对昆虫传粉的适应。据学者观察，访问菊科植物的昆虫种类最多，如膜翅目、双翅目、直翅目、鞘翅目、脉翅目、半翅目和鳞翅目等。它们很少依靠特定的昆虫传粉，这就是说，一个大型的假单花（即头状花序）在协调昆虫采访者的变化上反映着一种真正的存在价值。管状花和舌状花在颜色上有鲜明的对比，有着明显的分工作用。边缘舌状花大而显著。使传粉昆虫易于辨别，起着引诱昆虫的作用，而通常中性、不结实。当中管状花通常两性，结实，数量极大，在花柱基部具有环状蜜腺，外面有花药管保护，不致被雨水冲洗，花冠管不很长，适于长吻昆虫也适于短吻昆虫来采蜜。菊科还是雄蕊先熟的植物，并有特殊的传粉方法，有利于异花传粉，产生活力较强的后代，使后代植物有广泛的适应性。它们对异花传粉巧妙的

图 10-159　莴笋

适应可以矢车菊属（*Centaurea*）为例来说明。矢车菊属多种是常见的栽培观赏植物，花序边花成漏斗状，有吸引昆虫的作用，当中花成管状，雄蕊花药管内向开裂，药隔顶端有伸长的突起，顶部紧贴，使花药管上口封闭，当花初开时，雄蕊首先成熟，花药开裂把花粉散放在花药管里，这时花柱极短，包在花药管内，柱头此时尚未成熟，柱头面紧贴，在柱头的下部花柱的四周有一圈簇毛，塞在花药管里，当花柱继续伸长时，花柱上的簇毛像毛刷一样，把花粉扫到花药管外面，当昆虫采蜜时，便把花粉带到其他花上

去，而自花的柱头这时还紧贴着不能接受花粉，直到花柱伸长，高出花药管时，而自己的花粉已散放完，花药萎缩时，柱头才分开，准备接受由昆虫带来的他花的花粉，这样就保证了异花授粉的顺利进行。有时异花传粉不能实行时。柱头下卷也可以接触自花的花粉，而进行自花传粉。另有少数植物是风媒传粉，如豚草属、蒿属，它们的头状花序常下垂、花部无蜜腺、花粉粒表面无刺、干燥，花柱伸出花冠筒外，且常是单性花，花药通常是分离的。

二、单子叶植物纲代表植物

46. 棕榈科（Palmae）

主要特征：乔木、灌木或木质藤本。常具皮刺，茎木质，不分枝。叶常绿，大形，互生，掌状分裂或羽状复叶。芽是内向或外向折叠，集生于树干顶部，形成棕榈型树冠或散生，叶柄基部膨大成纤维状的鞘。肉穗花序大形，多分枝，成圆锥状，佛焰苞1主数片，花小。淡绿色，两性或单性；花被片6，2轮，分离或合生；雄蕊3或6，心皮3，分离或结合，子房上位，1～3室，每室1胚珠；花柱短，柱头3。浆果、核果或坚果，种子具丰富胚乳。

花程式：♂ * P$_{3+3}$A$_{3+3}$ ♀ * P$_{3+3}$ $\underline{G}$$_{(3:1\sim3:1)}$

花图式（图 10-160）：

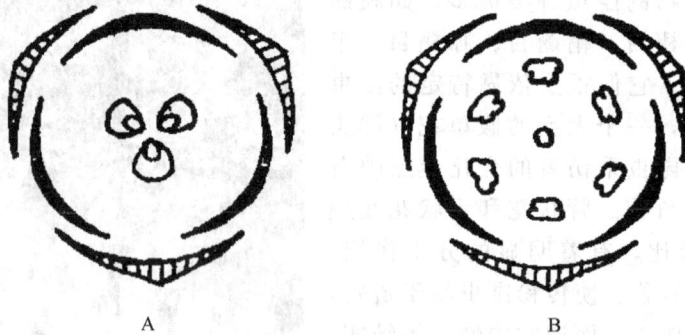

图 10-160　棕榈科花图式

A. 雌花；B. 雄花

棕榈〔*Trachycarpus fortunei*（Hook. f.）H. Wendl.〕，常绿乔木。叶大形，丛生树干顶部，掌状分裂，具长柄。雌雄异株，肉穗花序圆锥状，佛焰苞数枚。核果圆球形。原产于我国长江以南各省，华北有栽培。供观赏用，叶鞘纤维可制绳索、床垫等（图 10-161）。

椰子（*Cocos nucifera* L.），常绿乔木。叶大形，羽状全裂。花单性同株，肉穗花序腋生。核果倒卵形或近球形，外果皮革质，中果皮厚，有纤维，内果皮坚硬，骨质，近基部有 3 个萌发孔，里面有 1 种子，具白色胚乳（椰肉），胚乳内有一空腔，内含液汁，胚基生。广布于热带海岸。我国台湾、海南及云南西双版纳等地均产。热带著名水果，椰肉可生食或榨油，含油 65%～72%，幼果内的液汁可作饮料，中果皮纤维可制绳索，木材坚硬，可供建筑（图 10-162）。

47. 天南星科（Araceae）

主要特征：草本，在热带少数为木本或藤本，有时具乳汁、水液或有辛辣味，常具

图 10-161　棕榈

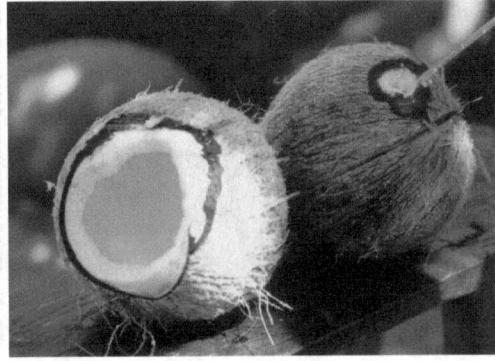

图 10-162　椰子

草酸钙结晶。具根状茎或块茎。叶基生，或茎叶互生，单叶或复叶，基部常具膜质鞘，网状脉。花小，两性（菖蒲属）或单性，生于肉穗花序上，外面常围以佛焰苞，佛焰苞彩色或绿色，雄花通常位于肉穗花序上部，雌花位于下部；花被缺或鳞片状，雄蕊 4～6，稀更多或较少，花药 2～4 室，心皮 2 或 3，合生，子房上位，1～∞室。浆果；种子具胚乳。该科的突出特征是：肉穗花序，通常具彩色佛焰苞。草本，叶具长柄，网状脉。

花程式：　$* P_{0,4\sim 6} A_{4\sim 6} \underline{G}_{(2\sim 3:1\sim \infty : 1\sim \infty)}$

花图式（图 10-163）：

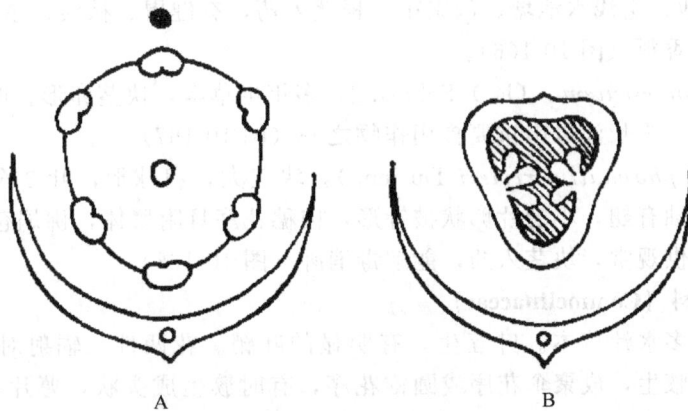

图 10-163　天南星科花图式

A. 雌花；B. 雄花

半夏［*Pinellia ternata* (Thunb.) Breit.］，草本，具块茎。块茎小，球形，叶基生，叶柄下部内侧常具 1 株芽，三出复叶，佛焰苞绿色，附属体细长。雌雄同株，无花被，雌花位于下部，贴生佛焰苞，子房 1 室，1 胚珠，雄花位于上部，花药 2 个。浆果，具 1 种子。块茎有毒，炮制后入药，能燥湿化痰（图 10-164）。

天南星（一把伞南星）［*Arisaema erubescens* (Wall.) Schott］，多年生草本。块茎扁球形，小叶 10～15，轮生于叶柄顶端；肉穗花序，佛焰苞绿白色，附属体长鞭状，浆果熟时红色。雌雄异株 1 子房 1 室，二至数枚胚珠。广布于黄河流域以南各地。块茎有毒，炮制后入药，能祛痰、解痉、消肿散结（图 10-165）。

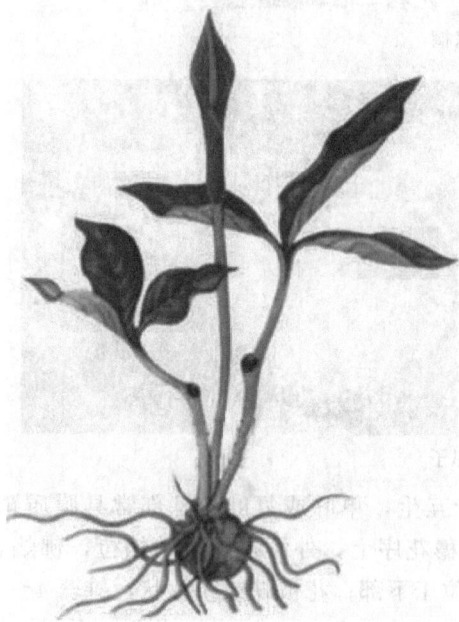

图 10-164　半夏

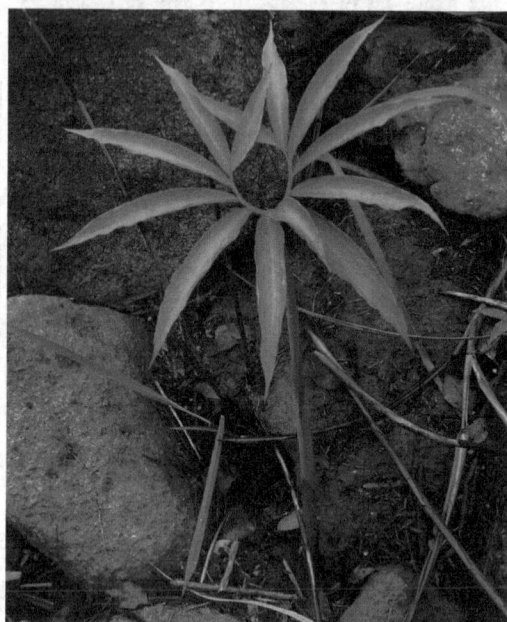

图 10-165　天南星

菖蒲（*Acorus calamus* L.），具根茎革本。根状茎粗大，横卧，叶具中肋。叶基生，二裂，剑形，有香气。肉穗花序无附属物，佛焰苞和叶片同形，花两性，花被片 6。产于全国各地，生浅水池塘、沟渠中。根茎入药，有健胃、祛痰、杀虫、解毒效用。全草芳香，可作香料（图 10-166）。

芋［*Colocasia esculenta* (L.) Schott.］，多年生草本，块茎卵形；叶盾状，基部 2 裂。块茎称芋头，为长江以南重要食用作物之一（图 10-167）。

魔芋（*Amorphophallus rivieri* Durien.），块茎大，扁球形，叶 3 全裂，裂片再 2 裂，再羽裂，叶轴有翅，小裂片卵状披针形，肉穗花序具附属体，佛焰苞暗紫色，原产于东南亚。栽培供观赏，块茎入药，能解毒消肿（图 10-168）。

48. 鸭跖草科（Commelinaceae）

主要特征：多水汁草本。叶互生，有明显的叶鞘。花两性，辐射对称或微两侧对称；花序顶生或腋生，成聚伞花序或圆锥花序，有时簇生成头状，萼片 3，花瓣 3，分离或基部连合；雄蕊 6，全能育，或仅 2 或 3 枚发育。花药背着，花丝常有念珠状长毛；心皮 3，合生，子房上位，3 室，每室具一至数枚胚珠，花柱 1 条，顶生。蒴果，

图 10-166　菖蒲

图 10-167　芋

A

B

图 10-168　魔芋

A. 魔芋植物；B. 块茎

室背开裂，种子有棱，种脐有圆盘状胚盖（callosity）。胚乳（embryotega）丰富。该科的突出特征：草本，叶具叶鞘，花被、萼片、花瓣区别明显，蒴果，种子有棱，胚乳丰富，种脐有圆盘状胚盖。

花程式：$\uparrow * K_3 C_3 A_6 \underline{G}_{(3:3:1\sim\infty)}$

花图式（图 10-169）：

鸭跖草（*Commelina communis* L.），一年生草本，下部匍匐状而节上常生根。叶互生，披针形。聚伞花序数朵，总苞片佛焰苞状；花两性，微两侧对称；萼片3，绿色；花瓣3，蓝色，具爪，雄蕊6，3枚能育，其他2或3枚发育不完全。蒴果，有种子4枚。南北各省均有分布。全草药用，有清热解毒、抗病毒效用（图 10-170）。

49. 禾本科（Gramineae）

主要特征：通常为多年生草本，茎通常圆筒形，特称为秆，秆上有显著的节和节间，节间中空，很少实心，须根系。叶分叶片、叶鞘和叶舌三部分。花都很小而不显著，穗状花序、伞房或伞形花序、圆锥花序等。小穗基部有一对颖片，小穗轴上生有1至多数小花。每朵小花的基本部分是，基部有一苞片，通称外稃。和外稃相对的一边，

图 10-169　鸭跖草科花图式

图 10-170　鸭跖草

有 1 片内稃。在子房基部，内、外稃间有 2 枚（少数 3）特化为透明而肉质的小鳞片，称为鳞被或浆片。雄蕊通常 3，很少 6 枚或仅 1 或 2 枚，花丝细长，花药 2 室，纵裂，丁字形着生，易于摆动，有利于风力传播，雌蕊心皮 2 或 3，合生，子房上位，1 室，1 胚珠，花柱 2，稀 1～3，柱头常成羽毛状或刷帚状。果为颖果。果皮和种皮愈合，不开裂，内含 1 种子，少数为胞果或浆果；种子含丰富的淀粉质胚乳，胚小而直，紧贴在种子前方的基部。

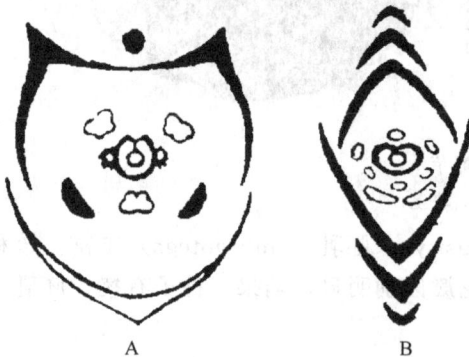

图 10-171　禾本科花图式

A. 小麦花图式；B. 水稻花图式

禾本科植物在地球上分布最广，每种植物个体数目也最多，在国民经济上占极重要的地位，是生产粮食的主要植物。

花程式：$* P_{2\sim3} A_{3,6} \underline{G}_{(2\sim3:1:1)}$

花图式（图 10-171）：

水稻（*Oryza sativa* L.），一年生草本，叶舌 2 裂。圆锥花序顶生，小穗两性，两侧压扁，颖退化成半月形，附着于小穗柄的顶端，含 3 小花，仅上 1 花结实，其余 2 花仅有 1 枚外稃，两性小花外稃船形，有或无芒，雄蕊 6。原产亚洲热带，现已世界各地广泛栽培，我国栽培面积居世界首位。为重要粮食作物，除食用外，可制淀粉、酿酒、制醋、米糠可制糖、榨油、提取糠醛，供工业及医药用，稻秆为良好饲料和造纸、编织原料（图 10-172）。

小麦（*Triticum aestivum* L.），1 或 2 年生草本，叶片线状披针形，叶耳叶舌较小，穗状花序顶生，由 10～20 个小穗组成，每节 1 小穗，小穗多花。颖卵形，5～9 脉，外稃先端具芒，花两性，鳞被 2，雄蕊 3；颖果椭圆形，腹面有深纵沟。世界广泛栽培，为我国北方重要粮食作物（图 10-173）。

玉米（*Zea mays* L.）一年生栽培谷物，秆实心。小穗单性成对，雌雄小穗分别生于不同的花序上。雄花序圆锥状，生枝顶，雄小穗成对，为同性对，一有柄，一无柄，

第十章　被子植物门（Angiospermae）

· 241 ·

图 10-172　稻

图 10-173　小麦

均具2朵雄性小花，外稃、内稃均为膜质。雄蕊3。雌花序为腋生肉穗花序，花序轴肥厚木质，小穗8～18对排列于花序轴上，外包多数无叶片的叶鞘；雌小穗无柄，成对排列，内含1能育花和1不育花，颖片、稃片均成透明膜质，花柱细长丝状伸于总苞外。

原产于墨西哥，为世界性栽培谷物。籽粒（颖果）可作粮食、淀粉、酒精，胚芽含油量高，可榨油，为良好的食用油。花柱（玉米须）入药，有利尿、消肿效用，秆、叶可作饲料，并可造纸及其他工业原料（图 10-174）。

图 10-174　玉米

　　毛竹（*Phyllostachys pubescens* Mazel），秆散生，圆筒形，在分枝的一侧扁平或有沟槽，每节分枝大都 2 枚；箨鞘顶端渐狭，箨叶狭长皱缩。分布于陕西、河南以及长江流域以南各省区。笋供食用，竹竿可供建筑、水管、浮筒、竹筏等用，纤维为造纸原料（图 10-175）。

A　　　　　　　　　　　　　　　　　B

图 10-175　毛竹
A. 毛竹林；B. 毛竹加工

50. 姜科 Zingiberaceae

　　主要特征：草本，通常有芳香，匍匐或块状根茎。地上茎常很短，有时为多数叶鞘包叠成芭蕉状假茎。叶二裂互生，叶鞘开张或闭合，鞘顶常有叶舌，叶片有多数羽状平行脉。花两性，两侧对称；花被片 6，2 轮，萼片 3，合生成管，花瓣 3，后方 1 片最大，基部合生成管；雄蕊仅内轮中线后方 1 枚能育，内轮 2 枚侧生雄蕊结合成唇瓣（1ab），外轮雄蕊常消失或侧生 2 枚花瓣状退化雄蕊。心皮 3，合生，子房下位，3 室，中轴胎座，稀 1 室，具多胚珠。蒴果或肉质不开裂呈浆果状；种子具胚乳，常有假种皮。该科的突出特征是：草本，常有香气；叶鞘顶端有明显的叶舌；萼片、花瓣区别明显，能育雄蕊 1，具花瓣状退化雄蕊。

花程式：$\uparrow K_{(3)} C_{(3)} A_1 \overline{G}_{(3:3:\infty)}$

花图式（图 10-176）：

图 10-176　姜科花图式

姜（*Zingiber officinale* Rosc），根状茎肉质，指状分枝。茎高约 1 m，叶片披针形，无柄。穗状花序由根茎抽出，花冠黄绿色，唇瓣倒卵状圆形，下部二侧各有小裂片，有紫色、黄白色斑点。原产于太平洋群岛，我国南部广为栽培。根茎含辛辣成分和芳香成分，入药能发汗解表，温中止呕，解毒，又作调味料或蔬菜（图 10-177）。

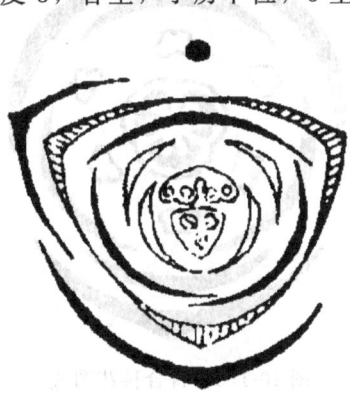

图 10-177　姜

51. 百合科（Liliaceae）

主要特征：通常为草本，稀为木质藤本或木本。较原始种类具根状茎，多数种类具鳞茎。叶通常为单叶，互生或基生，少为轮生。通常为风媒花，花大而显著，总状花序或伞形花序。两性花，辐射对称，具典型 3 数花，花被 6 片，2 轮，花瓣状；雄蕊 6，2 轮；心皮 3，合生，子房上位，3 室，中轴胎座，通常具多胚珠。蒴果或浆果，种子具胚乳。该科的突出特征是：典型 3 数花，子房上位，中轴胎座，总状花序，雄蕊 6。地下具鳞茎、根茎或块茎。

花程式：$* P_{3+3} A_{3+3} \underline{G}_{(3:3:\infty)}$

花图式（图 10-178）：

百合（*Lilium brownii* F. E. Br. var. *viridulum* Baker）多年生草本，叶倒披针形至

图 10-178　百合科花图式

倒卵形，3～5 脉，叶腋无珠芽。鳞茎肥厚，具肉质鳞片，鳞茎直径约 5cm，内含丰富的淀粉。花大而美，单生或成总状花序，花被 6 片，花被片白色，背面淡紫色，无斑点，2 轮，基部具蜜槽；雄蕊 6，花药丁字形着生，柱头头状或 3 裂。蒴果，具多种子。分布于我国东南、西南、河南、河北、陕西和甘肃。常栽培，供观赏。鳞茎供食用，或入药，有润肺止咳、清热、止血功效（图 10-179）。

葱属（*Allium* L.），多年生草本，鳞茎包有皮膜。叶基生，叶鞘闭合，具葱蒜味。聚伞状伞形花序，总苞膜质。蒴果。约 500 种，主要分布于北温带，我国有 110 种，除野生种类外，有多种为著名蔬菜。韭菜（*A. tuberosum* Rottl. ex. Spreng.），叶线形，扁平实心；

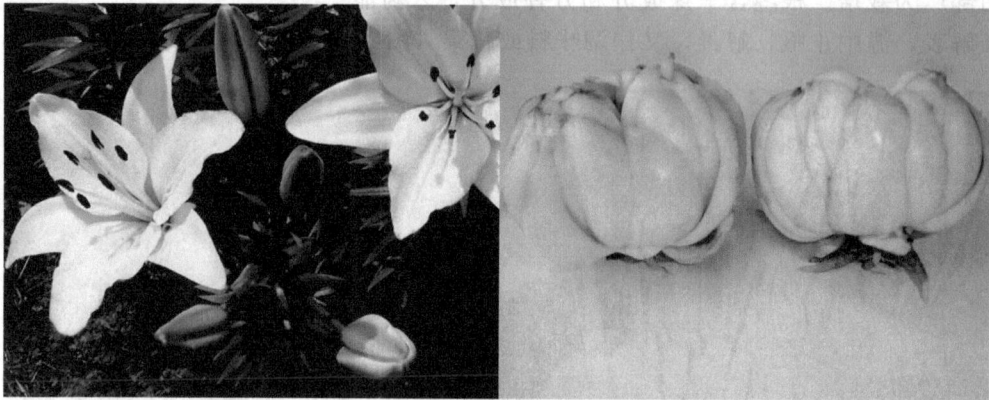

图 10-179　百合
A. 花；B. 鳞茎

花白色。蒜（*A. sativum* L.）鳞茎由数枚瓣状小鳞茎（通称蒜瓣）组成，外被共同的膜质鳞被，叶线形，扁平，花淡红色。原产于亚洲西部或欧洲，各地栽培。嫩苗、花葶（蒜薹）、鳞茎均供蔬食；鳞茎含挥发性大蒜辣素，有健胃、止痢、杀菌、驱虫功效。葱（*A. fistulosum* L.），鳞茎圆柱状，外皮常白色，膜质，叶圆筒状，中空；花白色，蒴果每室 2 种子，原产于亚洲，各地栽培。叶和茎为调味蔬菜；鳞茎，种子入药，有解表、散寒、消肿止痛效用。洋葱（*A. cepa* L.），鳞茎大，扁球形；叶中空，圆筒状；蒴果 3 室，每室 1 种子。原产于亚洲西部，各地栽培。鳞茎供蔬食（图 10-180）。

郁金香（*Tulipa gesneriana* L.），花单朵顶生，花被片 6，钟状，多种颜色。原产于欧洲。著名观赏植物（图 10-181）。

52. 石蒜科（Amaryllidaceae）

主要特征：多年生草本，常具鳞茎或根状茎。叶细长，基生。花两性，常成伞形花序，生于花葶顶端，下有膜质苞片 1 至数枚成总苞。花被片 6，2 轮，花瓣状，有时具

图 10-180　葱属植物
A. 大蒜；B. 韭菜；C. 葱；D. 洋葱

副花冠，雄蕊 6，花丝分离式联合成筒，子房下位，3 室，中轴胎座，每室含多胚珠。蒴果或为浆果状。该科和百合科的主要区别是：子房下位，伞形花序，外包以膜质的总苞。

花程式：$* P_{3+3} A_6 \overline{G}_{(3:3:\infty)}$

水仙（*Narcissus tazetta* var. *chinensis* Roem.），鳞茎卵圆形。基生叶和花葶同时抽出，花葶中空。3 数花，花被 6 片，白色，高脚碟状；副花冠长筒状，似花被，或呈浅杯状。蒴果。原产于我国浙江和福建，全国各地栽培，作盆景观赏植物（图

图 10-181　郁金香

10-182)。

图 10-182　水仙
A. 水仙花；B. 水仙鳞茎

图 10-183　君子兰

君子兰（*Clivia miniata* Regel），具绳状根，叶基形成假鳞茎。伞形花序，花直立。花红色或橘红色，是著名的观赏植物（图 10-183）。

53. 薯蓣科（Dioscoreaceae）

主要特征：草质藤本，地下具根状茎或块茎。叶互生或中部以上对生，单叶或掌状复叶，具网脉。花单性，雌雄异株，少同株，辐射对称，排成总状、穗状或圆锥状花序，花被片 6，2 轮；雄花雄蕊 6，有时 3 枚退化，雌花常有 3～6 枚退化雄蕊，心皮 3，合生，子房下位，3 室，每室

2 胚珠。蒴果有翅或浆果，种子常具翅。

花程式：♂ $* P_{3+3} A_{3,6}$　　♀ $* P_{3+3} \overline{G}_{(3:3:2)}$

薯蓣（*Dioscorea opposita* Thunb.），又名山药，野生或栽培作物。叶对生或轮生，叶片卵状三角形，基部戟状心形，叶腋常生珠芽（零余子）。根状茎和零余子可食用，根状茎入药，能健脾胃、补肺肾（图 10-184）。

54. 兰科（Orchidaceae）

主要特征：多年生草本，有陆生、附生和腐生三种类型。陆生类型主要分布在温带和寒带，具块茎或根状茎。在热带地区多为附生植物。还有少数腐生植物，从腐殖质中得到养分，它的根和根茎和内生根菌共叶为单叶，互生，线形或较宽，常排成两列，有

图 10-184 薯蓣
A. 薯蓣根状茎（山药）；B. 薯蓣果实

时退化成鳞片状，常肉质，基部常具拖茎的叶鞘。花序穗状、总状或圆锥状，少数单生。花常大形而美丽，但有时小而无色或淡绿色。通常两性，两侧对称；花被 2 轮，萼片 3，花瓣 3，内轮中央的 1 片特化为唇瓣，唇瓣特别显著且多种多样，常 3 裂或中部缢缩而分为上唇与下属，常具脊、褶片或其他附属物，基部有时成囊或有距，内有蜜腺，常因子房呈 180°扭转，而使唇瓣由近轴的上方转到远轴的下方，雄蕊与雌蕊合生成合蕊柱，呈半圆柱形，面向唇瓣，最上部为花药，合蕊柱的顶部前方常具 1 突起，由柱头不育部分变成，称为蕊喙，能育柱头通常位于蕊喙下面，一般凹陷，充满黏液；雄蕊通常 1 枚，少数为 2 枚（如杓兰属），从发育上看，乃由 6 枚雄蕊退化而来。花粉常黏合成花粉块，花粉块 2～8 个，具花粉块柄、蕊喙柄积黏盘或缺，雌蕊心皮 3，合生，子房下位，1 室，侧膜胎座，含多数胚珠，柱头 3，通常 2 个能接受花粉。蒴果；种子极小而多，无胚乳，胚通常只有 1 小群细胞，没有分化。兰科分为二个亚科：亚科 1. 多蕊亚科（Pleonandrae），内轮 2 或 3 枚雄蕊能育；柱头 3 裂，全能育；花粉粒状，不成花粉块。亚科 2. 单蕊亚科（Monandrae），仅外轮中央 1 枚雄蕊能育；柱头 3 裂，2 个侧生裂片能，1 个中间生的裂片不育形成蕊喙，花粉形成花粉块。该科的突出特征是：花两侧对称，形成唇瓣，雄蕊和雌蕊结合成合蕊柱，花粉黏合成花粉块，子房下位，1 室，侧膜胎座 1 种子微小。

　　花程式：$\uparrow P_{3+3} A_{1\sim2} \overline{G}_{(3:1:\infty)}$

　　花图式（图 10-185）：

　　杓兰属（Cypripedium L.），唇瓣呈囊状，具 2 枚能育雄蕊，花粉不成花粉块。大花杓兰（Cypripedium macranthum Sw.），多年生草本，单叶互生，4 或 5 片，全缘；花大，紫红色，美丽。生于林荫下腐殖质丰富的地方。为著名观赏植物（图 10-186）。

　　兰属（Cymbidium Sw.），附生、陆生或腐生草本。茎极短或变态为假鳞茎。叶线形，基生或簇生。花大，唇瓣常 3 裂，有香气，花粉块 2 个，具柄和黏盘。栽培种和品

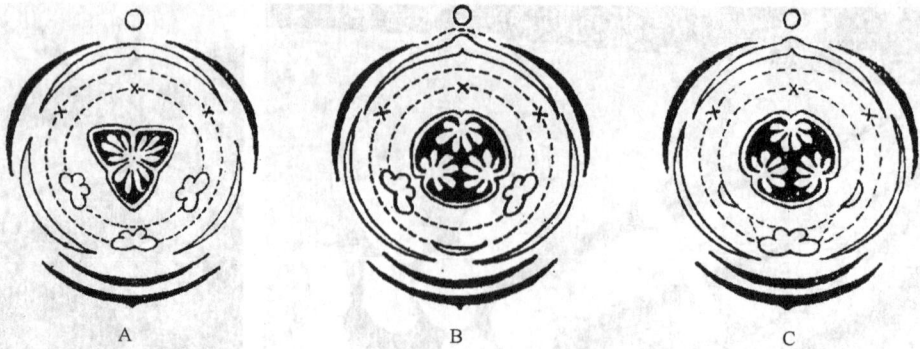

图 10-185　兰科花图式

A. 多蕊亚科三蕊兰属；B. 多蕊亚科杓兰属；C. 单蕊亚科

图 10-186　大花杓兰

种极多。常见的有建兰 [*Cymbidium ensifolium* (L.) Sw.]，无假鳞茎，叶宽 1～1.5cm，中脉不明显，花序直立，具 4～10 花，花序上部的苞片明显较子房短，花期夏秋间。墨兰 [*Cymbidium sinense* (Jackson ex Andr.) Willd.]，叶宽 2～4cm，中脉不明显，有明显的假鳞茎；花数朵至二十余朵，通常具紫褐色条纹或斑点，花期 3～5 个月。蕙兰 (*Cymbidium faberi* Rolfe)，假鳞茎不显，叶 4～6 枚，呈 "V" 字形，质硬，中脉明显，边缘有粗锯齿，花序低于叶丛，具 6～12 花，苞片稍短于子房，唇瓣上具发亮的小乳突，花期 3～4 个月。春兰 [*Cymbidium goeringii* (Rchb. f.) Rchb. f.]，假鳞茎小球形，叶 4～6 枚，宽 6～11 mm，边缘有细齿，花序低于叶丛，苞片明显长于子房，花单朵，浅黄绿色，有香气，花期 2～4 月。以上各种均为著名观赏植物（图 10-187 至图 10-190）。

　　白芨 [*Bletilla striata* (Thunb.) Rchb. f.]，陆生草本。球茎扁平为连接的三角状厚块，具环纹，叶披针形，花紫红色，花较大，常数朵组成顶生总状花序，唇瓣 3 裂，

图 10-187 兰属观赏植物之一

图 10-188 兰属观赏植物之二

图 10-189　兰属观赏植物之三

图 10-190　兰属观赏植物之四

无距，雄蕊1枚，花粉块8，成4对，有2对具花粉块柄。分布于长江流域至南部和西南部，各地常栽培。花供观赏，球茎含白芨胶质黏液、淀粉、挥发油等，药用，有补肺止血，消肿生肌效用，又可用作研磨朱砂的黏着剂（图10-191）。

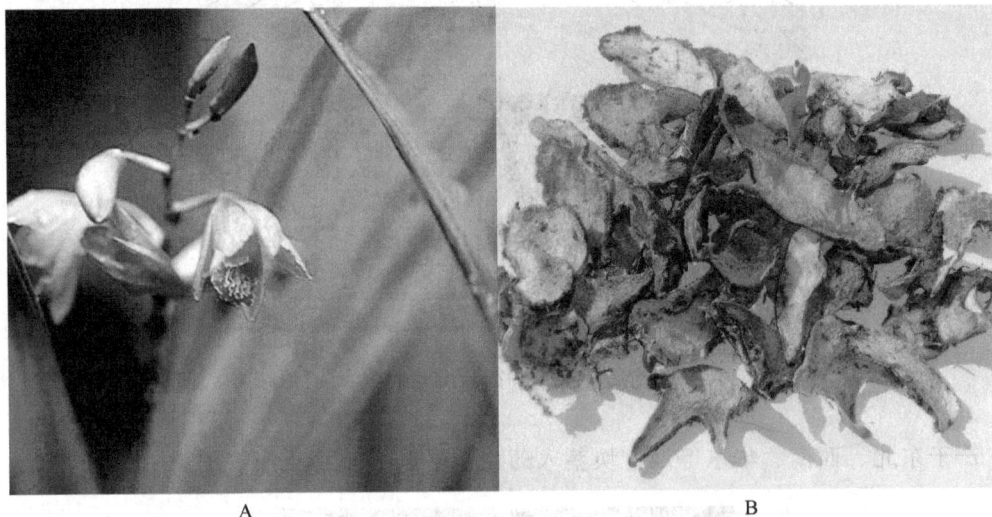

图10-191 白芨
A. 花；B. 白芨药材

石斛（*Dendrobium nobile* Lindl.），附生草本，茎黄绿色，节间明显，花大而美丽。通常室内盆栽为观赏植物。茎供药用，能滋阴清热，养胃生津（图10-192，图10-193）。

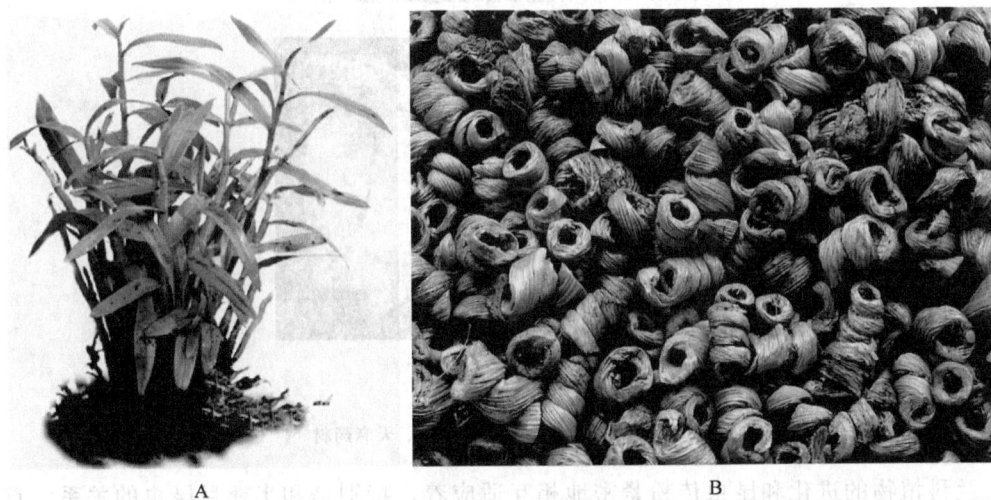

图10-192 石斛
A. 石斛植株；B. 石斛药材

天麻（*Gastrodia elata* Blume），腐生草本，块茎肥厚，横生，表面有环纹，与密环菌共生；花序总状，顶生，花较小，黄褐色，花粉块2，颗粒状，蒴果倒卵状长圆

图 10-193　药农在种植石斛

形。产于东北、西南、华东等地。块茎入药，能平肝、镇痉止痛（图 10-194）。

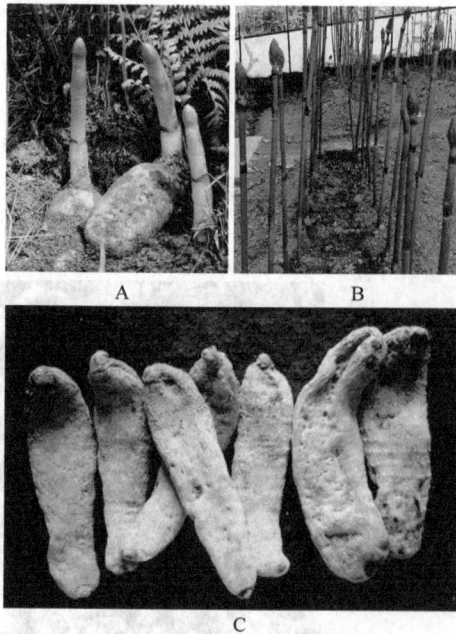

图 10-194　天麻
A. 天麻块茎；B. 天麻花序；C. 天麻药材

兰科植物的进化和昆虫传粉紧密地相互适应着，特别是和半翅目昆虫的关系。首先花的色彩和香气很容易引起昆虫的注意，在花的基部或距内，或在唇瓣的褶皱中产生花蜜。原来在上面（近轴面）的唇瓣，由于地心引力的影响，子房扭转 180°，使唇瓣转向下面，成为昆虫的落脚台，昆虫落在唇瓣上，头部恰好触到花粉块基部的黏盘上，离开时将花粉块黏着在昆虫的头部，当昆虫向另一花采蜜时，黏盘恰好又触到有黏液的柱头上，把花粉块卸在该花的柱头上，完成异花传粉的作用。因此，兰科植物对昆虫传粉非常适应。

第四节　被子植物的系统发育及其分类系统

19 世纪以来，许多分类工作者，根据各自的系统发育理论，提出了许多被子植物系统，但由于有关被子植物的起源、演化的知识和证据不足，到目前为止，还没有一个比较完美的分类系统。下面介绍当前最为流行的几个系统。

一、恩格勒系统

这一系统是德国植物学家恩格勒（Engler）和柏兰特（Prantl）于 1897 年在其巨著《植物自然分科志》一书中发表的，是分类学史上第一个比较完整的自然分类系统。在其著作中，将植物界分为 13 门，第 13 门为种子植物门，又分为裸子植物和被子植物 2 个亚门。被子植物亚门下分单子叶植物纲和双子叶植物纲，其排列如下：

被子植物亚门（Angiospermae）。

单子叶植物纲（Monocotyledoneae），11 目。

双子叶植物纲（Dicotyledoneae），40 目。

原始花被亚纲（离瓣花亚纲），30 目。

变形花被亚纲（合瓣花亚纲），10 目。

恩格勒系统将被子植物亚门的单子叶植物放在双子叶植物的前面，将合瓣花植物归并为一类，称为变形花被亚纲，认为是进化的一群被子植物。恩氏根据假花学说原理，认为无瓣花、单性花、风媒花、木本是原始的性状，而双被花、两性花、虫媒花是进化的特征。为此，他们把柔荑花序类植物当作被子植物中最原始的类群，而把木兰目、毛茛目等看作较为进化的类型。他们的这些观点，为现代许多系统学家所反对。

恩格勒系统几经修订，在 1964 年出版的《植物分科志要》第 112 版上，已把双子叶植物放在单子叶植物的前面，其他基本系统大纲没有多大变化，只是有些目、科作了调整，由原来 45 目、280 科增加到 62 目、344 科。

二、哈钦松系统

这一系统是英国植物分类学家哈钦松（J. Hutchinson）于 1926 年在其《有花植物科志》一书中提出，1973 年在该书第三版作了最后修订，从原来 332 科增加到 411 科。

哈钦松系统是以英国边沁和虎克的分类系统以及美国柏施系统为基础，认为被子植物的花是由裸子植物具两性孢子叶球的祖先发展而来的，他认为两性花、花部分离、多数，比花部连合、有定数、单性花为原始螺旋排列比轮生原始，木本比草本原始。他主张被子植物单元起源，他的系统最大特点是把双子叶植物分为木本和草本两大支，木本支从木兰目开始，而毛茛目为草本进化支的起点，认为这二支是平行发展的。他对单子叶植物提出一独特的分类系统，认为单子叶植物起源于双子叶植物的毛茛目，在早期就分化为三条进化线，即萼花群、冠花群和颖花群。

哈钦松系统为毛茛学派奠定了基础，但由于他将双子叶植物分为木本和草本两支，导致许多亲缘关系很近的科（如伞形科与山茱萸科、五加科，唇形科与马鞭草科）远远地被分开，占据着很远的系统位置。为此，他的系统有着时代性的错误，为现代多数系统学家所反对。

三、塔赫他间系统

苏联学者塔赫他间在 1954 年发表了他的系统，直到 1980 年曾经多次修订。他认为被子植物起源于种子蕨，草本植物是由木本植物演化而来的，单子叶植物起源于原始的水生双子叶植物的具单沟舟形花粉的睡莲目莼菜科。他的系统图，主张被子植物单元起源，认为木兰目是最原始的被子植物代表。他把被子植物分为 2 纲、10 亚纲、28 超目，总计共 92 目、410 科。

塔赫他间系统首先打破了传统的把双子叶植物纲分成离瓣花亚纲和合瓣花亚纲的概念，增加了亚纲的数目；在分类等级方面，亚纲和目之间增设了"超目"一级分类单元，对某些分类单位，特别是目与科的安排作了重要的更动，如把连香树科独立成连香树目，把原属毛茛科的芍药属独立成芍药科，隶属于芍药目，都和当今植物解剖学、染色体分类学的发展相吻合的。该系统不足之处是，增设了超目一级分类单元，科的数达410 科。

四、克郎奎斯特系统

克郎奎斯特（A. Cronquist，1919～）是美国植物学家，他的系统于 1958 年发表，至 1981 又经多次修订。他的系统根据真花学说的观点，主张单元起源，认为被子植物起源于一类已绝灭的种子蕨，他认为现代所有生活的被子植物各亚纲，都不可能是从现存的其他亚纲的植物进化来的，他认为木兰亚纲是被子植物的基础的复合群，木兰目是被子植物的原始类型，柔荑花序类各目起源于金缕梅目，单子叶植物来源于类似现代睡莲目的祖先，并认为泽泻亚纲是百合亚纲进化线上近基部的一个侧支（图 10-195）。

克郎奎斯特系统接近于塔赫他间系统，在 1981 年修订的系统中，把被子植物门（称木兰植物门）分为木兰纲（双子叶植物纲）和百合纲（单子叶植物纲）2 个纲和 11 个亚纲，83 目，383 科。
具体排列如下：
Division Magnoliophyta 木兰植物门
　　Class MAGNOLIOPSIDA 木兰纲
　　Subclass I. Magnoliidae 木兰亚纲
　　　　Order 1. Magnoliales 木兰目
　　　　　　Family 1. Winteraceae 林仙科
　　　　　　　　2. Degeneriaceae 单心木兰科
　　　　　　　　3. Himantandraceae 瓣蕊花科
　　　　　　　　4. Eupomatiaceae 帽花木科
　　　　　　　　5. Austrobaikyaceae 木兰藤科
　　　　　　　　6. Magnoliaceae 木兰科
　　　　　　　　7. Lactoridaceae 囊粉花科
　　　　　　　　8. Annonaceae 番荔枝科

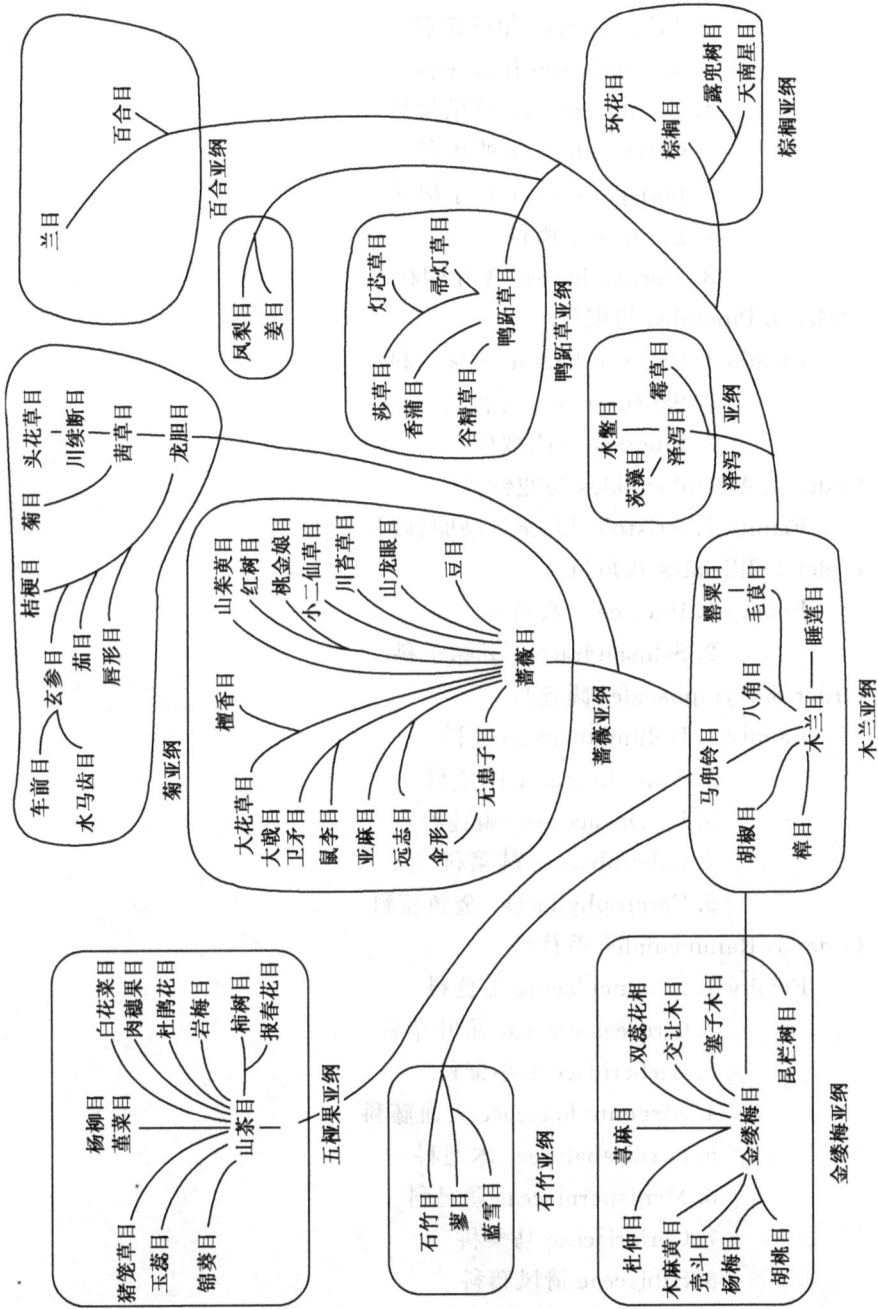

图10-195　克郎奎斯特被子植物门分类系统

9. Myristacaceae 肉豆蔻科

10. Canellaceae 白樟科

Order 2. Laurales 樟目

Family 1. Amborellaceae 无油樟科

2. Trimeniaceae 早落瓣科

3. Monimiaceae 杯轴花科

4. Gomortegaceae 葵乐果科

5. Calycanthaceae 蜡梅科

6. Idiospermaceae 奇子树科

7. Lauraceae 樟科

8. Hernandiaceae 莲叶桐科

Order 3. Piperales 胡椒目

Family 1. Chloranthaceae 金粟兰科

2. Saururaceae 三白草科

3. Piperaceae 胡椒科

Order 4. Aristolochiales 马兜铃目

Family 1. Aristolochiaceae 马兜铃科

Order 5. Illiciales 八角目

Family 1. Illiciaceae 八角科

2. Schisandraceae 五味子科

Order 6. Nymphaeales 睡莲目

Family 1. Nelumbonaceae 莲科

2. Nymphaeaceae 睡莲科

3. Barclayaceae 合瓣莲科

4. Cabombaceae 莼菜科

5. Ceratophyllaceae 金鱼藻科

Order 7. Ranunculales 毛茛目

Family 1. Ranunculaceae 毛茛科

2. Circaeasteraceae 星叶草科

3. Berberidaceae 小檗科

4. Sargentodoxaceae 大血藤科

5. Lardizabalaceae 木通科

6. Menispermaceae 防己科

7. Coriariaceae 马桑科

8. Sabiaceae 清风藤科

Order 8. Papaverales 罂粟目

Family 1. Papaveraceae 罂粟科

2. Fumariaceae 紫堇科

Subclass II. Hamamelidae 金缕梅亚纲

Order 1. Trochodendrales 昆栏树目

Family 1. Tetracentraceae 水青树科

2. Trochodendraceae 昆栏树科

Order 2. Hamamelidales 金缕梅目

Family 1. Cerciphyllaceae 连香树科

2. Eupteliaceae 领春木科

3. Platanaceae 悬铃木科

4. Hamamelidaceae 金缕梅科

6. Myrothamnaceae 折扇叶科

Order 3. Daphniphyllales 交让木目

Family 1. Daphniphyllaceae 交让木科

Order 4. Didymelales 双蕊花目

Family 1. Didymelaceae 双蕊花科

Order 5. Eucommiales 杜仲目

Family 1. Eucommiaceae 杜仲科

Order 6. Urtieales 荨麻目

Family 1. Barbeyaceae 钩毛叶科

2. Ulmaceae 榆科

3. Cannabaceae 大麻科

4. Moraceae 桑科

5. Cecropiaceae 伞树科

6. Urticaceae 荨麻科

7. Physenaceae 非桐科

Order 7. Leitneriales 塞子木目

Family 1. Leitneriaceae 塞子木科

Order 8. Juglandales 胡桃目

Family 1. Rhoipteleaceae 马尾树科

2. Juglandaceae 胡桃科

Order 9. Myricales 杨梅目

Family 1. Myricaceae 杨梅科

Order 10. Fagales 壳斗目

Family 1. Balanopaceae 橡子木科

2. Ticotendraceae 核果桦科

3. Fagaceae 壳斗科

4. Nothofagaceae 南山毛榉科

5. Betulaceae 桦木科

Order 11. Casuarinales 木麻黄目

Family 1. Casuarinaceae 木麻黄科

Subclass III. Caryophyllidae 石竹亚纲

Order 1. Caryophyllales 石竹目

　　Family 1. Phytolaccaceae 商陆科

　　　　　　2. Achatocarpaceae 玛瑙果科

　　　　　　3. Nyctaginaceae 紫茉莉科

　　　　　　4. Aizoaceae 番杏科

　　　　　　5. Didiereaceae 刺戟草科

　　　　　　6. Cactaceae 仙人掌科

　　　　　　7. Chenopodiaceae 藜科

　　　　　　8. Amaranthaceae 苋科

　　　　　　9. Portulaeaceae 马齿苋科

　　　　　　10. Basellaceae 落葵科

　　　　　　11. Molluginaceae 粟米草科

　　　　　　12. Caryophyllaceae 石竹科

Order 2. Polygonales 蓼目

　　Family 1. Polygonaceae 蓼科

Order 3. Plumbaginales 白花丹目

　　Family 1. Plumbaginaceae 白花丹科

Subclass IV. Dilleniidae 五桠果亚纲

Order 1. Dilleniales 五桠果目

　　Family 1. Dilleniaceae 五桠果科

　　　　　　2. Paeoniaceae 芍药科

Order 2. Theales 山茶目

　　Family 1. Ochnaceae 金莲木科

　　　　　　2. Sphaerosepalaceae 球萼树科

　　　　　　3. Sarcolaenaceae 苞杯花科

　　　　　　4. Dipterocarpaceae 龙脑香科

　　　　　　5. Caryocaraceae 油桃木科

　　　　　　6. Theaceae 山茶科

　　　　　　7. Actinidiaceae 猕猴桃科

　　　　　　8. Scytopetalaceae 革瓣花科

　　　　　　9. Pentaphylacaceae 五列木科

　　　　　　10. Tetrameristaceae 四出花科

　　　　　　11. Pellicieraceae 假红树科

　　　　　　12. Oncothecaceae 钩药茶科

　　　　　　13. Marcgraviaceae 伞果树科

　　　　　　14. Quiinaceae 绒子树科

　　　　　　15. Elatinaceae 沟繁缕科

　　　　　　16. Paracryphlaceae 盔瓣花科

　　　　　　17. Medusagynaceae 伞果树科

18. Clusiaceae 藤黄科

Order 3. Malvales 锦葵目

Family 1. Elaeocarpaceae 杜英科

2. Tiliaceae 椴树科

3. Sterculiaceae 梧桐科

4. Bombacaceae 木棉科

5. Malvaceae 锦葵科

Order 4. Lecythidales 玉蕊目

Family 1. Lecythidaceae 玉蕊科

Order 5. Nepenthales 猪笼草目

Family 1. Sarraceniaceae 瓶子草科

2. Nepenthaceae 猪笼草科

3. Droseraceae 茅膏菜科

Order 6. Violales 堇菜目

Family 1. Flacourtiaceae 刺篱木科

2. Peridiscaceae 围盘树科

3. Bixaceae 红木科

4. Cistaceae 半日花科

5. Huaceae 蒜树科

6. Lacistemataceae 裂药花科

7. Scyphostegiaceae 杯盖花科

8. Stachyuraceae 旌节花科

9. Violaceae 堇菜科

10. Tamaricaceae 柽柳科

11. Frankeniaceae 瓣鳞花科

12. Dioncophyllaceae 双钩叶科

13. Ancistrocladaceae 钩枝藤科

14. Turneraceae 时钟花科

15. Malesherbiaceae 王冠草科

16. Passifloraceae 西番莲科

17. Achariaceae 脊脐子科

18. Caricaceae 番木瓜科

19. Fouquieriaceae 澳可第罗科

20. Hoplestigmataceae 干戈柱科

21. Cucurbitaceae 葫芦科

22. Datiscaceae 四数木科

23. Begoniaceae 秋海棠科

24. Loasaceae 刺莲花科

Order 7. Salicales 杨柳目

Family 1. Salieaceae 杨柳科

Order 8. Capparales 白花菜目

Family 1. Tovariaceae 鲜芹味料

2. Capparaceae 白花菜科

3. Brassicaceae 十字花科

4. Moringaceae 辣木科

5. Resedaceae 木犀草科

Order 9. Batales 肉穗果木

Family 1. Gyrostemonaceae 环蕊木科

2. Bataceae 肉穗果料

Order 10. Ericales 杜鹃花目

Family 1. Cyrillaceae 翅萼树科

2. Clethraceae 桤叶树科

3. Grubbiaceae 花盘花科

4. Empetraceae 岩高兰科

5. Epacridaceae 澳石南科

6. Ericaceae 杜鹃花科

7. Pyrolaceae 鹿蹄草科

8. Monotropaceae 水晶兰科

Order 11. Diapensiales 岩梅目

Family 1. Diapensiaceae 岩梅科

Order 12. Ebenales 柿树目

Family 1. Sapotaceae 山榄科

2. Ebenaceae 柿树科

3. Styracaceae 安息香科

4. Lissocarpaceae 光树科

5. Symplocaceae 山矾科

Order 13. Primulales 报春花目

Family 1. Theophrastaceae 拟棕科

2. Myrsinaceae 紫金牛科

3. Primulaceae 报春花科

Subclass V. Rosidae 蔷薇亚纲

Order 1. Rosales 蔷薇目

Family 1. Brunelliaceae 槽柱花科

2. Connaraceae 牛栓藤科

3. Eucryphmceae 落帽花科

4. Cunonlaceae 南蔷薇科

5. Davidsonlaceae 大维逊李科

6. Dialypetalanthaceae 拟素馨科

7. Pittosporaceae 海桐花科

8. Bybildaceae 二型腺毛科

9. Hydrangeaceae 八仙花科

10. Columelliaceae 弯药树科

11. Grossulariaceae 茶藨子科

12. Greviaceae 鞘叶树科

13. Bruniaceae 叶树科

14. Amsophylleaceae 异叶木科

15. Alseuosmiaceae 假海桐科

16. Crassulaceae 景天科

17. Cephalotaceae 囊叶草科

18. Saxitragaceae 虎耳草科

19. Rosaceae 蔷薇科

20. Neuradaceae 两极孔草科

21. Crossosomataceae 流苏子科

22. Chrysobalanaceae 可可李科

23. Surianaceae 海人树科

24. Rhabdodendraceae 棒状木科

Order 2. Fabales 豆目

Family 1. Mimosaceae 含羞草科

2. Caesalpiniaceae 云实科

3. Fabaceae 豆科

Order 3. Proteales 山龙眼目

Family 1. Elaeagnaceae 胡颓子科

2. Proteaceae 山龙眼科

Order 4. Podostemales 川苔草目

Family 1. Podostemaceae 川苔草科

Order 5. Haloragales 小二仙草目

Family 1. Haloragaceae 小二仙草科

2. Gunneraceae 大叶草科

Order 6. Myrtales 桃金娘目

Family 1. Sonneratiaceae 海桑科

2. Lythraeeae 千屈菜科

3. Penaeaceae 管萼木科

4. Crypteroniaceae 隐翼科

5. Thymelaeaceae 瑞香科

6. Trapaceae 菱科

7. Myrtaceae 桃金娘科

8. Punicaceae 石榴科

9. Onagraceae 柳叶菜科

10. Oliniaceae 方枝树科

11. Melastomataceae 野牡丹科

12. Combretaceae 使君子科

Order 7. Rhizophorales 红树目

　　Family 1. Rhizophoraceae 红树科

Order 8. Cornales 山茱萸目

　　Family 1. Alangiaceae 八角枫科

2. Cornaceae 山茱萸科

3. Garryaceae 丝缨花科

Order 9. Santalales 檀香目

　　Family 1. Medusandraceae 主丝花科

2. Dipentodontaceae 十齿花科

3. Olacaceae 铁青树科

4. Opiliaceae 山柚子科

5. Santalaceae 檀香科

6. Misodendraceae 羽毛果科

7. Loranthaceae 桑寄生科

8. Viscaceae 槲寄生科

9. Eremolepidaceae 绿乳

10. Bahnophoraceae 蛇菰科

Order 10. Rafflesiales 大花草目

　　Family 1. Hydnoraceae 腐臭草科

2. Mitrastemonaceae 帽蕊草科

3. Rafflesiaceae 大花草科

Order 11. Celastrales 卫矛目

　　Family 1. Geissolomataceae 四棱果科

2. Celastraceae 卫矛科

3. Hippocrateaceae 翅子藤科

4. Stackhousiaceae 异雄蕊科

5. Salvadoraceae 刺茉莉科

6. Tepuianthaceae 绢毛果科

7. Aquifoliaceae 冬青科

8. Leacinaceae 茶茱萸科

9. Aextoxicaceae 毒羊树科

10. Cardiopteridaceae 心翼果科

11. Corynocarpaceae 棒果木科

12. Dichapetalaceae 毒鼠子科

Order 12. Euphorbiales 大戟目

2. Scheuchzeriaceae 冰沼草科

3. Juncaginaceae 水麦冬科

4. Potamogetonaceae 眼子菜科

5. Ruppiaceae 川蔓藻科

6. Najadaceae 茨藻科

7. Zannichelliaceae 角果藻科

8. Posidoniaceae 波喜荡科

9. Cymodoceaceae 丝粉藻科

10. Zosteraceae 大叶藻科

Order 4. Triuridales 霉草目

Family 1. Petrosaviaceae 无叶莲科

2. Triuridaceae 霉草科

Subclass Ⅱ. Arecidae 槟榔亚纲

Order 1. Arecales 槟榔目

Family 1. Arecaceae 槟榔科

Order 2. Cyclanthales 巴拿马草目

Family 1. Cyclanthaceae 巴拿马草科

Order 3. Pandanales 露兜树目

Family 1. Pandanaceae 露兜树科

Order 4. Arales 天南星目

Family 1. Acoraceae 菖蒲科

2. Araceae 天南星科

3. Lemnaceae 浮萍科

Subclass Ⅲ. Commelindae 鸭跖草亚纲

Order 1. Commelinales 鸭跖草目

Family 1. Rapateaceae 瑞碑题雅科

2. Xyridaceae 黄眼草科

3. Mayacaceae 花水藓科

4. Commelinaceae 鸭跖草科

Order 2. Eriocaulales 谷精草目

Family 1. Eriocaulaceae 谷精草科

Order 3. Restionales 帚灯草目

Family 1. Flagellariaceae 须叶藤科

2. Joinvilleaceae 拟苇科

3. Restionaceae 帚灯草科

4. Centrolepidaceae 刺鳞草科

Order 4. Juncales 灯心草目

Family 1. Juncaceae 灯心草科

2. Thurniaceae 梭子草科

Order 5. Cyperales 莎草目

    Family 1. Cyperaceae 莎草科

    2. Poaceae 禾本科

Order 6. Hydatellales 独蕊草目

    Family 1. Hydatellaceae 独蕊草科

Order 7. Typhales 香蒲目

    Family 1. Spargamaceae 黑三棱科

    2. Typhaceae 香蒲科

Subclass Ⅳ. Zingiberidae 姜亚纲

  Order 1. Bromeliales 凤梨目

    Family 1. Bromeliaceae 凤梨科

  Order 2. Zingiberales 姜目

    Family 1. Strelitziaceae 鹤望兰科

    2. Heliconiaceae 蝎尾蕉科

    3. Musaceae 芭蕉科

    4. Lowiaceae 兰花蕉科

    5. Zingiberaceae 姜科

    6. Costaceae 闭鞘姜科

    7. Cannaceae 美人蕉科

    8. Marantaceae 竹芋科

Subclass Ⅴ. Liliidae 百合亚纲

Order 1. Liliales 百合目

    Family 1. Philydraceae 田葱科

    2. Pontederiaceae 雨久花科

    3. Haemodoraceae 血树科

    4. Cyanastraceae 蓝星科

    5. Liliaceae 百合科

    6. Iridaceae 鸢尾科

    7. Velloziaceae 翡若翠科

    8. Aloeaceae 芦荟科

    9. Agavaceae 龙舌兰科

    10. Xanthorrhoeaceae 黄脂木科

    11. Hanguanaceae 钵子草

    12. Taccaceae 蒟蒻薯科

    13. Stemonaceae 百部科

    14. Smilacaceae 菝葜科

    15. Dioscoreaceae 薯蓣科

Order 2. Orchidales 兰目

    Family 1. Geosiridaceae 地鸟尾科

　　　2. Burmanniaceae 水玉簪科

　　　3. Corsiaceae 腐蛛草科

　　　4. Orchidaceae 兰科

　　近年来，被子植物系统学研究有了新的进展，主要表现在：①新的形态学性状的大量积累，特别是对花的形态发生的广泛研究以及在此基础上的花发育进化遗传学研究的开展，对理解花的多样性分化的机理带来了希望；②利用 DNA 序列资料以及根据这些资料推导的被子植物各个大类群的系统发育树迅速增加，对于被子植物的起源、分化和现存各大类群之间的关系提出了许多新观点，也不断地对传统观念提出了挑战；③结实器官化石不断地被发掘，为人们进一步了解被子植物的历史、进化关系提供了直接证据。

　　现存被子植物分类系统是依据包括形态学、分子系统学、古植物学和植物地理学等的综合性状建立的。其中，植物化石是一类重要证据，但化石只能说是植物本身可保存部分和当时当地所提供的化石条件的综合反映，它们不可能就是植物类群或种的起源时间。人们还必须考虑到化石本身的演化历史。现存被子植物分类系统只能表示出现存类群的亲缘关系并且追溯到它们最近的祖先。人们现在还不可能建立一个包括全部已绝灭的类群和现代生存类群的谱系发生系统。因此，人类要揭示被子植物的起源和演化过程，还有大量艰苦工作要做。

主要参考文献

1. 胡适宜.1982.被子植物胚胎学.北京：人民教育出版社

2. 贺士元，尹祖棠，周云龙等.1987.植物学（下册）.北京：北京师范大学出版社

3. 周仪，王慧，张述祖等.1987.植物学（上册）.北京：北京师范大学出版社

4. 李正理，张新英.1983.植物解剖学.北京：高等教育出版社

5. 刘穆.2006.种子植物形态解剖学导论（第三版）.北京：科学出版社

6. 杨继，郭友好，杨雄等.2003.植物生物学.北京：高等教育出版社

7. 王全喜，张小平.2004.植物学.北京：科学出版社

8. 杨世杰.2000.植物生物学.北京：科学出版社

9. 李扬汉.1985.植物学（第二版）.北京：高等教育出版社

10. 张景钺，梁家骥.1978.植物系统学.北京：人民教育出版社

11. 周云龙.1999.植物生物学.北京：高等教育出版社

12. Lack A J，Evans D E.2001.Instant Notes in Plant Biology（植物生物学）.北京：科学出版社

13. Takhtajan A.1997.Diversity and Classification of Flowering Plants.New York：Columbia University Press

主要参考文献